Gerhard Wunsch

Grundlagen der Prozesstheorie

Struktur und Verhalten
dynamischer Systeme in Technik
und Naturwissenschaften

Grundlagen der Prozesstheorie

Struktur und Verhalten dynamischer Systeme in Technik und Naturwissenschaft

Von Professor Dr.-Ing. Gerhard Wunsch

Springer Fachmedien Wiesbaden GmbH

Die Deutsche Bibliothek – CIP-Einheitsaufnahme

1. Auflage Oktober 2000

www.teubner.de

Gedruckt auf säurefreiem Papier
Umschlaggestaltung: Peter Pfitz, Stuttgart

ISBN 978-3-519-06524-1   ISBN 978-3-663-08050-3 (eBook)
DOI 10.1007/978-3-663-08050-3

Vorwort

Wer hat uns die wahren Analogien gelehrt, jene tiefen Analogien, die das Auge nicht sehen, der Verstand jedoch erahnen kann? Es war die Mathematik, sie, die den Inhalt verschmäht und an die reine Form sich hält.

Henri Poincaré
(Analysis und Physik)

In der gegenwärtigen Entwicklung sowohl in wichtigen technischen Grundwissenschaften (Automaten, Digital- und Analogtechnik, Übertragungstechnik, Akustik) als auch in den Grunddisziplinen der Naturwissenschaften – insbesondere der Physik –, aber auch z.B. in der Ökologie und Biologie schält sich immer deutlicher ein zentraler und fachübergreifender Grundbegriff heraus: Der Begriff des (dynamischen) Systems.

Während man in der Techik und „Systemtheorie" traditionsgemäß vor allem eine Entwurfstheorie für Objekte mit vorgegebenem Verhalten verstand (Systemsynthese), wird in den übrigen (Natur-) Wissenschaften unter dem hier verwendeten Begriff „dynamisches System" oder „Fluss" ausschließlich ein durch Systemanalyse erhaltenes abstraktes Modell des Zeitverhaltens physikalischer Objekte (Systeme) verstanden. Trotz dieser diametralen Zielstellungen in den Natur- und Technikwissenschaften entwickelten sich auf beiden Forschungsfeldern nach und nach ganz ähnliche Grundbegriffe und Ideen, die zur logischen Vereinfachung und immer besseren Überschaubarkeit einzelwissenschaftlicher Teilergebnisse entscheidend beitrugen.

Dieses „Systemdenken", natürlicherweise verbunden mit einem Aufsteigen zu immer höheren Abstraktionen, erfolgte aber zunächst im Wesentlichen fachgebietsbezogen. Die Arbeiten führender Theoretiker der technischen Wissenschaften sind bis heute von den Naturwissenschaften so gut wie unbeachtet geblieben und umgekehrt. Das liegt nicht zuletzt an der Wesensverschiedenheit der Forschungsproblematik.

Der Naturwissenschaftler will die vorgefundene Realität beschreiben, die ihr innewohnenden Verhaltensgesetze aufdecken. Der Naturwissenschaftler ist also immer ein reiner Analytiker. Der Techniker aber möchte vorgegebene Verhaltensgesetze durch eine künstliche Realität (System) verwirklichen. Das ist natürlich nur in dem durch die Naturgesetze gegebenen „Möglichkeitsrahmen" zu realisieren. Der Systemforscher der Technik ist zwar grundsätzlich und primär ein Synthesespezialist, muss aber als Vorstufe seiner Arbeit zunächst ebenfalls (physikalische) Realitäten analysieren, um die durch die Natur gezogenen Grenzen seines Forderungskatalogs bezüglich des zu realisierenden Systems (Objekt) auszuloten. Wissenschaftliche Forschung war bis in die Neuzeit hinein immer analysierende Forschung.

Die Geburtsstunde der Idee der Umkehrung des Analyseproblems fällt in das Jahr 1924, in dem Foster [19] sein Reaktanztheorem veröffentlichte. Mit dieser grundlegenden Arbeit wurde erstmalig die Idee der Verhaltenssynthese auf dem Gebiet der Netzwerktheorie klar formuliert und zu einer eigenständigen Theorie entwickelt [20], und mit den hier gewonnenen Einsichten wurde erstmals eine völlig neue Betrachtungsweise begründet, die später mit der von Küpfmüller [21] entwickelten „Systemtheorie der elektrischen Nachrichtenübertragung" eine erste fruchtbare Abstraktionsstufe erreichte.

Auf dieser Stufe der Systemtheorie, einer Theorie linearer Systeme, spielt der sich bald als fundamental erweisende Zustandsbegriff noch keine Rolle. Erst mit der Ausarbeitung der Automatentheorie, die von Anfang an als „Zustandstheorie" konzipiert wurde [22], wird von Kalman [23] und Zadeh [32] die allgemeine Bedeutung dieses Grundbegriffes für die Theorie nichtlinearer (Regelungs- bzw. Netzwerk-) Systeme erkannt. Mit der Einführung eines hinreichend abstrakt gefassten Zustandsbegriffs konnten die aus den verschiedenartigsten Ansätzen entwickelten Einzeltheorien als Sonderfälle in eine übergreifende (nichtlineare) Systemtheorie eingeordnet werden [14]. Diese verallgemeinernde Theorie ist noch auf determinierte Prozesse eingeschränkt, basiert aber bereits auf einer gerichteten (unsymmetrischen) Zeitstruktur, bei der irreversible Prozesse nicht ausgeschlossen werden. In der vorliegenden Arbeit werden auch diese Einschränkungen aufgegeben und die Grundlagen einer allgemeinen mathematischen Theorie des Verhaltens beliebiger (irreversibler und nichtdeterminierter) Prozesse entwickelt und mit Einzelwissenschaften in Beziehung gebracht.

Eine generell andere Entwicklung nahm die systemtheoretische Betrachtungsweise in den physikalischen Wissenschaften, die, anknüpfend an den Reichtum der fundamentalen Ideen von Poincaré, sich vor allem an der klassischen Mechanik orientierte [24], [25]. Dabei zeigte sich, dass Prozesse sowohl der klassischen Mechanik als auch der Quantenmechanik einheitlich durch zeitunabhängige Flüsse (autonome dynamische Systeme) beschrieben werden können, die in Form zeitparametrisierter Transformationsgruppen auf dem Phasenraum ihren Ausdruck finden. Solche Flüsse der Mechanik sind immer reversibel. Um auch irreversible Vorgänge in der entsprechenden Weise beschreiben zu können (z.B. Diffusionsvorgänge), muss zu den allgemeineren Transformations-Halbgruppen (Semiflüsse) oder zu noch allgemeineren Transformationsstrukturen übergegangen werden, natürlich in der Weise, dass sich dabei die bereits gefundenen Strukturen als Sonderfälle erweisen. Diese Struktureinbettung kann nun – wie in diesem Buch gezeigt – tatsächlich geleistet werden, wobei folgender Umstand wesentlich ist.

Alle zu den grundlegenden Prozessen der Physik gehörenden Flüsse haben eine fundamentale Eigenschaft gemeinsam: Sie sind ausnahmslos determinierte Markov-Prozesse (Zustandsprozesse) in dem Sinne, dass das Zukunftsverhalten aller Zustandstrajektorien (Prozessrealisierungen) allein von ihrem „Gegenwartszustand" (Anfangswert) abhängen. Durch eine natürliche Erweiterung des Zustandsbegriffs und des Begriffs „Markov-Prozess" (verträglich mit dem entsprechenden Begriff aus der Stochastik) kann gezeigt werden, dass sich die Gesetze der fundamentalen Theorien der Naturwissenschaft und Technik in einheitlicher Weise aus einer allgemeinen Theorie des Markov-Prozesses ableiten lassen.

Die hier dargelegte mathematische Modellierung der Veränderung und des Wandels beliebiger Phänomene – soweit sie sich durch das Trajektorienkonzept (Trajektorienbündel, Bündelfunktionale) beschreiben lassen – wurde angeregt und beeinflusst vor allem durch Ergebnisse der mathematischen System- bzw. Prozesstheorie (stochastische Prozesse) und der mathematischen (algebraischen) Physik. Genannt seien hier nur die Arbeiten von Pichler [14], Mesarovic [30] und Saizew [27]. Wesentlichen Einfluss aber hatten die über die mathematischen Konzepte der reversiblen Prozesse der klassischen Physik hinausführenden Ideen von Bertalanffy [29], Prigogine [26] und Ashby [28]. Unabhängig vom Verfasser [8] und zeitlich parallel wurden von Willems [4] mit neuen Begriffen Systemkonzeptionen entwickelt, deren Philosophie mit der hier gewählten weitgehend übereinstimmt und dementsprechend zu vergleichbaren Ergebnissen führt.

Dazu sei noch bemerkt, dass – nach dem Vorbild von Ashby – an keiner Stelle ein irgendwie gearteter Rückgriff auf andere etablierte Einzelwissenschaften vorgenommen wird, und dass dem ganzen Ideengebäude vor allem zwei fundamentale Kategorien zugrunde liegen: der Wandel, die Veränderung in Raum und Zeit und der Begriff der Wechselwirkung „benachbarter" Veränderungen.

Der hier entwickelten systemtheoretischen Betrachtungsweise realer Prozesse liegen mathematische Strukturen zugrunde, die es ermöglichen, die formalen und grundlegenden Gesetzmäßigkeiten von Natur- und Technikwissenschaften mit einem einheitlichen Begriffsnetz zu überdecken. Indem die Prozesstheorie ihren Blick auf fundamentale Prinzipien des Seins und Werdens lenkt, fördert sie den Integrationsprozess der sich ständig verzweigenden und divergierenden Einzelwissenschaften und dient auf diese Weise dem letzten und vornehmsten Ziel aller Bemühungen um wissenschaftliche Erkenntnis überhaupt.

„Denn das Hauptziel einer jeden Wissenschaft", so formuliert es einmal Max Planck, „ist und bleibt die Verschmelzung sämtlicher in ihr groß gewordenen Theorien zu einer einzigen, in welcher alle Probleme der Wissenschaft ihren eindeutigen

Platz und ihre eindeutige Lösung finden. Daher wird man auch annehmen dürfen, dass die Wissenschaft ihrem Ziele um so näher ist, je mehr die Anzahl der in ihr enthaltenen Theorien zusammenschrumpft."

Bedanken möchte ich mich bei allen Helfern für die bereitwillige Unterstützung bei der Anfertigung des Manuskriptes und für das Interesse, das von verschiedener Seite diesem Vorhaben entgegengebracht wurde.

Bedanken möchte ich mich an erster Stelle bei meinem langjährigen Mitarbeiter Kollegen Prof. Schreiber, durch dessen großzügige Unterstützung und Mitwirkung dieses Projekt überhaupt erst möglich wurde.

Mein Dank gilt aber ferner auch meinen Kollegen Prof. Pichler, Prof. Mathis, Prof. Bernd und Prof. Sydow für ihr jederzeit förderliches Interesse an meinen Forschungen zur Systemtheorie.

Zuletzt, aber nicht weniger möchte ich auch meiner Frau danken für die mühevolle Anfertigung der ersten Version des Gesamtmanuskriptes sowie Herrn Dr. Schlembach vom Teubner-Verlag für seine Bereitschaft, meine Arbeit in das Verlagsprogramm aufzunehmen.

Mustin, im Juni 2000   Gerhard Wunsch

Inhaltsverzeichnis

Teil I

Allgemeine Grundlagen

1 System und Struktur

1.1 Prozess und System

1.1.1 Einführung

Zu den elementarsten Grunderfahrungen gehört die Erkenntnis: Die Attribute x (Intensität, Konfiguration, Wert) eines beliebigen Phänomens verändern sich (am festen Ort) in der Zeit t. Elementare Grundbegriffe des Wandels der Erscheinungen bilden damit die *Grundmengen*:

Zeitbereich T mit den *Zeitpunkten* $t \in T$,

Phasenraum X (Raum der Attribute) mit den *Phasen* (Attributen) $x \in X$

und der

Ereignisraum $T \times X$ mit den *Ereignissen* $(t, x) \in T \times X$.

Wesentlich ist, dass fundamentale Gesetze der Dynamik bereits dann formuliert werden können, wenn X als strukturlose Menge angenommen wird. Anders ist es bei der Grundmenge T, die wir stets als geordnete Menge $(T, \leq)$ voraussetzen, um die in der Prozessdynamik wesentliche Verhaltensrelation „nicht später als" in der Aussage „x_1 tritt nicht später ein als x_2" (die eine Ordnungsrelation darstellt), zu formalisieren:

Im Raum $T \times X$ wird „(t_1, x_1) nicht nach (t_2, x_2) realisiert": $\Leftrightarrow t_1 \leq t_2$. Die Zeit wird – wie alle Begriffe dieser Untersuchung – als Relation auf einer Menge definiert. Die Ordnungsrelation $\leq$ auf T beinhaltet bekanntlich mehrere Elementarrelationen, u.a. die Relation der Assymetrie in der Zeitordnung. Entsprechendes gilt auch für die „natürliche" Verknüpfung von Zeitpunkten $(t_1, t_2) \in \leq$: auch sie ist eine unsymmetrische (nicht umkehrbare) Operation (Abschnitt 3.2.4).

Jede Abbildung $\xi : S \to X, \xi(t) = x$ aus T in X, wobei $S \subset T$ ein Intervall aus T darstellt, wird als *Signal* (Verhaltenstrajektorie) bezeichnet, und die Menge aller Signale ξ bildet den universellen *Signalraum* $[T, X] := \mathcal{X}^*$: das „Universum" aller denkbaren Änderungsmöglichkeiten ξ in $T \times X$.

Der allen weiteren Betrachtungen zugrunde liegende Begriff des *Prozesses* ist nun einfach und allgemein als eine Teilmenge Ξ von $[T, X]$ definiert, von der nur gefordert wird, dass die Definitionsbereiche $D(\xi)$ ihrer Elemente ξ eine Eigenschaft gemeinsam haben: Alle $D(\xi)$ sind Obermengen eines Intervalls S. Genauer: Es gibt ein S, so dass

$$\xi \in \Xi \Rightarrow \xi \in [T, X] \wedge D(\xi) \supset S.$$

Diese Forderung an Ξ beinhaltet keine Einschränkung der Allgemeinheit, da jede Teilmenge von $[T, X]$ von Prozessen Ξ überdeckt werden kann (Abschnitt 1.2.1).

Die Definition eines Prozesses als Menge von Signalen (Trajektorien) ist durch folgenden Sachverhalt motiviert.

Führt die Beobachtung eines bestimmten Geschehens im Zeitraum S_1 zu der Trajektorie ξ_1, so wird – auch bei konstanter Umwelt – in einem späteren Zeitraum S_2 eine von ξ_1 verschiedene Trajektorie ξ_2 beobachtet: ξ_2 hat eine andere Vergangenheit als ξ_1. Der das Geschehen beschreibende Prozess Ξ wird hier repräsentiert durch zwei Trajektorien mit unterschiedlicher Vergangenheit: $\Xi = \{\xi_1, \xi_2\}$. Die entsprechende Verallgemeinerung ist dann naheliegend. Es werden also von Anfang an ganze Signalensemble mit Signalen unterschiedlicher Vorgeschichte betrachtet. In allgemeinster Formulierung ist ein Prozess Ξ eine Teilmenge E des Signalraumes $T \times X$ mit den Elementen (t, x). Diese Elemente (t, x) können im einfachsten Fall funktionale Ereignismengen (Signale) oder auch beliebige Ereignismengen („Ereigniswolken") bilden, wobei das „Gewicht" eines Ereignisses in der Menge E durch ein Funktional (Wahrscheinlichkeit) gemessen wird (Bild 1.1-5).

Die Menge aller Prozesse Ξ wird mit $\mathcal{X}^*$ bezeichnet. Jedes $\Xi \in \mathcal{X}^*$ hat einen gewissen *Definitionsbereich*

$$S = D(\Xi) := \bigcap_{\xi \in \Xi} D(\xi).$$

Die Signalmenge $\Xi \in \mathcal{X}^*$ beschreibt die Gesamtheit der mit den Verhaltensgesetzen des betrachteten Phänomens (Objekt) verträglichen Änderungen (der Gestalt, Bewegung, Population). Ξ wird als ein aus seiner *Umwelt* Ξ^* isolierter (herausgelöster) Prozess angesehen, d.h. in die von Ξ repräsentierten Verhaltensgesetze gehen auch die Kopplungseinflüsse mit seiner Umwelt ein: Ξ ist die „Projektion des Universums Ξ^*" auf einen seiner „Ausschnitte" (vgl. Abschnitt 2.3).

Zusammen mit seinen Grundmengen T und X bildet Ξ das *dynamische System* (T, X, Ξ) *über dem Ereignisraum* $T \times X$. Spezielle dynamische Systeme werden durch entsprechend spezialisierte Grundmengen mit zusätzlichen (algebraischen und topologischen) Strukturen beschrieben.

Z.B. kann der Phasenraum X zweidimensional ($X = X_1 \times X_2$) sein oder auch den unendlichdimensionalen (Funktionen-) Raum $X = Y^{\mathbb{R}}$ bezeichnen. Ebenso besitzt der Zeitbereich – abhängig vom Anwendungsgebiet – z.B. die Struktur einer Gruppe (reversible Prozesse) oder Halbgruppe (irreversible Prozesse, spezielle Beispiele in Abschnitt 1.1.2, Ergänzungen in Abschnitt 1.1.4).

Wesentlich aber ist, dass allgemeingültige Prozessgesetze bzw. Prozessstrukturen gefunden werden können, die von zusätzlichen Strukturen auf den Grundmengen T und X und inhaltlichen Interpretationen unabhängig sind. Diesem Sachverhalt liegen im wesentlichen folgende Begriffsbildungen zugrunde.

Jedem Prozess $\Xi \in \mathcal{X}^*$ und jedem $\underline{t}$-*Tupel* $\underline{t} = (t_1, t_2, \ldots, t_n) \in D(\Xi)^n$ lässt sich eine *Phasenrelation*

$$\underline{R} := \{(\xi(t_1), \xi(t_2), \ldots, \xi(t_n)) | \xi \in \Xi\} := \pi_{\underline{t}}(\Xi)$$

zuordnen. Dabei seien in $\underline{t}$ alle Glieder t_i „natürlich" geordnet und verschieden: $t_1 < t_2 < \ldots < t_n$. Mit

$$\underline{T}_\Xi := \bigcup_{n \in \mathbb{N}} D(\Xi)^n$$

bezeichnen wir die Menge aller $\underline{t}$-Tupel aus $D(\Xi)$. Auf jeder Menge $\underline{T} \subset \underline{T}_\Xi$ von $\underline{t}$-Tupeln wird also eine als $\underline{T}$-*Phasenstruktur* bezeichnete Abbildung

$$\rho := \underline{T} \to \mathcal{R}, \quad \rho(\underline{t}) = \underline{R}$$

in die Menge $\mathcal{R}$ aller endlichdimensionalen Relationen $\underline{R}$ definiert (Bild 1.3-1). Jedem Ξ und $\underline{T} \subset \underline{T}_\Xi$ ist also eine $\underline{T}$-Phasenstruktur ρ zugeordnet:

$$\pi_{\underline{T}}(\Xi) := \rho, \quad \rho \in \mathcal{R}^{\underline{T}}.$$

Die endlichdimensionalen Phasenrelationen $\rho(\underline{t}) = \pi_{\underline{t}}(\Xi)$ des Prozesses Ξ verallgemeinern den bekannten Begriff der endlichdimensionalen Verteilung aus der Theorie der stochastischen Prozesse und der Abtastung von Signalen in der Nachrichtentechnik. In beiden Fällen wird von dem Umstand Gebrauch gemacht, dass Prozesse (Signale) – abhängig von gewissen globalen Verhaltenseigenschaften – bereits durch mehr oder weniger umfangreiche „Stichproben" festgelegt sind [37], [39].

Mit obiger Zuordnung sind nun zwei grundlegende Probleme verbunden:

a) *Darstellungsproblem* (Prozessanalyse):

Welche Prozesse $\Xi \in \mathcal{X}^*$ lassen sich (für ein vorgegebenes $\underline{T} \subset \underline{T}_\Xi$) durch ihre $\underline{T}$-Phasenstruktur $\rho := \pi_{\underline{T}}(\Xi)$ darstellen? Das heißt: Für welche $\Xi \in \mathcal{X}^*$ ist $\pi_{\underline{T}}^{-1} := \chi_{\underline{T}}$ eine (inverse) Abbildung, so dass gilt:

$$\rho = \pi_{\underline{T}}(\Xi) \Rightarrow \Xi = \chi_{\underline{T}}(\rho) \ ?$$

Nicht für alle Prozesse Ξ aus $\mathcal{X}^*$ existiert eine $\underline{T}$-Strukturdarstellung: nur für eine bestimmte Teilmenge $\mathcal{V}_{\underline{T}} \subset \mathcal{X}^*$, die Menge der $\underline{T}$-*vollständigen Prozesse*, ist $\pi_{\underline{T}} : \mathcal{V}_{\underline{T}} \to \mathcal{R}^{\underline{T}}$ injektiv und eine solche Darstellung möglich (*Darstellungssatz*, Abschnitt 1.3.2).

$\Xi \in \mathcal{X}^*$ heißt *vollständig* (schlechthin), wenn es eine Zeittupelmenge $\underline{T} \subset \underline{T}_\Xi$ gibt, für die Ξ $\underline{T}$-vollständig ist. Nicht alle Prozesse sind vollständig.

b) *Zulässigkeitsproblem* (Prozesssynthese):

Welche Strukturen $\rho \in \mathcal{R}^{\underline{T}}$ können als Phasenstruktur eines Prozesses aufgefasst werden? Genauer: Auf welche Strukturmenge $P_{\underline{T}} \supset \pi_{\underline{T}}(\mathcal{V}_{\underline{T}})$ lässt sich die Abbildung $\chi_{\underline{T}}$ erweitern? Der *Fundamentalsatz* (Abschnitt 1.4.2) formuliert die Antwort: Erfüllt $P_{\underline{T}} \subset \mathcal{R}^{\underline{T}}$ die *Dynamikbedingungen* (Abschnitt 1.4.1), so ist $\chi_{\underline{T}}(\rho) \in \mathcal{V}_{\underline{T}}, \rho \in P_{\underline{T}}$.

Der Darstellungssatz löst das *Analyseproblem*: Durch welche universelle Phasenstruktur (Relationenfamilie $(\underline{R}_t), \underline{t} \in \underline{T}$) kann ein Prozess beschrieben werden? Dagegen löst der Fundamentalsatz das *Syntheseproblem*: Welche Struktur $\rho \in \mathcal{R}^{\underline{T}}$ definiert einen Prozess aus $\mathcal{X}^*$?

Ein dynamisches System (T, X, Ξ) mit $\underline{T}$-vollständigem Prozess Ξ werden wir genauer mit dem Quadrupel $(T, X, \underline{T}, \Xi)$ bezeichnen. An die Stelle der *Verhaltensbeschreibung* $(T, X, \underline{T}, \Xi)$ kann nach Vorstehendem nun auch die *Strukturbeschreibung* $(T, X, \underline{T}, \rho)$ des dynamischen Systems treten. Definiert man noch $\mathcal{X}_{\underline{T}} \subset \mathcal{X}^*$ durch $\Xi \in \mathcal{X}_{\underline{T}} :\Leftrightarrow \underline{T} \subset \underline{T}_\Xi$, so gilt hierbei der Zusammenhang (Bild 1.4-1):

$$\rho = \pi_{\underline{T}}(\Xi) \quad \text{für alle } \Xi \in \mathcal{X}_{\underline{T}}, \qquad \Xi = \chi_{\underline{T}}(\rho) \quad \text{für alle } \rho \in P_{\underline{T}}.$$

Auch die Strukturbeschreibung eines dynamischen Systems vermittelt zunächst noch keine effektive Methode zur *Prozessmodellierung*. Die wird erst ermöglicht durch die Methode der *Zustandsdarstellung*, bei der einfache „Elementarprozesse" oder deren zugehörige „Elementarstrukturen" als Bausteine für komplexere Prozesse bzw. Strukturen dienen. Die methodische Grundlage dieser Prozessmodellierung bildet ein Klassifizierungsverfahren nach der Intensität der Wechselwirkung zwischen Vergangenheit und Zukunft des Prozesses und damit über sein Verhaltensgesetz.

Die „Stärke der Gesetzmäßigkeit" (der höhere „Ordnungsgrad") eines Prozesses Ξ kann durch eine ihm umkehrbar eindeutig zugeordnete *Kopplungsfunktion* $\kappa : D(\Xi) \to \mathcal{P}(\Xi^2), \kappa = \pi(\Xi)$ zwischen Prozessvergangenheit und Prozesszukunft charakterisiert werden (Abschnitt 2.1.2). Gilt für zwei Prozesse $\Xi, \Xi' \in \mathcal{X}^*$ $(D(\Xi) = D(\Xi'))$ für die zugeordneten Kopplungsfunktionen $\kappa(\tau) \supset \kappa'(\tau)$ $(\tau \in D(\Xi))$, so wird das Verhalten von Ξ' durch stärkere Gesetze bestimmt als das von Ξ („kleineren" Mengen $\kappa(\tau)$ entsprechen „stärkere" *temporale Wechselwirkungen*, Bild 2.1-2).

Die Funktion κ eignet sich damit zur Klassifizierung der Prozesse Ξ aus $\mathcal{X}^*$ in „Verhaltensklassen" $\mathcal{X}_\kappa \subset \mathcal{X}^*$. Wir definieren (Abschnitt 2.1.3)

$$\Xi \in \mathcal{X}_\kappa :\Leftrightarrow \left((\xi, \xi') \in \kappa(\tau) \Rightarrow \xi \overset{\tau}{\circ} \xi' \in \Xi \right)$$

für alle $\tau \in D(\Xi)$. $\mathcal{X}_\kappa$ enthält alle Prozesse Ξ', deren Verhaltensgesetze nicht stärker sind als die von Ξ.

Die wichtigsten Klassen bilden die Prozesse mit *endlichem Gedächtnis* L (Abschnitt 2.1.4), charakterisiert durch die Kopplungsfunktion κ_L, $L = $ Intervall. Insbesondere der Grenzfall $L = \{\tau\}$ (Prozess ohne Gedächtnis) wird als *Markov-Prozess* bezeichnet und spielt eine Schlüsselrolle in der Prozesstheorie. Diese Prozesse Ξ mit sehr schwachem Kopplungsverhalten $(\xi, \xi' \in \kappa(\tau) \Leftrightarrow \xi(\tau) = \xi'(\tau))$ sind definiert durch: Für alle $\xi, \xi' \in \Xi$ und $\tau \in D(\Xi)$ gilt

$$\xi(\tau) = \xi'(\tau) \Rightarrow \xi \overset{\tau}{\circ} \xi' \in \Xi.$$

$\xi \overset{\tau}{\circ} \xi'$ (*Konkatenationsprodukt*) bezeichnet das aus ξ und ξ' kombinierte Signal, das für $t \leq \tau$ mit ξ, für $t > \tau$ mit ξ' „übereinstimmt" (Bild 1.2-2).

Dieser universelle *Markov-Prozess* (Kapitel 3) wird in seinem gesamten Zeitverhalten allein durch sein Augenblicksverhalten bestimmt: Realisiert der Markov-Prozess Ξ (mittels ξ) zur Zeit τ den Phasenpunkt $x = \xi(\tau)$, so sind seine in der Zukunft $t > \tau$ und in der Vergangenheit $t \leq \tau$ liegenden Phasenpunkte $\xi(t)$ aus $\pi_t\{\xi \overset{\tau}{\circ} \xi'\}$ unabhängig (Bild 2.1-5). Markov-Prozesse sind also im Allgemeinen weder determiniert noch reversibel (Abschnitt 2.2), also Prozesse mit „sehr schwacher" Gesetzmäßigkeit (Ordnung).

Die große Bedeutung des Markov-Prozesses liegt nun in seiner Rolle als „Elementarprozess" mit der fundamentalen Eigenschaft (Abschnitt 2.4):

Zu jedem Prozess Ξ mit den Trajektorien ξ, $\xi(t) \in X$ existiert ein *Zustandsraum* Z, ein Markov-Prozess M mit den Trajektorien μ, $\mu(t) \in Z$ und eine (statische) Abbildung $g\colon S \times Z \to X$, so dass gilt

$$\xi(t) = g_t(\mu(t)) \qquad (t \in S = D(\xi),\ g_t(z) = g(t, z)).$$

Die Theorie der Prozesse Ξ wird so im Wesentlichen auf die Theorie der Markov-Prozesse M zurückgeführt (Abschnitt 2.4).

Unter einer *Theorie dynamischer Systeme* versteht man in der wissenschaftlichen Literatur fast ausschließlich eine Theorie sehr spezieller Markov-Prozesse (ohne diesen Begriff zu verwenden). Betrachtet werden immer Markov-Prozesse mit *differenzierbarer Struktur* (Flüsse), die immer zur Klasse $\mathcal{X}_f$ der *bifunktionalen Prozesse* (determiniert und reversibel, Abschnitt 2.1.2) gehören. Dabei bleibt völlig offen, welche tieferliegenden allgemeinen Verhaltensgesetze diese spezielle Verhaltensklasse auszeichnet und warum die Welt der realen Erscheinungen des Makrokosmos im Wesentlichen als eine „Markov-Welt" betrachtet werden kann.

Der 1. Teil dieser Arbeit geht dieser Frage nach und unterscheidet sich demzufolge grundlegend von den üblichen Darstellungen zu dieser Thematik. Im 2. Teil wird diese neue Konzeption auf bekannte Einzelwissenschaften angewendet.

Es zeigt sich, dass die Theorie der Markov-Prozesse in einer einheitlichen Begriffssprache auf die verschiedensten Phänomenbereiche angewandt werden kann (Abschnitt 1.1.4). Das führt aber nicht nur zu einer weittragenden Vereinheitlichung des gegenwärtigen natur- und technikwissenschaftlichen Weltbildes, es werden auf diesem Wege auch neue Einsichten gewonnen, die bei rein analytischem Vorgehen nicht aufgedeckt werden könnten.

1.1.2   Objekt, Verhalten und Prozess

Zu den elementarsten Erfahrungen des Menschen gehört die Wahrnehmung des Wandels und der ständigen Veränderung aller beobachtbaren Objekte (Erscheinungen) seiner erlebbaren natürlichen oder künstlichen (technischen) Umwelt. Insbesondere können Naturerscheinungen z.B. ihre Intensität, Gestalt oder Konfiguration im Ablauf der Zeit ändern. Als spezielle Beispiele nennen wir die Änderung

- des Ortes eines Körpers

- der Temperatur einer Flüssigkeit

- des Wasserstandes eines Flusses

- der Dichte einer Population

- der Stärke eines elektrischen Feldes

- des Zustandes eines (quanten-) mechanischen Systems.

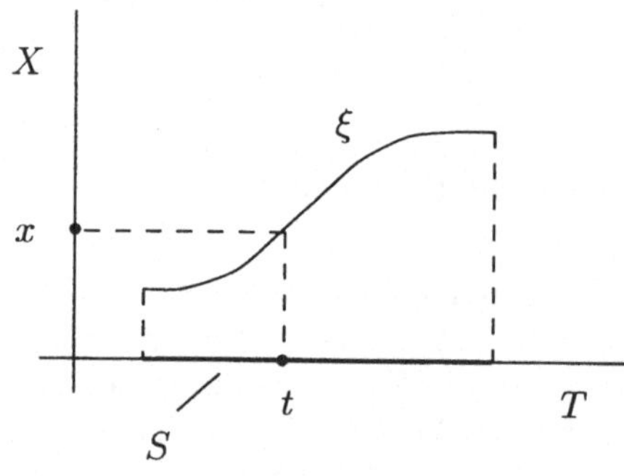

Bild 1.1-1: Signal $\xi\colon S \subset T \to X$

Solche auf sehr vielfältige Weise möglichen zeitlichen Veränderungen von Attributen ein und desselben Objektes $\mathcal{O}$, die wir allgemein als Änderung einer (Objekt-)

Phase x von $\mathcal{O}$ bezeichnen, werden durch Funktionen ξ der *Zeit* t beschrieben, genauer durch Abbildungen (*Signale*)

$$\xi : S \subset T \to X, \qquad \xi(t) = x \tag{1.1}$$

aus einer Menge T (*Zeitbereich*) in eine Menge X (*Phasenraum*) möglicher oder unterscheidbarer Phasen $x \in X$ (Bild 1.1-1).

Die Gesamtheit Ξ der zum Objekt $\mathcal{O}$ gehörenden Signale ξ wird als der das *Verhalten* von $\mathcal{O}$ beschreibende *Prozess* bezeichnet. Die Signale $\xi \in \Xi$ heißen dann *Realisierungen* oder auch *Trajektorien* des Prozesses Ξ.

Während der Phasenraum X zunächst als eine beliebige (nicht notwendig strukturierte) Menge angesehen werden kann, soll der Zeitbereich T immer als eine linear geordnete Menge mit der Ordnungsrelation $\leq$ vorausgesetzt werden. Das ist erforderlich, um die für das Wesen der Veränderung und damit für die ganze Prozesstheorie so wichtigen Begriffe wie „Vergangenheit", „Zukunft" oder „früher" bzw. „später" mathematisch formalisieren zu können. Ohne wesentliche Einschränkung der Allgemeinheit aber werden wir bei wichtigen Anwendungen als Zeitbereich immer Teilmengen von $\mathbb{R}$ voraussetzen, insbesondere die Teilmengen $T := \mathbb{R}$, $\mathbb{R}^+$, $\mathbb{Z}$ und $\mathbb{N}$ (mit der natürlichen Ordnung $\leq$).

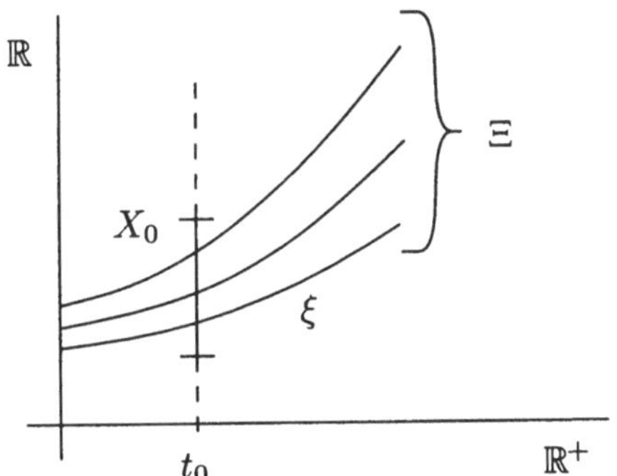

Bild 1.1-2: Prozess Ξ mit Realisierungen ξ : $\xi(t) = c\,e^{at}$, $t \in \mathbb{R}^+$, $\xi(t_0) \in X_0 \subset \mathbb{R}$

Beispiel 1.1 - 1 In klassischen Prozessen (Physik, Analogtechnik) sind die Prozessrealisierungen ξ in der Regel reelle Funktionen ($S, X \subset \mathbb{R}$) und der Prozess Ξ die Gesamtheit der Lösungen einer das Objektverhalten charakterisierenden Differenzialgleichung. Es kann also z.B. für Ξ gelten

$$\xi \in \Xi :\Leftrightarrow \bigwedge_{t \in S} (\dot{\xi}(t) = a\xi(t)), \qquad S := \mathbb{R}^+, \quad a \in \mathbb{R} \tag{1.2}$$

für alle ξ mit den Anfangswerten $\xi(t_0) \in X_0 \subset \mathbb{R}$, $\quad t_0 \in \mathbb{R}^+$. Dieser Prozess, definiert durch die Lösungsmenge der rechten Seite von (1.2), ist explizit gegeben durch (Bild 1.1-2)

$$\xi \in \Xi \;:\Leftrightarrow\; \bigwedge_{t \in S} (\xi(t) = c\,\mathrm{e}^{at}), \qquad c \in X_0 \mathrm{e}^{-at_0}. \tag{1.3}$$

Die beiden Ausdrücke (1.2) und (1.3) stellen also äquivalente Beschreibungen ein und desselben Prozesses dar.

Beispiel 1.1 - 2 In der Theorie der endlichen Systeme mit diskreter Zeit ($S := \mathbb{N}$, *Finite-state systems*) sind die Prozessrealisierungen Folgen $\xi := (\xi(t_i))_{t_i \in S}$ aus einer endlichen Menge $X := A$ und Ξ durch eine Abbildung $f : X^n \to X (n \in \mathbb{N})$ definiert, z.B. für $n = 2$ durch

$$\xi \in \Xi \;:\Leftrightarrow\; \bigwedge_{t \in S} [\xi(t+1) = f(\xi(t), \xi(t-1))], \qquad S := \mathbb{N}, \;\; \xi(0) \in X_0 \subset A.$$
$$\tag{1.4}$$

In beiden Beispielen ist Ξ eine Teilmenge von X^S:

$$\Xi \subset X^S \qquad\qquad (S \subset \mathbb{R}) \tag{1.5}$$

mit $S := \mathbb{R}^+$, $X := \mathbb{R}$ im 1. Beispiel und $S := \mathbb{N}$, $X := A$ (endlich) im 2. Beispiel. In beiden Beispielen haben somit alle Realisierungen ξ den gleichen *Definitionsbereich* $S := D(\xi) = \mathbb{R}^+$ bzw. $\mathbb{N}$ $(T := \mathbb{R})$.

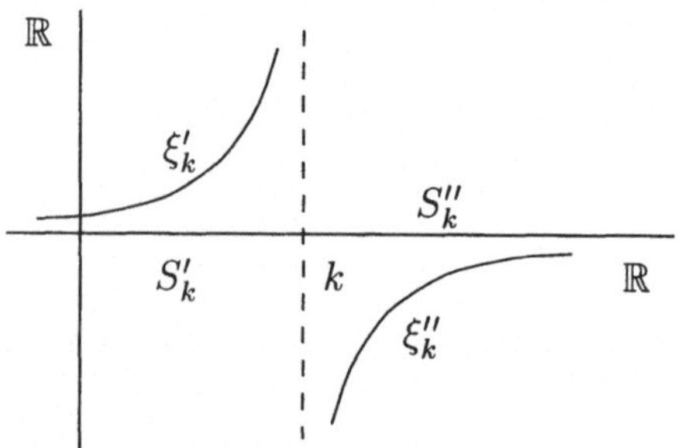

Bild 1.1-3: Prozessrealisierungen von $\dot{\xi}(t) = (\xi(t))^2$, $\xi'_k : S'_k \to \mathbb{R}$, $\xi''_k : S''_k \to \mathbb{R}$, $k \in \mathbb{R}$

Realistischer aber ist z.B. für (1.4) zu fordern, dass f nicht für alle $(x_1, x_2) \in X^2$ definiert ist, so dass nur die ξ zu Ξ gehören können, für die $(\xi(t), \xi(t-1))$ in $U \subset X^2$ liegt, statt (1.4) also gilt:

$$\xi \in \Xi \;:\Leftrightarrow\; \bigwedge_{t \in S_\xi} [\xi(t+1) = f(\xi(t), \xi(t-1))], \quad S_\xi := \{t \mid (\xi(t), \xi(t-1)) \in U\}.$$

Die Prozessrealisierungen $\xi \in \Xi$ haben hier nun unterschiedliche Definitionsbereiche $S_\xi := D(\xi) \subset \mathbb{N}$.

Ein ganz konkretes und einfaches Beispiel für einen Prozess mit Realisierungen unterschiedlicher Definitionsbereiche wird durch folgende (nichtlineare) Differenzialgleichung definiert.

Beispiel 1.1 - 3 Ξ sei gegeben durch die Lösungsmenge der Differenzialgleichung

$$\dot{\xi}(t) = (\xi(t))^2 \qquad (X = T = \mathbb{R}). \tag{1.6}$$

Man erhält als Lösungsmenge (in verkürzter Schreibweise)

$$\xi \in \Xi \Leftrightarrow \left\{ \begin{array}{lll} \xi(t) & = & -\dfrac{1}{t-k}, \quad t \in S'_k \quad := \quad (-\infty, k) \\ \text{oder} \\ \xi(t) & = & -\dfrac{1}{t-k}, \quad t \in S''_k \quad := \quad (k, +\infty) \end{array} \right\}, \quad k \in \mathbb{R}. \tag{1.7}$$

Jede Realisierung $\xi := \xi'_k, \ \xi''_k$ von Ξ besitzt hier einen anderen Defininitionsbereich $D(\xi) \subset \mathbb{R} \quad (D(\xi'_k) := S'_k, \quad D(\xi''_k) := S''_k, k \in \mathbb{R},$ Bild 1.1-3).

1.1.3 Dynamisches System

Die Überlegungen des letzten Abschnittes legen folgende Verallgemeinerungen nahe. Für die Definitionsbereiche $D(\xi)$ der Prozessrealisierungen ξ wird man allgemein *Intervalle* (*Segmente*) $S \subset T$ (offen, halboffen oder abgeschlossen) voraussetzen können, z.B.
$S := [t_1, t_2) := \{t \in T \mid t_1 \leq t < t_2; \quad t_1, t_2 \in T\}$. Bezeichnet $\mathcal{S}^*$ die Menge aller Intervalle $S \subset T$ (*Segmentraum*) und

$$\Xi^* := \bigcup_{S \in \mathcal{S}^*} X^S := [T, X] \tag{1.8}$$

die Menge aller Signale $\xi : S \to X$, so gilt in Verallgemeinerung von (1.5) für jeden Prozess Ξ mit den gegebenen *Grundmengen* T und X jedenfalls immer

$$\Xi \subset \Xi^*. \tag{1.9}$$

Der Prozess Ξ ist im Allgemeinen durch eine Aussage (prädikatenlogischer Ausdruck) $\mathbb{P}(\xi)$ über die Elemente ξ seines *Signalraumes* Ξ^* definiert (vgl. Beispiel 1.2-1, Abschnitt 1.2.2):

$$\xi \in \Xi :\Leftrightarrow \mathbb{P}(\xi). \tag{1.10}$$

In einfacheren (und wichtigeren) Fällen ist ξ bereits durch seine Momentanwerte $\xi(t)$, also durch Elemente des Phasenraumes X gegeben, z.B. durch Ausdrücke der Form (vgl. (1.2) bis (1.4)):

$$\xi \in \Xi \;:\Leftrightarrow\; \bigwedge_{t\in S} \mathbb{P}(\xi(t)) \qquad\qquad (S := \mathbb{R}) \tag{1.11}$$

oder

$$\xi \in \Xi \;\Leftrightarrow\; \bigwedge_{t\in S} \mathbb{P}(\xi(t),\xi(t+1),\dots,\xi(t+n)) \qquad (S := \mathbb{Z}). \tag{1.12}$$

In Abschnitt 1.3 kommen wir auf das Problem der Prozessbeschreibung durch Aussagen über Momentanwerte von einem allgemeinen Standpunkt aus zurück. Dabei wird sich zeigen, dass nicht alle Prozesse im Sinne von (1.9) durch Ausdrücke, in denen nur Momentanwerte vorkommen (Ausdrücke auf der Basis einer Phasenraumstruktur), dargestellt werden können.

Wir fassen die bisherigen Ausführungen zusammen in der

Definition 1.1 - 1 Ein geordnetes Tripel (T, X, Ξ) heißt *dynamisches System* über (T, X), wenn gilt:

1. T (*Zeitbereich*) ist eine linear geordnete Menge mit der Ordnungsrelation $\leq$ und den Elementen (*Zeitpunkten*) t $(T \neq \emptyset)$.

2. X (*Phasenraum*) ist eine Menge mit den Elementen (*Phasen, Phasenpunkten*) x $(X \neq \emptyset)$.

3. Ξ (*Prozess*) ist eine Teilmenge der Menge Ξ^* (*Signalraum*) aller *Signale* $\xi : S \to X$ $(S \in \mathcal{S}^*)$.

Werden die Grundmengen (Trägermengen des Prozesses) T und X für eine bestimmte Betrachtung als fest angenommen, so werden wir auch kürzer von einem (das *Verhalten* von (T, X, Ξ) kennzeichnenden) Prozess Ξ sprechen. Die Begriffe „dynamisches System" und „Prozess" (Verhalten) sind dann im Wesentlichen synonyme Begriffe.

Bemerkung: In (1.9) bzw. in der Definition 1.1-1 wird bei starker inhaltlicher Abstraktion die denkbar allgemeinste Explikation des unscharfen Begriffs „(Natur-) Gesetz" gegeben. Das „Wirken eines Gesetzes" erhält mit (1.9) die universelle und allgemeingültige Bedeutung:

Der Menge Ξ^* aller denkbaren Veränderungen ξ („Bewegungsbahnen" des Phasenpunktes x in X oder besser des Ereignisses (t, x) im Ereignisraum $T \times X$) sind gewisse Beschränkungen auferlegt.

Die einen Prozess prägende Gesetzmäßigkeit findet so ihren allgemeinsten Ausdruck durch eine Auswahl in der „Menge aller Möglichkeiten Ξ^*".

$\Xi := \Xi^*$ ist ein völlig gesetzloser Prozess, und ein Prozess $\Xi \subset \Xi^*$ wird um so stärker von Gesetzen (Regeln) geprägt sein, je stärker er sich von Ξ^* „unterscheidet" (vgl. Abschnitt 2.1.2).

1.1.4 Inhaltsübersicht

Nachfolgend geben wir einen groben Überblick über die wichtigsten in dieser Arbeit untersuchten Prozessklassen (Teil I und Teil II).

Ein wesentliches Ziel der Theorie dynamischer Systeme (Prozesstheorie) wird es sein, Prozesse mit „gleichartiger Regularität" zu klassifizieren (Abschnitt 2.1.3) und in eine „Regularitätshierarchie" einzubetten, die bis zu den bekannten dynamischen Systemen traditioneller Einzelwissenschaften (Mechanik, Netzwerktheorie, Automatentheorie, Feldtheorie) herunterführt. Der Definition eines natürlichen Klassifizierungskonzeptes (*temporale Wechselwirkung*) kommt hierbei eine prägende Bedeutung zu (Kapitel 2). Bei dieser Klassifizierung nach der Intensität der (temporalen) Wechselwirkung nimmt die Klasse der *Markov-Prozesse* eine ganz zentrale und strukturordnende Stellung ein (Kapitel 3).

Bekannte Einzelwissenschaften erscheinen also unter systemtheoretischem Aspekt als Erscheinungsklassen mit speziellen Änderungsgesetzen (Verhaltensweisen, Bewegungsformen, Entwicklungsgesetzen).

Dazu wird es natürlich erforderlich sein, insbesondere den Phasenraum X zu spezialisieren (Übergang zu Produktmengen, Abbildungsmengen) und (oder) mit geeigneten mathematischen Strukturen (Halbgruppe, Ring, Vektorraum) zu versehen.

Unter den schon genannten *mehrdimensionalen Prozessen* (mit dem Produktphasenraum X^n) haben spezielle zweidimensionale Prozesse (*input-output-Systeme*) vor allem in technischen Disziplinen ein sehr weites Anwendungsfeld (Automatentheorie, Analogsysteme) gefunden (Abschnitt 4.1.4).

Um beispielsweise die (elektromagnetischen) Felder in die Betrachtungen mit einbeziehen zu können, muss man von dem reinen Zeitbereich T zum *Raum-Zeitbereich* $R \times T$ übergehen. R bezeichnet hier einen *Raumbereich*, der im Allgemeinen durch eine unstrukturierte Menge gegeben ist. In den wichtigsten Fällen ist $R := A \times A$ (A endlich oder $A := \mathbb{Z}$, z.B. bei neuronalen Netzen) oder $R := \mathbb{R}^n$ ($n \in \mathbb{N}$, $n \leq 3$ bei physikalischen Prozessen). An die Stelle des reinen (Zeit-) Signals tritt jetzt das (*Raum-Zeit-*) *Signal* (Abschnitt 4.2):

$$\xi : S \subset R \times T \to X, \quad \xi(r,t) = x, \quad r \in R. \tag{1.13}$$

Abhängig vom Anwendungsgebiet (Abschnitt 4.2) sind hierfür verschiedene Bezeichnungen üblich: In der Physik z.B. spricht man von einem *Feld* ξ bzw. $\xi(\cdot, t)$, in der Technik (*Automaten*, Abschnitt 4.1.4) oft von einer *Konfiguration* und in der Biologie von einem *Muster* $\xi(\cdot, t)$ (zur Zeit t).

Für alle realen Feldprozesse gilt das Prinzip der endlichen Ausbreitungsgeschwindigkeiten der „Wirkung". Die Berücksichtigung dieser naturgegebenen Beschränkung erfordert eine bestimmte Strukturierung (Metrik) des Raum-Zeitbereiches $R \times T$, bei der Raum und Zeit ihre Unabhängigkeit verlieren (Relativitätsprinzip).

Die *Feldprozesse* Ξ mit den Trajektorien (1.13) lassen sich auch als mehrdimensionale bzw. unendlichdimensionale Zeitprozesse mit Zeittrajektorien $\xi : S \subset T \to X^R$ auffassen (Abschnitt 2.3). Bei dieser Auffassung sind dann Felder nichts anderes als Signale (im Sinne von Definition 1.1-1) mit speziellen Phasenräumen.

In der Regel können an die Prozessrealisierungen ξ in wichtigen Anwendungsfällen gewisse Glattheitsforderungen (Stetigkeit, Differenzierbarkeit) gestellt werden (Abschnitt 4.2). Mit dieser Forderung wird die Brücke zu den wohl wichtigsten Prozessklassen geschlagen: zu den lokal definierten *Differenzialprozessen* (Kapitel 4). Zu dieser Prozessklasse gehören insbesondere die *Hamiltonschen Differenzialprozesse* der klassischen Mechanik (Abschnitt 4.4.2), die *Diffusionsprozesse* und insbesondere die *elektromagnetischen Felder* der linearen Feldtheorie (Abschnitte 4.4 und 4.2.4).

Jedes in der Realität beobachtbare Verhalten, das in verifizierbarer Weise durch Trajektorien ξ beschrieben werden kann, bildet sicherlich ein dynamisches System im Sinne von Definition 1.1-1. Ob auch umgekehrt jedem abstrakten dynamischen System ein reales Phänomen (aus Natur oder Technik) entspricht, gehört zu den noch zu untersuchenden Grundproblemen. Mit der Einführung des Begriffs der *Vollständigkeit* wird hierauf in Abschnitt 1.3 ausführlich eingegangen.

Um das Bild von der allgemeinen Problematik der Prozessbeschreibung noch abzurunden, sei aber schon jetzt bemerkt, dass durchaus nicht jeder Prozess (in sinnvoller Weise) durch das klassische Trajektorienkonzept (Phasenporträt) beschrieben werden kann [15]. Bei den „umweltgestörten" Prozessen kann von einem Trajektorienwert (Phasenpunkt) $\xi(t) = x \in X$ nicht auf einen bestimmten Phasenpunkt x' zu einem späteren Zeitpunkt $t' > t$ geschlossen werden; es sind lediglich „Möglichkeitsaussagen" (*nichtdeterminierte Prozesse*) oder Wahrscheinlichkeitsaussagen (*stochastische Prozesse*) möglich. An die Stelle der Trajektorien treten nun die (durch Funktionale gekennzeichneten) allgemeineren „Trajektorienbündel" und gewisse Operatoren, die aber glücklicherweise wieder vertrauten (Halbgruppen-) Gesetzen der „gewöhnlichen" Prozesstheorie genügen (Abschnitt 4.3).

Das zunächst besprochene Trajektorienkonzept wird so in das allgemeinere „Trajektorienbündel-Konzept" als Sonderfall eingeordnet. Aber auch im determinierten

Fall (Vorhersagbarkeit von $x' = \xi(t')$ durch $x = \xi(t)$) kann bei extrem „störungssensiblen" Prozessen (*determiniertes Chaos*) zumindest eine Langzeitvorhersage praktisch unmöglich sein, da die dazu erforderliche Genauigkeit des „Anfangswertes" x nicht gegeben ist. Das Verhalten dieser Prozesse liegt in gewissem Sinne auf der Grenze zwischen reiner Zufälligkeit und determinierter Bestimmtheit: die Gesetzmäßigkeit wird hier vom „Zufall gesteuert". In diese Verhaltensgruppe sind insbesondere die *maßinvarianten Prozesse* (Strömungsprozesse) aus Abschnitt 4.3 einzuordnen, zu denen insbesondere auch die *quantenmechanischen Prozesse* gehören (Abschnitt 4.4.4).

Aber auch in diesem Fall handelt es sich lediglich um einen Spezialfall des allgemeinen Prozessbegriffes und keineswegs um ein qualitativ völlig neuartiges Phänomen (wie mitunter behauptet). Bild 1.1-4 veranschaulicht den gegebenen Überblick.

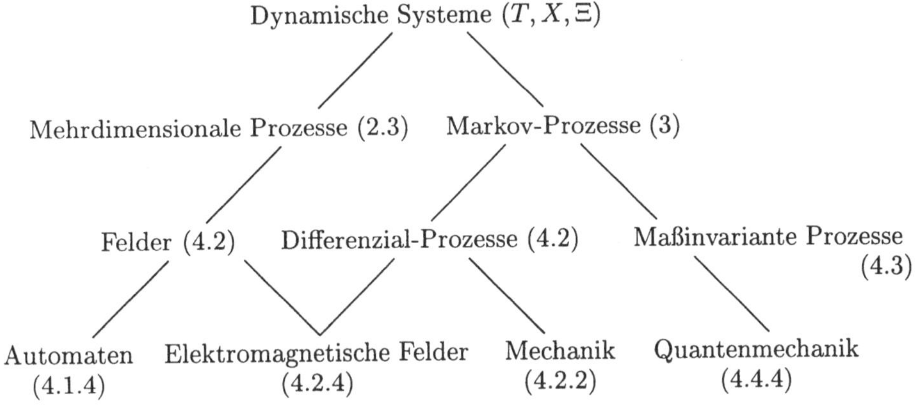

Bild 1.1-4: Übersicht über die Hierarchie der wichtigsten Prozessklassen

Der folgende Abschnitt vermittelt zunächst einen allgemeinen, von der Prozessklassenbildung unabhängigen Überblick über die Grundproblematik der hier dargelegten Theorie dynamischer Systeme (Prozesse).

1.2 Prozessdarstellungen, Analyse und Synthese

1.2.1 Prozess und Überdeckung

Die genauere und tiefergehende Analyse von Prozessen wird oft wesentlich vereinfacht, wenn man zu äquivalenten Darstellungen übergeht, die für den jeweiligen

Zweck geeigneter sind. Wir betrachten hier zunächst die *Prozessüberdeckung*; weitere Prozessdarstellungen werden im nachfolgenden bzw. in späteren Abschnitten besprochen.

Eine erste vereinfachende Darstellung ergibt sich, indem man den Prozess Ξ in geeigneter Weise als Vereinigung einfacher strukturierter Teilprozesse mit eigenschaftsverwandten Realisierungen darstellt.

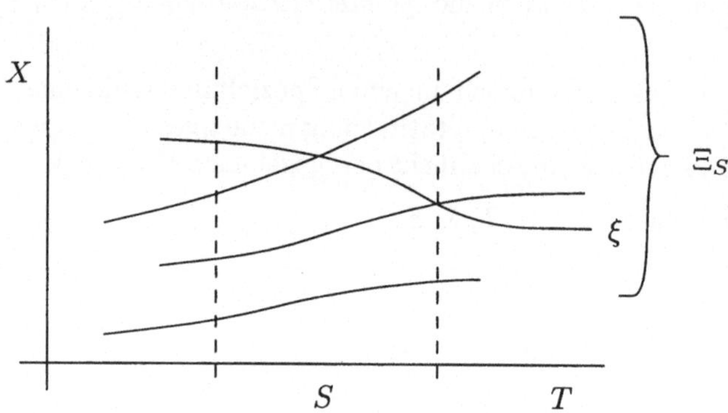

Bild 1.2-1: Signalraum Ξ_S^* und Prozess $\Xi_S \subset \Xi_S^*$ mit Realisierungen $\xi \in \Xi_S$ mit $D(\xi) \supset S$

Definition 1.2 - 1 Es sei $S \in \mathcal{S}^*$ ein Segment aus T. Dann bildet jede Teilmenge Ξ aus

$$\Xi_S^* := \{\xi \mid \xi \in \Xi^* \wedge D(\xi) \supset S\} \tag{1.14}$$

einen *lokalen Prozess* aus Ξ^*.

$\mathcal{X}^*$ bezeichne die *Menge aller lokalen Prozesse*:

$$\Xi \in \mathcal{X}^* :\Leftrightarrow \bigvee_{S \in \mathcal{S}^*} \Xi \subset \Xi_S^*. \tag{1.15}$$

Ein lokaler Prozess ist somit ein Prozess Ξ, dessen Realisierungen alle mindestens auf einem Segment $S \subset T$ definiert sind: $\Xi = \Xi_S$ (Bild 1.2-1).

Definition 1.2 - 2 Eine Menge $\mathcal{X} \subset \mathcal{X}^*$ lokaler Prozesse Ξ' heißt *Überdeckung* des Prozesses $\Xi \subset \Xi^*$, wenn gilt

$$\Xi = \bigcup_{\Xi' \in \mathcal{X}} \Xi'. \tag{1.16}$$

Satz 1.2 -1 Zu jedem (globalen) Prozess $\Xi \subset \Xi^*$ existiert eine Überdeckung $\mathcal{X}$ durch lokale Prozesse $\Xi' \in \mathcal{X}$.

Beweis: Offensichtlich gilt für alle $\Xi \subset \Xi^*$ mit $\pi_S(\Xi) := \{\xi \in \Xi \mid D(\xi) \supset S\} \subset \Xi_S^*$

$$\Xi \supset \bigcup_{S \in \mathcal{S}} \pi_S(\Xi) \qquad (\mathcal{S} \subset \mathcal{S}^*).$$

Auch die Umkehrung ist richtig: Es gibt ein $\mathcal{S} \subset \mathcal{S}^*$, so dass

$$\Xi \subset \bigcup_{S \in \mathcal{S}} \pi_S(\Xi), \qquad \pi_S(\Xi) \in \mathcal{X}. \tag{1.17}$$

Damit gilt mit $\pi_S(\Xi) := \Xi_S$:
Jeder Prozess Ξ kann als Vereinigung von lokalen Prozessen Ξ_S (S-Prozessen) aufgefasst werden und umgekehrt: jede Vereinigung von lokalen Prozessen ist ein Prozess. ∎

Im Allgemeinen sind hierbei $\mathcal{X}$ bzw. $\mathcal{S}$ endliche Mengen. Das Studium von Prozessen Ξ lässt sich damit auf die Analyse der einfacheren lokalen Prozesse zurückführen, so dass wir uns im Weiteren auf diese Prozesse beschränken können.

Von nun an wird also unter „Prozess" in der Regel ein *lokaler Prozess $\Xi \in \mathcal{X}^*$* verstanden. Spezielle Fälle dieser Prozesse erhält man für $S := T$:

$$\Xi \subset X^T \qquad (\text{T-Prozess } \Xi_T). \tag{1.18}$$

Zur Verdeutlichung betrachten wir noch einmal Beispiel 1.1-3 (Abschnitt 1.1.2). Der hier betrachtete Prozess Ξ kann als Vereinigung von S-Prozessen Ξ_S aufgefasst werden. Für $S = [t_1, t_2]$ erhält man mit (1.6) und (1.7)

$$\Xi_S = \{\xi \mid (\xi = \xi_k' \wedge k \geq t_2) \vee (\xi = \xi_k'' \wedge k \leq t_1)\}.$$

Bemerkung: Im einfachsten Fall ist $\Xi := \Xi_T \subset X^T$ (T-Prozess). Dieser elementare Fall wird in den (technisch orientierten) Monographien zur Systemtheorie fast ausschließlich behandelt ungeachtet der Tatsache, dass dieser Sonderfall der Realität in vielen (inzwischen sehr wichtig gewordenen) Anwendungsgebieten (nichtlineare Differenzialsysteme) nicht ausreichend Rechnung trägt (vgl. Beispiel 1.1-3).

1.2.2   Verhaltensgleichung

Ein Prozess ist nach (1.9) immer eine Auswahl von Elementen ξ aus dem Signalraum Ξ^*; und eine Vorschrift, nach der Signale ξ aus Ξ^* ausgesondert und zu einem

Prozess Ξ zusammengefasst werden, kann natürlich außerordentlich vielgestaltig sein (vgl. Beispiele 1.1-1, 1.1-2 und 1.1-3).

Allgemein kann man mit (1.14), (1.15) jedem Prozess $\Xi \in \mathcal{X}^*$ eine *Verhaltensfunktion* („duale" charakteristische Funktion)

$$\hat{\psi} : \Xi \to \{0,1\} \tag{1.19}$$

als „Auswahlfunktion" zuordnen und definieren

$$\hat{\psi}(\xi) = 0 :\Leftrightarrow \xi \in \Xi. \tag{1.20}$$

Die linke Seite der Äquivalenz (1.20) heißt *Verhaltensgleichung* des Prozesses.

Diese zunächst ganz allgemein definierte Prozessdarstellung mittels einer Verhaltensgleichung ist natürlich im Einzelfall durch verschiedenartigste Beschreibungsformen (prädikatenlogischer Ausdruck, Funktionalgleichung, Differenzialgleichung) gegeben, und die systematische Einordnung dieser zahlreichen speziellen Darstellungsmöglichkeiten in allgemeinere und übergeordnete theoretische Konzepte wird noch eingehend darzulegen sein (Abschnitt 1.3). Die Beschreibung von Prozessen durch relationale mathematische Strukturen (Abschnitt 1.4) und die Zustandsbeschreibung (Abschnitt 2.4) werden hierbei eine besondere Rolle spielen.

Wir führen nachstehend ein paar Beispiele solcher speziellen Prozessdarstellungen an, die zugleich den weiteren Darlegungen auch eine gewisse Motivation und Orientierung verleihen sollen.

Die in Naturwissenschaft und Technik auftretenden Prozesse können oft durch lokal beschriebene Verhaltensgleichungen charakterisiert werden, in die nur die lokalen Größen $\xi(t)$ oder deren Ableitungen $\xi^{(n)}(t)$ eingehen (vgl. Abschnitte 1.3.4 und 1.3.5), z.B.:

$$\hat{\psi}(\xi) = 0 :\Leftrightarrow \bigwedge_t \psi(\xi(t),\dots,\xi(t+n)) = 0, \qquad (t \in \mathbb{Z}) \tag{1.21}$$

oder $(T, X \subset \mathbb{R})$

$$\hat{\psi}(\xi) = 0 :\Leftrightarrow \bigwedge_t \psi(\xi(t),\dot{\xi}(t),\dots,\xi^{(n)}(t)) = 0. \tag{1.22}$$

In einfachen Fällen werden diese die rechten Seiten von (1.21) und (1.22) bildenden *lokalen Verhaltensgleichungen* z.B. durch Differenzengleichungen des Typs (vgl. Beispiel 1.1-2)

$$\xi(t+n) = f(\xi(t+n-1),\dots,\xi(t)) \qquad (S := \mathbb{Z}) \tag{1.23}$$

oder auch durch Differenzialgleichungen (Beispiel 1.1-1) der speziellen Form

$$\xi^{(n)}(t) = f(\xi^{(n-1)}(t),\dots,\xi(t)) \qquad (S := \mathbb{R}) \tag{1.24}$$

dargestellt. Die Darstellungen (1.23) und (1.24) sind ersichtlich als Sonderfall in (1.21) und (1.22) enthalten.

Durch Präzisierung des Begriffs „Struktur" eines Prozesses werden wir in Abschnitt 1.3 für eine große Klasse von Prozessen (vollständige Prozesse) – in die z.B. die *Differenzen-* und *Differenzialprozesse* (1.21), (1.22) als Sonderfall enthalten sind – eine einheitliche Darstellung angeben, womit dann auch dem Begriff der (lokalen) Verhaltensgleichung (hier nur an Beispielen erläutert) eine präzisierte Fassung gegeben werden kann. Zur Beschreibung der oben angeführten Prozesse durch (lokale) Verhaltensgleichungen werden nur Momentanwerte der Prozessrealisierungen, also Elemente $x = \xi(t)$ aus dem Phasenraum X benötigt.

Abschließend geben wir noch ein Beispiel für einen Prozess, der durch algebraische und logische Operationen im Signalraum beschrieben wird und für den eine Beschreibungsmöglichkeit im Phasenraum zunächst nicht ersichtlich ist.

Beispiel 1.2 - 1 Es sei $\Xi' \subset X^T$ ein induktiv definierter Prozess mit folgenden Eigenschaften:

$$
\begin{array}{ll}
1. & \xi_1 \in \Xi' \quad \wedge \quad \xi_2 \in \Xi' \\
2. & \xi \in \Xi' \quad \wedge \quad \xi' \in \Xi' \;\Rightarrow\; \bigwedge_{t \in T} \xi \overset{t}{\circ} \xi' \in \Xi'.
\end{array}
\tag{1.25}
$$

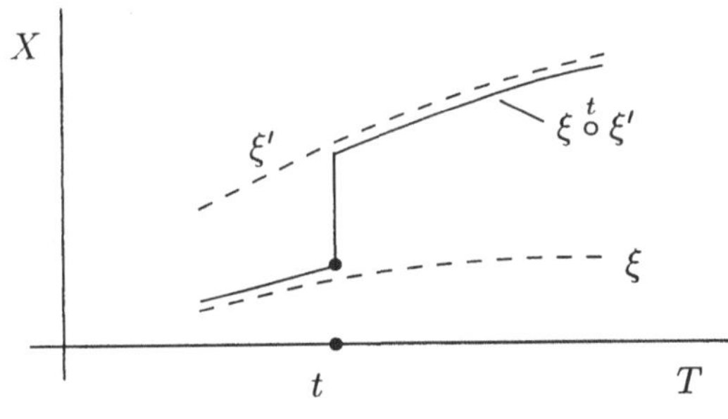

Bild 1.2-2: Konkatenationsprodukt $\xi \overset{t}{\circ} \xi'$ zweier Realisierungen ξ, ξ'.

Hierbei bezeichnet $\overset{t}{\circ}$ das *Konkatenationsprodukt* von ξ und ξ' bezüglich t (Bild 1.2-2):

$$
\left(\xi \overset{t}{\circ} \xi' \right) (\tau) := \begin{cases} \xi(\tau) & \tau \le t \\ \xi'(\tau) & \tau > t \end{cases} \qquad (t \in T).
\tag{1.26}
$$

Es sei Ξ der Durchschnitt aller Prozesse Ξ' mit der Eigenschaft (1.25), (1.26):

$$
\Xi = \bigcap \Xi', \; \xi \in \Xi.
\tag{1.27}
$$

Dieser Prozess ist die kleinste Teilmenge aus X^T, die die Signale ξ_1 und ξ_2 enthält und bezüglich der Operation $\overset{t}{\circ}$ abgeschlossen ist: der *von* $\{\xi_1, \xi_1\}$ *erzeugte Prozess* $\Xi := \Xi(\xi_1, \xi_2)$. Er gehört zur Klasse der chaotischen Prozesse (Abschnitt 2.1.2), und es bleibt zunächst offen, ob auch solche und ähnlich komplizierten Prozesse durch Operationen im Phasenraum definiert werden können (Abschnitt 1.3.2).

1.2.3   Systemanalyse und Systemstruktur

Schon die wenigen bisher betrachteten Beispiele zeigen, dass Prozesse bzw. die sie definierenden Verhaltensgleichungen auf der Basis geeignet gewählter mathematischer Strukturen (Mengen mit auf ihnen definierten Relationen und Operationen) erklärt werden können.

So lässt sich z.B. die Verhaltensgleichungen (1.23) mit der einfachen *funktionalen Struktur* $(\mathbb{Z}, X, X^n; f)$, $f : U \subset X^n \to X$ fixieren. Analog kann der Prozess (1.21) durch die *relationale Struktur* $(\mathbb{Z}, X, X^{n+1}; \underline{R})$ gegeben werden, indem man die *(lokale) Verhaltensfunktion* ψ als (duale) charakteristische Funktion einer Menge $\underline{R} \subset X^{n+1}$ *(Phasenrelation)* auffasst: $\psi : X^{n+1} \to \{0,1\}$,

$$\psi(\xi(t), \xi(t+1), \dots, \xi(t+n)) = 0 \ :\Leftrightarrow \ (\xi(t), \dots, \xi(t+n)) \in \underline{R}.$$

Es gilt dann statt (1.21) gleichbedeutend

$$\xi \in \Xi \ :\Leftrightarrow \ \bigwedge_{t \in \mathbb{Z}} (\xi(t), \dots, \xi(t+n)) \in \underline{R}. \tag{1.28}$$

Die vorstehend betrachteten *Phasenraumstrukturen* f und R gehören – vom rein mathematischen Standpunkt – zu den mehrsortigen algebraischen Strukturen mit Trägermengen des Typs $T, T^n, X, X^m, \dots$ (der Signalraum X^T bzw. Ξ^* wird hier als Strukturträger nicht benötigt) [1].

Komplizierter liegen die Dinge bei dem Prozess $\Xi(\xi_1, \xi_2)$ in Beispiel 1.2-1. Dieser Prozess kann – wie später noch gezeigt wird – nicht auf der Basis einer Phasenraumstruktur beschrieben werden. Nur mittels einer relativ komplexen *Signalraumstruktur*, bei der u.a. der Signalraum X^T und die Signalraumabbildung F, definiert durch

$$F(t, \xi', \xi'') := \xi' \overset{t}{\circ} \xi'',$$

benötigt werden, ist eine Prozessdarstellung möglich.

Schon diese wenigen Beispiele lassen erkennen, dass wirklich allgemeingültige Aussagen über die den Prozessen (dynamischen Systemen) bzw. Verhaltensfunktionen oder -gleichungen zugrunde liegenden mathematischen Strukturen auf analytischem Wege durch das Studium von Einzelfällen oder einzelner wissenschaftlicher

Disziplinen sicher nicht gefunden werden können. Insbesondere lässt sich an Hand von Beispielen nicht erkennen, wie die Klasse der durch Phasenraumstrukturen beschreibbaren Prozesse allgemein charakterisiert werden kann und welche allgemeine mathematische Form diese Strukturen besitzen.

Um zu tieferen, allgemeingültigen und gebietsübergreifenden Einsichten in grundsätzliche Möglichkeiten des Verhaltens beliebiger realer Objekte (Phänomene) zu gelangen, ist der in den Einzelwissenschaften, insbesondere in den Naturwissenschaften traditionell beschrittene Weg der Objekt- und Strukturanalyse (Systemanalyse) allein nicht brauchbar.

Die *Systemanalyse* (Objekt- und Strukturanalyse) beginnt mit dem Studium elementarer Bestandteile und der konkreten Struktur eines ins Auge gefassten (Gesamt-) Objekts, entwickelt eine das Objekt beschreibende (Objekt-) Theorie, mit deren Hilfe dann mögliche Verhaltensweisen des Objektes mittels (lokaler) Verhaltensgleichungen auf der Basis bestimmter mathematischer Strukturen formuliert werden können. Die Lösungen ξ dieser Verhaltensgleichungen ergeben dann das Verhalten der mit dem Objekt verknüpften Prozesse Ξ.

Als Beispielobjekt sei das lineare elektrische Netzwerk betrachtet. Die zugehörige Objekttheorie (Netzwerktheorie) wird hergeleitet aus einem Komplex von physikalischen Grundgesetzen (Ohmsches Gesetz, Induktionsgesetz, Kirchhoffsche Knoten- und Maschenbedingungen usw.) zusammen mit einigen Grundaussagen der Graphentheorie. Die mittels der Netzwerktheorie auf der Grundlage der Theorie linearer Räume (mathematische Basisstruktur des Objekts) formulierten Differenzialgleichungen – z.B. für die Zweigströme – bilden die lokalen (Strom-) Verhaltensgleichungen des Netzwerkes und deren Lösung den Prozess „Zweigströme".

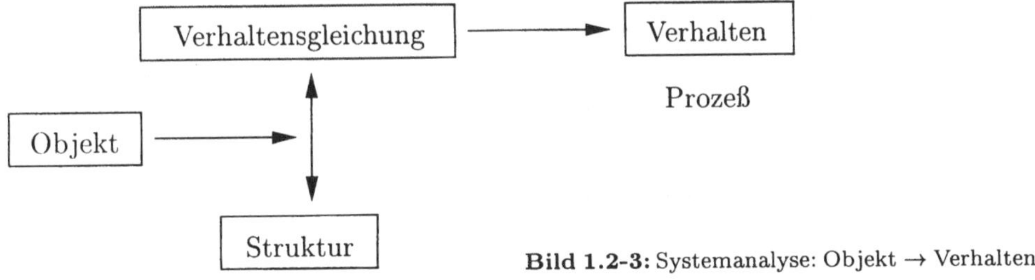

Bild 1.2-3: Systemanalyse: Objekt $\rightarrow$ Verhalten

In Bild 1.2-3 ist der von den klassischen Einzelwissenschaften grundsätzlich immer eingeschlagene Weg von der Objektanalyse zum Prozess noch in einem Diagramm veranschaulicht.

In dem Beispiel (1.21) gilt:

Struktur: $(\mathbb{Z}, X, X^{n+1}, \underline{R})$,

$$\text{Verhaltensgleichung:} \bigwedge_{t \in \mathbb{Z}} \psi(\xi(t), \xi(t+1), \ldots, \xi(t+n)) = 0,$$

$$\text{Phasenrelation } \underline{R}: \quad \psi(\xi(t), \ldots, \xi(t+n)) = 0 \; :\Leftrightarrow \; (\xi(t), \ldots, \xi(t+n)) \in \underline{R},$$

$$\text{Prozess: } \xi \in \Xi \; :\Leftrightarrow \; \bigwedge_{t \in \mathbb{Z}} (\xi(t), \ldots, \xi(t+n)) \in \underline{R}.$$

Die weiteren Darlegungen werden noch zeigen, dass dieses Schema in etwas verallgemeinerter Form (die Relation $\underline{R}$ ist durch eine Relationenfamilie zu ersetzen) allgemeine Gültigkeit besitzt.

1.2.4 Systemsynthese

Die bisherigen Betrachtungen über Struktur und Verhalten realer Objekte der Erfahrungswelt werfen folgende zwei zentrale Fragen auf:

I) Gibt es eine universelle mathematische Struktur, die allen realen Verhaltensformen (Prozessen) einheitlich als Basisstruktur zugrunde gelegt werden kann ? Wir werden zeigen, dass für eine sehr umfassende Klasse von Prozessen (vollständige Prozesse, Abschnitt 1.3) immer eine Darstellung durch eine universelle Phasenraumstruktur (Relationenfamilie) möglich ist.

II) Existiert ein universelles und physikalisch-technisch realisierbares Modell (Maschine, Objekt), mit der alle Prozesse (mit jeder gewünschten Genauigkeit) verwirklicht werden können? Es wird sich zeigen, dass das möglich ist, sofern man der Verhaltensgleichung (für vollständige Prozesse) eine entsprechende Form (Zustandsgleichung, Abschnitt 2.4) verleiht.

Bei diesem Vorgehen wird sich dann auch auf natürliche Weise ergeben, dass zentrale einzelwissenschaftliche Grundbegriffe auf eine neue Weise systemtheoretisch begründet werden können.

Zudem ergeben sich eine ganze Reihe weiterer Fragen, z.B.: Wann ist ein Prozess physikalischer Natur, insbesondere ein elektrodynamischer Prozess, ein Prozess der klassischen Mechanik, der Quantenmechanik oder der statistischen Mechanik? Hierauf wird noch ausführlich einzugehen sein (Teil II).

Um auf diese Fragen eine Antwort zu finden, muss man den von der Objektanalyse ausgehenden Weg umkehren und zur Verhaltens- bzw. *Systemsynthese* übergehen, bei der man von einem gegebenen Prozess ausgeht und nach einem diesen Prozess erzeugenden technischen Modell (Objekt) sucht. Dabei muss man noch sehen, dass dieses Syntheseproblem nicht nur von rein theoretischem Interesse für die Erforschung der inneren Struktur des Verhaltens realer Objekte und für die abstrakte

Prozessbeschreibung ist, sondern für viele technischen Wissenschaften (Informationstechnik, Automatisierungstechnik, Schaltungstechnik) sogar typisch und fundamental ist. Die *Systemtheorie* im Sinne relevanter technischer Wissenschaften hat sich aus speziellen Fragestellungen der Systemsynthese (Systementwurf) überhaupt erst entwickelt, und sie hat in ihrer relativ kurzen Geschichte zu Ergebnissen und Einsichten in Zusammenhänge geführt, die weit über den ursprünglichen Anwendungsbereich hinausreichen und mit den ausschließlich analytischen Methoden und Denkweisen der Naturwissenschaften (Physik) nicht aufgedeckt werden können [2], [8].

Bild 1.2-4 veranschaulicht die zwei grundsätzlichen Schritte der Verhaltens- oder Systemsynthese (*Synthese dynamischer Systeme*), mit denen für die zwei oben aufgeworfenen zentralen Fragen eine Anwort gefunden werden kann.

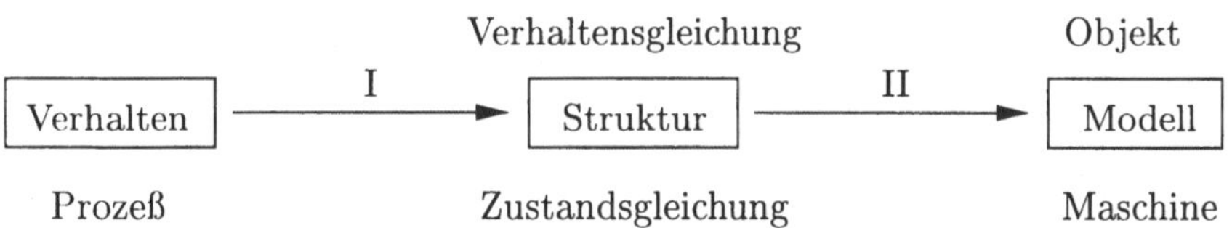

Bild 1.2-4: Systemsynthese: Verhalten → Objekt, Schritt I: Konstruktion einer Struktur, Schritt II: Konstruktion eines Modells

Im ersten Schritt wird für eine große Klasse von Prozessen (praktisch für „fast alle", Abschnitt 1.3) eine universelle mathematische Struktur konstruiert, und zwar eine (verallgemeinerte) Phasenraumstruktur, die immer durch eine Familie von Phasenrelationen auf dem Phasenraum X dargestellt werden kann (Abschnitt 1.3), und somit insbesondere auch die in Abschnitt 1.2.2 angegebenen, durch einfache Phasenrelationen bzw. -funktionen beschriebenen Prozesse als Sonderfall enthält.

Danach kann in einem zweiten Schritt ein Modell, eine den Prozess realisierende Maschine gefunden werden. Dieser zweite Schritt aber kann nicht unmittelbar erfolgen; er macht eine genauere Klassifizierung der Prozesse (Strukturen) nach ihren inneren (temporalen) und äußeren (kooperativen) Wechselwirkungseigenschaften und die Aufdeckung der zwischen diesen Prozessklassen (Strukturklassen) bestehenden Beziehungen erforderlich. Hierbei werden die in Kapitel 2 und 3 besprochenen Markov-Prozesse (Zustandsprozesse), die chaotischen Prozesse und eine ausgezeichnete Form der Verhaltensgleichung, die Zustandsgleichung, eine zentrale Rolle spielen.

Die folgenden Untersuchungen über Struktur und Verhalten werden sich daher um nachstehende vier große Problemkomplexe ranken:

1. Analyse

    (a) Phasenstruktur und Vollständigkeit, Verhaltensgleichung und Vollständigkeitsklassen (Abschnitt 1.3)

    (b) Wechselwirkung und Verhaltensklassifizierung. Zweidimensionale Prozesse (Abschnitt 2)

2. Synthese
   Dynamikbedingungen und dynamische Struktur, Markov-Prozesse (Abschnitt 1.4 und Kapitel 3)

3. Realisierung

   Markov-Prozess und Prozesszustand. Zustandsdarstellung und Modell (Abschnitt 2.4 und Kapitel 4)

Wir werden uns im folgenden Abschnitt 1.3 zunächst mit der Problematik des ersten Syntheseschrittes (*Verhalten → Struktur*) befassen. In Abschnitt 1.4 betrachten wir dann die Umkehrung (*Struktur → Verhalten*).

Die allgemeine Zielstellung besteht zunächst darin, Signale (Prozesse) durch mathematisch „einfachere" Objekte (Prozessstrukturen) zu erfassen. Durch diese sehr vage gestellte Aufgabe wird natürlich kein Lösungsweg irgendwie mitgegeben oder gar ausgezeichnet, er muss vielmehr intuitiv unter Nutzung der in Einzelfällen bereits erfolgreich angewandten Prozessdarstellungen „erraten" werden.

1.3   Vollständigkeit und Struktur

1.3.1   Phasenrelation

In diesem Abschnitt 1.3 werden die bisher (an Hand von Beispielen) diskutierten Prozessdarstellungen – soweit sie sich auf den Phasenraum beziehen – in einen allgemeinen und übergeordneten theoretischen Rahmen integriert. Dabei wird dem Begriff der Prozessvollständigkeit eine zentrale Bedeutung zukommen.

Wie aus den speziellen Verhaltensgleichungen (1.23) und (1.24) bzw. der Äquivalenz (1.28) entnommen werden kann, lässt sich eine relativ große Klasse von Prozessen durch Funktionen und allgemeiner durch Relationen im Phasenraum definieren. Dieser an einfachen Beispielen verifizierter Zusammenhang zwischen Prozess $\Xi \in \mathcal{X}^*$ und Phasenrelation $\underline{R} \subset X^n$ kann nun – bei entsprechender

Modifizierung – zu einem allgemeinen Konzept der Prozessdarstellung durch eine Relationenstruktur im Phasenraum ausgebaut werden.

Der Grundgedanke der nachfolgenden Betrachtung besteht in folgendem: Jedem Signal ξ lassen sich n-Tupel $(x_1, x_2, \ldots, x_n) \in X^n$ zuordnen,

$$\xi \mapsto (\xi(t_1), \xi(t_2), \ldots, \xi(t_n)) \in X^n \qquad (n \in \mathbb{N})$$

und allgemeiner jedem Prozess Ξ Relationen $\underline{R} \subset X^n$:

$$\Xi \mapsto \{(\xi(t_1), \ldots, \xi(t_n)) \mid \xi \in \Xi\} = \underline{R}.$$

Zu untersuchen ist, unter welchen Bedingungen diese Relationen $\underline{R}$ den Prozess Ξ festlegen (Abschnitte 1.3.1 und 1.3.2). Diese Prozessdarstellung durch Relationen gehört zu den Grundproblemen der hier entwickelten Prozesstheorie.

Wir führen zunächst zur Vereinfachung der Notation folgende Hilfsmengen und -begriffe ein:

Definition 1.3 - 1 $\underline{t} = (t_1, t_2, \ldots, t_n) \in S^n \qquad (n \in \mathbb{N},\ t_i \neq t_j$ für $i \neq j)$ heißt (n-stelliges) *Zeittupel* aus dem Segment S. Die Menge aller Zeittupel $\underline{t}$ aus S (*Zeittupelraum*) werden wir mit

$$S^* := \bigcup_{n \in \mathbb{N}} S^n \tag{1.29}$$

bezeichnen und eine Teilmenge dieser Menge (*Zeittupelbereich*) mit $\underline{T}$.

Entsprechende Notationen gelten speziell für $S := T$ und auch für X; insbesondere bedeuten mit (1.29):

$$\underline{T}_\xi := (D(\xi))^* \quad \text{und} \quad \underline{T}_\Xi := (D(\Xi))^*, \qquad D(\Xi) := \bigcap_{\xi \in \Xi} D(\xi). \tag{1.30}$$

Definition 1.3 - 2 Für alle $\underline{t} \in \underline{T}_\xi \quad (\xi \in \Xi)$ heißt

$$\pi_{\underline{t}}(\xi) := (\xi(t_1), \xi(t_2), \ldots, \xi(t_n)) \in X^n \tag{1.31}$$

$\underline{t}$-Projektion von ξ *auf* X *oder* (n-stelliges) *Phasentupel von* ξ.

Definition 1.3 - 3 Die *$\underline{t}$-Projektion* $\pi_{\underline{t}}(\Xi)$ des Prozesses Ξ wird definiert als Menge aller $\pi_{\underline{t}}(\xi)$ mit $\xi \in \Xi$ (vgl. (1.31)):

$$\pi_{\underline{t}}(\Xi) := \{\pi_{\underline{t}}(\xi) \mid \xi \in \Xi \wedge \underline{t} \in \underline{T}_\Xi\} \qquad (\Xi \in \mathcal{X}^*). \tag{1.32}$$

$\pi_{\underline{t}}(\Xi)$ ist eine Teilmenge $\underline{R}$ von X^n (mehrstellige Relation) und heißt (n-stellige) *Phasenrelation von* Ξ, in Zeichen (Bild 1.3-1):

$$\underline{R} = \pi_{\underline{t}}(\Xi), \quad \underline{R} \subset X^n, \quad n = |\underline{t}| = \text{Gliederzahl von } \underline{t}. \tag{1.33}$$

Allgemein werden wir jede Teilmenge $\underline{R} \subset X^n$ $(n \in \mathbb{N})$ als *Phasenrelation* und jedes $\underline{x} \in X^n$ als *Phasentupel* bezeichnen.

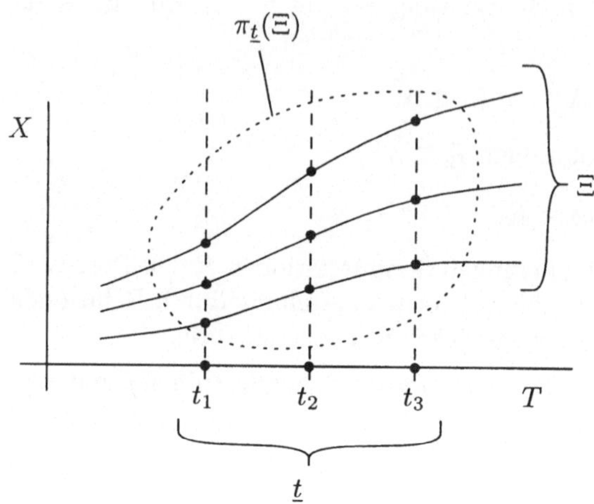

Bild 1.3-1: Phasenrelation $\pi_{\underline{t}}(\Xi) = \underline{R} \subset X^{|\underline{t}|}$, $\underline{t} \in \underline{T} \subset \underline{T}_\Xi \subset T^*$

Jedem $\Xi \in \mathcal{X}^*$ und $\underline{t} \in \underline{T}_\Xi$ wird somit vermöge $\pi_{\underline{t}}$ eine Phasenrelation $\underline{R} \subset X^{|\underline{t}|}$ zugeordnet:

$$(\Xi, \underline{t}) \mapsto \underline{R} = \pi_{\underline{t}}(\Xi), \tag{1.34}$$

und es erhebt sich die Frage, inwieweit ein Prozess Ξ durch diese Prozessgrößen darstellbar ist (man beachte, dass z.B. in (1.28) Ξ per definitionem durch $\underline{R}$ dargestellt wird). Dieses *Darstellungsproblem* wird in folgendem Abschnitt untersucht.

1.3.2   Phasenstruktur und Vollständigkeit, Darstellungssatz

Die Relation $\underline{R} = \pi_{\underline{t}}(\Xi)$, $\Xi \in \mathcal{X}^*$ ist mit (1.32) nur für alle $\underline{t} \in \underline{T} \subset \underline{T}_\Xi \subset T^*$ definiert.

Definition 1.3 - 4 : $\Xi_{\underline{T}} \in \mathcal{X}^*$ bezeichne den Signalbereich

$$\Xi_{\underline{T}} := \{\xi \mid \xi \in \Xi^* \wedge \underline{T}_\xi \supset \underline{T}\} \tag{1.35}$$

und $\mathcal{X}_{\underline{T}}$ die Menge aller zugehörigen Prozesse: die *Relationenklasse*

$$\mathcal{X}_{\underline{T}} = \mathcal{P}(\Xi_{\underline{T}}). \tag{1.36}$$

$\Xi_{\underline{T}}$ enthält alle ξ, deren aus $D(\xi)$ gebildete Zeittupelmenge $\underline{T}_\xi$ die gegebene Menge $\underline{T}$ umfasst.

Liegt Ξ in $\mathcal{X}_{\underline{T}}$ (und nur dann), so ist $\pi_{\underline{t}}(\Xi)$ definiert für alle $\underline{t} \in \underline{T}$. Es gilt offensichtlich für alle $\Xi \in \mathcal{X}_{\underline{T}}$

$$\xi \in \Xi \;\Rightarrow\; \bigwedge_{\underline{t} \in \underline{T}} \left(\pi_{\underline{t}}(\xi) \in \rho(\underline{t}) \right), \qquad \rho(\underline{t}) := \pi_{\underline{t}}(\Xi). \tag{1.37}$$

Hierin ist die Abbildung ρ durch Ξ und $\underline{T}$ definiert; wir setzen deshalb

$$\rho = \pi_{\underline{T}}(\Xi), \qquad \rho(\underline{t}) = \pi_{\underline{t}}(\Xi), \qquad \underline{T} \subset \underline{T}_\Xi. \tag{1.38}$$

Setzt man insbesondere in (1.38) $\rho = \rho_\Xi$ für $\underline{T} = \underline{T}_\Xi$, dann kann ρ als Einschränkung von ρ_Ξ auf $\underline{T}$ definiert werden:

$$\rho = \rho_\Xi \mid \underline{T}, \qquad \underline{T} \subset \underline{T}_\Xi. \tag{1.39}$$

Zur Verkürzung der Schreibweise führen wir für die rechte Seite von (1.37) noch folgende Symbole ein $(\Xi \in \mathcal{X}_{\underline{T}})$:

$$\left.\begin{array}{l} \xi \in \chi_{\underline{T}}(\rho) \\[4pt] \xi \in \nu_{\underline{T}}(\Xi) \end{array}\right\} \;:\Leftrightarrow\; \bigwedge_{\underline{t} \in \underline{T}} \left(\pi_{\underline{t}}(\xi) \in \rho(\underline{t}) \right), \qquad \rho(\underline{t}) = \pi_{\underline{t}}(\Xi). \tag{1.40}$$

Es ist dann

$$\nu_{\underline{T}} = \chi_{\underline{T}} \circ \pi_{\underline{T}}, \tag{1.41}$$

und für alle $\Xi \in \mathcal{X}_{\underline{T}}$ mit (1.37) und (1.40)

$$\Xi \subset \nu_{\underline{T}}(\Xi). \tag{1.42}$$

Im Sonderfall $\Xi = \nu_{\underline{T}}(\Xi)$ besteht mit (1.41) ein Zusammenhang zwischen Ξ und $\pi_{\underline{T}}(\Xi)$: Aus $\pi_{\underline{t}}(\Xi) = \pi_{\underline{t}}(\Xi')$ für alle $\underline{t} \in \underline{T} \;\Rightarrow\; \Xi = \Xi'$.

Definition 1.3 - 5 Prozesse $\Xi \in \mathcal{X}_{\underline{T}}$ mit der Eigenschaft $\Xi = \nu_{\underline{T}}(\Xi)$ sind wegen (1.40) durch ihre Phasenrelationen $\pi_{\underline{t}}(\Xi)$, $\underline{t} \in \underline{T}$ vollständig bestimmt und sollen deshalb als *$\underline{T}$-vollständige Prozesse* bezeichnet werden. Die Gesamtheit dieser Prozesse bildet die *Vollständigkeitsklasse* $\mathcal{V}_{\underline{T}} \subset \mathcal{X}_{\underline{T}}$: Für alle $\Xi \in \mathcal{X}_{\underline{T}}$ gilt

$$\Xi \in \mathcal{V}_{\underline{T}} \;\Leftrightarrow\; \nu_{\underline{T}}(\Xi) = \Xi. \tag{1.43}$$

Jedem $\underline{T} \subset T^*$ entspricht damit eine Vollständigkeitsklasse (Menge) $\mathcal{V}_{\underline{T}}$ von vollständigen Prozessen $\Xi \in \mathcal{X}_{\underline{T}}$.

Definition 1.3 - 6 Die durch $\underline{T}$ bestimmte Relationenfamilie

$$\rho = \rho(\underline{t})_{\underline{t} \in \underline{T}}, \qquad \pi_{\underline{t}}(\Xi) = \rho(\underline{t}) \subset X^{|\underline{t}|} \tag{1.44}$$

des Prozesses $\Xi \in \mathcal{X}_{\underline{T}}$ heißt *($\underline{T}$-)Phasenstruktur von Ξ*.

Die Definitionen (1.43) und (1.40) bis (1.42) führen damit zu folgendem fundamentalen Satz:

Satz 1.3 -1 (Darstellungssatz, Form I): Ein $\underline{T}$-*vollständiger Prozess* $\Xi \in \mathcal{V}_{\underline{T}}$ *ist durch seine* ($\underline{T}$-) *Phasenstruktur* $\rho = \pi_{\underline{T}}(\Xi)$ bestimmt und in der Form $\Xi = \chi_{\underline{T}}(\rho)$ darstellbar:

$$\bigwedge_{\Xi \in \mathcal{V}_{\underline{T}}} [\pi_{\underline{T}}(\Xi) = \rho \ \Rightarrow\ \Xi = \chi_{\underline{T}}(\rho)]. \tag{1.45}$$

Für die in den Anwendungen in der Regel auftretenden Prozesse hat die Prozessdarstellung (1.45) eine wesentlich einfachere Form. Zum Beispiel ist sehr oft ρ von $\underline{t}$ unabhängig oder es ist $|\underline{t}| = n$ für alle $\underline{t} \in \underline{T}$. Für Prozesse mit (*diskreter Zeit*) $\underline{T} := \mathbb{Z}$ und dem Zeittupelbereich (Prozess mit endlichem Gedächtnis, Abschnitt 2.1.4)

$$\underline{T} := T_n := \bigcup_{t \in \mathbb{Z}} (t, t+1, \dots, t+n) \subset \mathbb{Z}^*$$

hat $\chi_{\underline{T}}(\rho)$ die einfachere Form

$$\xi \in \chi_{\underline{T}}(\rho) \ \Leftrightarrow\ \bigwedge_{\underline{t} \in T_n} \pi_{\underline{t}}(\xi) \in \rho(\underline{t}) \ \Leftrightarrow\ \bigwedge_{t \in \mathbb{Z}} (\xi(t), \dots, \xi(t+n)) \in \rho(t, \dots, t+n).$$

Ist außerdem ρ von t unabhängig (zeitinvarianter Prozess, Abschnitt 2.2.3), so ist $\rho(t, \dots, t+n) = \rho(0, 1, \dots, n) = \underline{R} \subset X^{n+1}$. Bei diesem bereits in (1.28) beschriebenen Prozess handelt es sich also um einen speziellen T_n-vollständigen Prozess mit diskreter Zeit (und endlichem Gedächtnis der Dauer n, Abschnitt 2.1.4).

Ob ein Prozess Ξ T-vollständig ist oder nicht, hängt im allgemeinen von der Wahl von $\underline{T} \subset \underline{T}_{\Xi}$ ab; er kann aber auch für kein $\underline{T}$ vollständig sein. Genauer gehen wir hierauf im folgenden Abschnitt ein.

1.3.3   Grundeigenschaften vollständiger Prozesse

Wir diskutieren im Folgenden einige elementare Grundeigenschaften der Vollständigkeitsklassen $\mathcal{V}_{\underline{T}} \subset \mathcal{X}_{\underline{T}}$ ($\underline{T} \subset T^*$), die sich unmittelbar aus der Vollständigkeitsdefinition ergeben. Allgemein gilt

$$\bigwedge_{\underline{T} \subset \underline{T}'} \left(\Xi \in \mathcal{V}_{\underline{T}} \ \Rightarrow\ \Xi \in \mathcal{V}_{\underline{T}'} \right). \tag{1.46}$$

a) *Ein $\underline{T}$-vollständiger Prozess ist also für $\underline{T} \subset \underline{T}'$ auch immer $\underline{T}'$-vollständig (aber nicht umgekehrt).*

Aus (1.46) ergeben sich unmittelbar einige elementare Klassenbeziehungen, insbesondere gilt mit $\underline{T}' = \underline{T}_\Xi$

$$\bigwedge_{\underline{T} \subset \underline{T}_\Xi} (\Xi \in \mathcal{V}_{\underline{T}} \;\Rightarrow\; \Xi \in \mathcal{V}_{\underline{T}_\Xi}) . \tag{1.47}$$

In Worten:

b) *Jeder $\underline{T}$-vollständige Prozess Ξ ist $\underline{T}_\Xi$-vollständig $(\underline{T} \subset \underline{T}_\Xi)$.*

Gibt es ein $\underline{T} \subset \underline{T}_\Xi$, so dass $\Xi \in \mathcal{V}_{\underline{T}}$, so wollen wir den Prozess Ξ kurz *vollständig* nennen und ihn der Klasse $\mathcal{V}$ zuordnen:

$$\Xi \in \mathcal{V} \;:\Leftrightarrow\; \bigvee_{\underline{T} \subset \underline{T}_\Xi} \Xi \in \mathcal{V}_{\underline{T}} . \tag{1.48}$$

Aus (1.47) und (1.48) folgt:

c) *Ein Prozess Ξ ist genau dann vollständig, wenn er $\underline{T}_\Xi$-vollständig ist:*

$$\Xi \in \mathcal{V} \;\Leftrightarrow\; \Xi \in \mathcal{V}_{\underline{T}_\Xi} . \tag{1.49}$$

Ein Prozess Ξ, der für kein $\underline{T} \subset \underline{T}_\Xi$ $\underline{T}$-vollständig ist, für den also $\bigwedge_{\underline{T}} \Xi \notin \mathcal{V}_{\underline{T}}$, soll *unvollständig* genannt werden. Mit (1.48) und (1.49) gilt für unvollständige Prozesse $\Xi \notin \mathcal{V}$:

d) *Ein Prozess Ξ ist genau dann unvollständig, wenn er nicht der Klasse $\mathcal{V}_{\underline{T}_\Xi}$ angehört und somit ein Element der komplementären Klasse $\overline{\mathcal{V}} = \mathcal{X}^* \setminus \mathcal{V}$ ist:*

$$\bigwedge_{\underline{T} \subset \underline{T}_\Xi} \Xi \notin \mathcal{V}_{\underline{T}} \;\Leftrightarrow\; \Xi \notin \overline{\mathcal{V}} . \tag{1.50}$$

Damit ergibt sich:
Die Gesamtheit $\mathcal{X}^*$ aller (lokalen) Prozesse Ξ zerfällt in zwei Klassen:

$$\mathcal{V} \subset \mathcal{X}^* \quad \text{und} \quad \overline{\mathcal{V}} = \mathcal{X}^* \setminus \mathcal{V} .$$

Für die Prozesse Ξ der Klasse $\mathcal{V}$ (vollständige Prozesse) existiert ein $\underline{t}$-Tupelbereich $\underline{T} \subset \underline{T}_\Xi$, für den sie $\underline{T}$-vollständig sind $(\Xi = \nu_{\underline{T}}(\Xi))$. Die $\Xi \in \mathcal{V}$ lassen sich durch Strukturen (Relationenfamilien)

$$\rho := (\rho(\underline{t}))_{\underline{t} \in \underline{T}} , \qquad \rho(\underline{t}) = \pi_{\underline{t}}(\Xi) \in X^{|\underline{t}|}$$

auf dem Phasenraum X (Phasenstrukturen) darstellen; für die Prozesse $\Xi \in \overline{\mathcal{V}}$ (unvollständige Prozesse) ist das nicht möglich.

Im Weiteren werden wir uns deshalb auf vollständige Prozesse beschränken. *Jeder Prozess* $\nu_{\underline{T}}(\Xi) = \chi_{\underline{T}}(\pi_{\underline{T}}(\Xi))$, $\Xi \in \mathcal{X}_{\underline{T}}$ (vgl. (1.40) bis (1.42)) *ist $\underline{T}$-vollständig:*

$$\nu_{\underline{T}}(\nu_{\underline{T}}(\Xi)) = \nu_{\underline{T}}(\Xi) \tag{1.51}$$

und es gilt

$$\pi_{\underline{T}}(\nu_{\underline{T}}(\Xi)) = \pi_{\underline{T}}(\Xi). \tag{1.52}$$

Auf die Richtigkeit dieser Beziehungen schließt man wie folgt:

Wegen $\nu_{\underline{T}}(\Xi) \subset \pi_{\underline{t}}^{-1}(\pi_{\underline{t}}(\Xi))$ ist auch $\pi_{\underline{T}}(\nu_{\underline{T}}(\Xi)) \subset \pi_{\underline{T}}(\Xi)$. Mit $\nu_{\underline{T}}(\Xi) \supset \Xi$ ergibt sich daraus (1.52). Unterwirft man beide Seiten von (1.52) der Operation χ_T, so erhält man auch (1.51).

Aus (1.52) folgt mit (1.44) schließlich noch

$$\pi_{\underline{t}}(\nu_{\underline{T}}(\Xi)) = \pi_{\underline{t}}(\Xi) \tag{1.53}$$

für alle $\underline{t} \in \underline{T}$.

e) Ist Ξ $\underline{T}$-vollständig und $\underline{T} \subset S^*$, so ist Ξ bereits durch die Einschränkung $\Xi|S$ vollständig bestimmt.

Beispiel 1.3 - 1 Der in (1.25) und (1.26) (Beispiel 1.2-1) angeführte (chaotische) Prozess ist unvollständig.

Zur Vereinfachung seien ξ_1 und ξ_2 konstante Signale und $T = \mathbb{R}$:

$$\bigwedge_t \xi_1(t) = 0, \qquad \bigwedge_t \xi_2(t) = 1.$$

Dann gilt offenbar $\xi(t) \in \{0,1\}$ für alle $t \in T$ und $\xi \in \Xi$. $\pi_{\underline{t}}(\xi)$ ist also immer eine $(0,1)$-Folge der Länge $n = |\underline{t}|$, d.h. es ist für alle $\underline{t} \in \underline{T} \subset T^*$

$$R_{\underline{t}} = \pi_{\underline{t}}(\Xi) = \{0,1\}^{\{t_1,t_2,\dots,t_n\}}, \qquad n = |\underline{t}|,$$

da alle 2^n $(0,1)$-Folgen der Länge n in $\pi_{\underline{t}}(\Xi)$ enthalten sind (Bild 1.3-2).

Erst recht ist natürlich für alle $\underline{t} \in \underline{T}$

$$\pi_{\underline{t}}(\Xi^*) = \{0,1\}^{\{t_1,t_2,\dots,t_n\}}, \qquad \Xi^* = \{0,1\}^T, \qquad n = |\underline{t}|.$$

Es ist also $\pi_{\underline{t}}(\Xi) = \pi_{\underline{t}}(\Xi^*)$ $(\underline{t} \in \underline{T})$ und mit (1.40) bis (1.42) auch $\nu_{\underline{T}}(\Xi) = \nu_{\underline{T}}(\Xi^*)$ $(\underline{T} \subset T^*)$. Wegen $\nu_{\underline{T}}(\Xi^*) = \Xi^*$ folgt für alle $\underline{T} \subset T_\Xi$

$$\nu_{\underline{T}}(\Xi) = \Xi^*$$

und außerdem $\Xi^* \neq \Xi$ $(\Xi \subset \Xi^*)$, da z.B. das Signal

$$\xi := \sum_{t_i \in G} \Delta_{t_i, t_i+1}, \qquad G = \{\ldots, -2, 0, 2, 4, \ldots\}$$

mit

$$\Delta_{t_i, t_i+1}(t) := \begin{cases} 1 & t \in [t_i, t_i + 1] \\ 0 & \text{sonst} \end{cases}$$

in Ξ^* enthalten ist, in Ξ aber nicht.

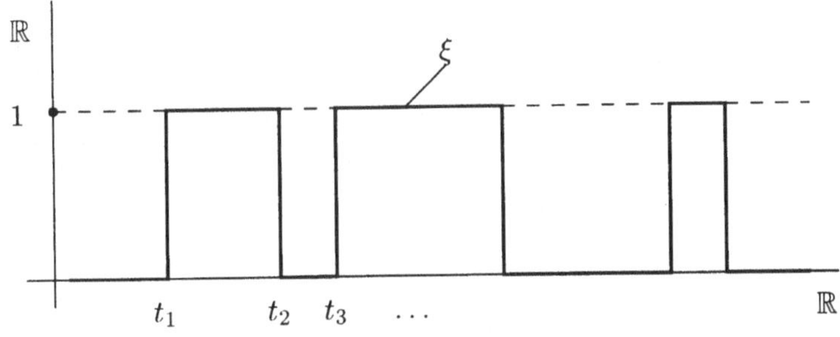

Bild 1.3-2: Prozessrealisierung ξ (Beispiel 1.3-1)

Nach (1.49) ist daher Ξ unvollständig:

$$\left(\nu_{\underline{T}}(\Xi) = \Xi^* \wedge \Xi \subset \Xi^*\right) \;\Rightarrow\; \nu_{\underline{T}}(\Xi) \supset \Xi \;\Leftrightarrow\; \Xi \notin \mathcal{V}_{\underline{T}}$$

für alle $\underline{T} \subset \underline{T}_\Xi$, also mit (1.50) $\Xi \in \overline{\mathcal{V}}$.

1.3.4 Vollständigkeitsklassen, Differenzenprozess

Man kann Prozesse nach ihren Vollständigkeitseigenschaften klassifizieren, indem man bestimmte Zeittupelbereiche $\underline{T} \subset T^*$ bzw. Definitionsbereiche $\underline{T}$ der Familien ρ auszeichnet, für die die betrachteten Ξ vollständig sind.

In den Anwendungen in Natur und Technik sind vor allem Prozesse wichtig, die bereits durch ihre lokalen Eigenschaften in einer mehr oder weniger weiten Umgebung $L_t \subset T$ der Zeitpunkte $t \in T \subset \mathbb{R}$ vollständig beschrieben sind. Zu ihnen gehören insbesondere alle durch Differenzial- oder Differenzengleichungen darstellbaren Prozesse (Abschnitt 1.2.2). Mit solchen lokal definierbaren Prozessen werden wir uns nachstehend noch etwas genauer beschäftigen.

In folgendem sei T ein metrischer Raum (T, d), insbesondere eine der Mengen $\mathbb{R}$ oder $\mathbb{Z}$ und der Zeittupelbereich $\underline{T}$ eine Menge mit Elementen $\underline{t}$ vom „Intervalltyp der Länge L". Im Einzelnen definieren wir:

$$L_\tau := \{t \in T \mid d(\tau, t) \leq L\}, \qquad L \geq 0, \tag{1.54}$$

und mit (1.29) und (1.30)

$$L^* := \bigcup_{\tau \in T} L_\tau^*. \tag{1.55}$$

Es liegt also $\underline{t} := (t_1, \dots, t_n)$ in L^*, wenn alle t_i $(i = 1, 2, \dots, n)$ aus $\underline{t}$ in einem gewissen „Segment" L_τ liegen (Bild 1.3-3). Als Zeittupelbereich $\underline{T}$ definieren wir nun die Menge

$$\underline{T} := \underline{T}_L \subset L^*. \tag{1.56}$$

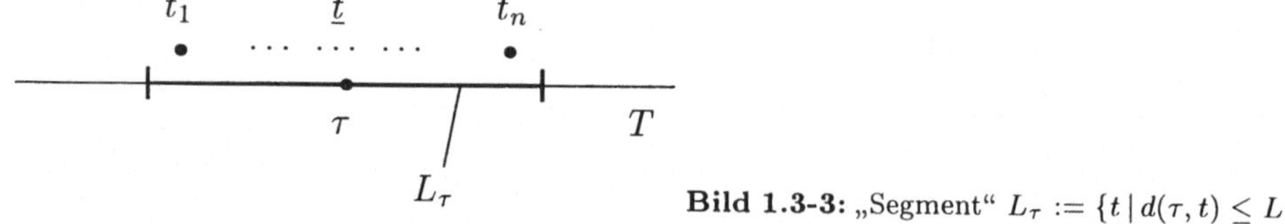

Bild 1.3-3: „Segment" $L_\tau := \{t \mid d(\tau, t) \leq L\}$

Die folgende Definition zeichnet einige wichtige Vollständigkeitsklassen aus, wobei wir uns auf die Fixierung von Klassen beschränken, die wichtigen Anwendungsgebieten (Physik, Technik, Biologie) zugrunde liegen.

Definition 1.3 - 7 Es sei $\Xi \in \mathcal{V}_{\underline{T}}$ und $\underline{T} := \underline{T}_L$. Ein Prozess Ξ dieser Klasse heißt $L - vollständig$ (Ξ ist ein Element der Klasse $\mathcal{V}_L$): $\Xi \in \mathcal{V}_L :\Leftrightarrow$ Für alle $\xi \in \Xi^*$ gilt:

$$\xi \in \Xi \Leftrightarrow \bigwedge_{\underline{t} \in \underline{T}_L} \pi_{\underline{t}}(\xi) \in \rho(\underline{t}), \qquad \rho(\underline{t}) = \pi_{\underline{t}}(\Xi). \tag{1.57}$$

Speziell heißt Ξ $lokal$-$vollständig$ ($\Xi \in \mathcal{V}_l$), wenn Ξ L-vollständig ist für alle $L > 0$. Ein $\underline{T}_0$-vollständiger Prozess ($L = 0$, $\Xi \in \mathcal{V}_0$) heißt $i.s.q.$-$vollständig$ (vollständig im Status quo).

Wegen $\underline{T}_0 \subset \underline{T}_L \subset T^*$ lassen sich lokale Prozesse in die folgende Vollständigkeitshierarchie einordnen. Z.B. ein Prozess Ξ aus der Klasse $\mathcal{V}_l$ gehört auch zur Klasse $\mathcal{V}_L$, und allgemein erhält man folgende Inklusionsordnung:

i.s.q.-vollständiger Prozess $(\mathcal{V}_0)$

$\downarrow$

Lokal-vollständiger Prozess $(\mathcal{V}_l)$, $\mathcal{V}_l = \bigcap_{L>0} \mathcal{V}_L$

$\downarrow$

L-vollständiger Prozess $(\mathcal{V}_L)$

$\downarrow$

Vollständiger Prozess $(\mathcal{V})$.

Damit gilt also folgende Teilmengenhierarchie:

$$\mathcal{V}_0 \subset \mathcal{V}_l \subset \mathcal{V}_L \subset \mathcal{V}.$$

Die allgemeine Bedeutung des Vollständigkeitsbegriffs liegt darin, dass sich Prozesse Ξ nur dann „einfach" (mit den konventionellen Methoden und Begriffen der klassischen Analysis oder Algebra) darstellen lassen, wenn sie hinreichend starke Vollständigkeitseigenschaften besitzen, d.h. bezüglich „relativ einfacher" Zeittupelbereiche $\underline{T} \subset \underline{T}_\Xi$ vollständig sind, insbesondere zur Klasse $\mathcal{V}_0$ oder $\mathcal{V}_l$ gehören:

$$\Xi \in \mathcal{V}_0 \ :\Leftrightarrow \ \left[\xi \in \Xi \ :\Leftrightarrow \ \bigwedge_{t \in \underline{T}_0} \pi_t(\xi) \in \rho(t) \right], \qquad (\rho(t) = \pi_t(\Xi), \ \underline{T}_0 = T)$$

$$(1.58)$$

$$\Xi \in \mathcal{V}_l \ :\Leftrightarrow \ \left[\bigwedge_{L>0} (\xi \in \Xi \ :\Leftrightarrow \ \bigwedge_{\underline{t} \in \underline{T}_L} \pi_{\underline{t}}(\xi) \in \rho(\underline{t})) \right], \qquad (\rho(\underline{t}) = \pi_{\underline{t}}(\Xi)). \quad (1.59)$$

Im Folgenden betrachten wir genauer eine wichtige Unterklasse von $\mathcal{V}_L$, definiert durch speziellere Zeittupelbereiche $\underline{T}_L$.

Definition 1.3 - 8 Ein *Prozess Ξ mit diskreter Zeit $T = \mathbb{Z}$ heißt Differenzenprozess der Ordnung $L \in \mathbb{N}$, wenn er L-vollständig ist und der Zeittupelbereich $\underline{T}_L$ durch $\bigcup_{\tau \in S} \{\tau - L, \dots, \tau + L\}$ gegeben ist. Diese spezielle $\mathcal{V}_L$-Klasse bezeichnen wir mit $\mathcal{D}_L$.*

In diesem klassischen Sonderfall erhält man die zu (1.57) äquivalente Darstellung

$$\xi \in \Xi \ \Leftrightarrow \ \bigwedge_{t \in S} (\xi(t-L), \xi(t-L+1), \dots, \xi(t+L)) \in \rho(t-L, \dots, t+L)$$

$$(1.60)$$

mit (vgl. (1.56))

$$S = (t_a, t_b) \qquad \text{Intervall aus } \mathbb{Z}. \tag{1.61}$$

Das Beispiel (1.28) ordnet sich hier mit der Transformation $t \to t + L$ als Sonderfall $\rho(t, \dots, t + 2L) = \underline{R}$, $2L = n$, $\mathbb{Z}' = \mathbb{Z}$ ein (der Beweis von (1.60) ergibt sich durch Nachrechnen).

Bemerkung: Auch in den Arbeiten zu theoretischen Grundlagen dynamischer Systeme von J. C. Willems [4] spielt der Vollständigkeitsbegriff eine Schlüsselrolle. Er wird dort allerdings etwas spezieller definiert, da Willems den Begriff der Phasenrelation nicht verwendet, statt dessen den Begriff der Signalbeschränkung $\xi \mid S$ bzw. Prozessbeschränkung $\Xi \mid S$ einführt und dabei nur T-Prozesse betrachtet. Im Sinne von J. C. Willems [4] wäre ein Prozess als S-vollständig zu bezeichnen, wenn ähnlich zu (1.37) gilt:

$$\xi \in \Xi :\Leftrightarrow \bigwedge_{S \in \mathcal{S}} (\xi \mid S \in \Xi \mid S), \qquad (\mathcal{S} \subset \mathcal{S}^*)$$

und $\mathcal{S}$ eine Teilmenge der Menge $\mathcal{S}^*$ aller Intervalle $S \subset T$ bezeichnet. Man überlegt nun leicht: Ist ein Prozess $\underline{T}$-vollständig, so ist er auch für eine gewisse Intervallmenge S-vollständig: die $\underline{T}$-Vollständigkeit zieht die S-Vollständigkeit nach sich.

1.3.5 Lokale Verhaltensgleichung, Differenzialprozess

Man kann die von $\Xi \in \mathcal{V}_{\underline{T}}$ erzeugte und zugleich Ξ charakterisierende Phasenstruktur $\rho = \pi_{\underline{T}}(\Xi)$ – ähnlich wie Ξ – durch eine lokale Verhaltensfunktion beschreiben (vgl. Abschnitt 1.2.2), wodurch eine Prozessdarstellung erreicht wird, die der üblichen Diktion wesentlich näher kommt.

Definition 1.3 - 9 Eine Funktion

$$\psi : D(\psi) \subset T^* \times X^* \longrightarrow \{0, 1\} \tag{1.62}$$

heißt *lokale Verhaltensfunktion* des Prozesses $\Xi \in \mathcal{X}_{\underline{T}}$, wenn gilt:

$$\bigwedge_{\underline{t} \in \underline{T}} (\psi(\underline{t}, \underline{x}) = 0 :\Leftrightarrow \underline{x} \in \rho(\underline{t})), \qquad \rho = \pi_{\underline{T}}(\Xi). \tag{1.63}$$

$\psi(\underline{t}, \cdot)$ ist also nichts anderes als die charakteristische Funktion der Menge $\rho(\underline{t})$, und generell kann daher wegen (1.63) an die Stelle der Phasenstruktur ρ die Funktion ψ

treten: Jedem Prozess $\Xi \in \mathcal{X}_{\underline{T}}$ ist – außer $\pi_{\underline{T}}(\Xi)$ – noch die $(\underline{T})$-*Verhaltensfunktion* $\psi = \hat{\pi}_{\underline{T}}(\Xi)$ zugeordnet. Für sie gilt mit (1.40) bis (1.42), $\underline{x} = \pi_{\underline{t}}(\xi)$ und (1.63):

$$\psi = \hat{\pi}_{\underline{T}}(\Xi) \ :\Leftrightarrow\ \bigwedge_{\underline{t} \in \underline{T}} \left[\psi(\underline{t}, \pi_{\underline{t}}(\xi)) = 0 \right] \ \Leftrightarrow\ \xi \in \nu_{\underline{T}}(\Xi), \qquad \Xi \in \mathcal{X}_{\underline{T}}.$$

Analog (1.39) kann man setzen

$$\psi := \psi_{\Xi} \mid D(\psi), \tag{1.64}$$

wenn für $\hat{\pi}_{\underline{T}}(\Xi)$, $\underline{T} = \underline{T}_{\Xi}$, kürzer ψ_{Ξ} geschrieben wird.

Ist Ξ $\underline{T}$-vollständig, so ergibt sich hieraus mit (1.43)

$$\bigwedge_{\underline{t} \in \underline{T}} \left[\psi(\underline{t}, \pi_{\underline{t}}(\xi)) = 0 \right] \ \Leftrightarrow\ \xi \in \Xi \tag{1.65}$$

für alle $\Xi \in \mathcal{V}_{\underline{T}}$ und $\psi = \hat{\pi}_{\underline{T}}(\Xi)$.

Die Gleichung

$$\psi(\underline{t}, \pi_{\underline{t}}(\xi)) = 0, \qquad \underline{t} \in \underline{T}, \qquad \psi = \hat{\pi}_{\underline{T}}(\Xi) \tag{1.66}$$

soll *lokale Verhaltensgleichung* des $\underline{T}$-vollständigen Prozesses Ξ genannt werden. Mit (1.45) erhält man zusammengefasst den

Satz 1.3 - 2 (Darstellungssatz, Form II): Ein $\underline{T}$-vollständiger Prozess $\Xi \in \mathcal{V}_{\underline{T}}$ ist durch seine $(\underline{T})$-Verhaltensfunktion $\psi = \hat{\pi}_{\underline{T}}(\Xi)$ bestimmt und in der Form (1.65) darstellbar:

$$\bigwedge_{\Xi \in \mathcal{V}_{\underline{T}}} \left[\psi = \hat{\pi}_{\underline{T}}(\Xi) \ \Rightarrow\ \left(\xi \in \Xi \ \Leftrightarrow\ \bigwedge_{\underline{t} \in \underline{T}} [\psi(\underline{t}, \pi_{\underline{t}}(\xi)) = 0] \right) \right]. \tag{1.67}$$

Die Darstellung (1.67) entspricht den üblichen Darstellungen von klassischen Prozessen, was die folgenden Ausführungen noch verdeutlichen mögen.

Für den zeitdiskreten und speziellen L-vollständigen Prozess in (1.60) kann man mit Satz 1.3-2 und (1.65) z.B. schreiben ($L_t^* := \{(t - L, \ldots, t + L)\}$)

$$\bigwedge_{t \in S} \psi(t - L, \ldots, t + L;\ \xi(t - L), \ldots, \xi(t + L)) = 0 \tag{1.68}$$

oder wie üblich verkürzt ($t \to t + L$)

$$\psi_n(t;\ \xi(t), \xi(t + 1), \ldots, \xi(t + n)) = 0, \qquad (n = 2L). \tag{1.69}$$

Die lokale Verhaltensgleichung (1.68) ist eine (nichtdeterminierte) Differenzengleichung für ξ. Es kann aber insbesondere eine $(n+1)$-stellige Funktion f existieren, so dass (vgl. (1.23))

$$\xi(t+n) = f(t,\xi(t),\ldots,\xi(t+n-1)) \quad :\Leftrightarrow \quad \psi_n(t;\ \xi(t),\ldots,\xi(t+n)) = 0.$$

$$(1.70)$$

In diesem Fall ist der Prozess Ξ *determiniert* (vgl. Abschnitt 2.2.1) und Lösung einer (determinierten) Differenzengleichung in koventioneller Notation.

Diskrete Prozesse Ξ $(T := \mathbb{Z})$ können also nur als Lösungsmenge von „normalen" Differenzengleichungen aufgefasst werden, wenn sie für ein $L > 0$ L-vollständig sind.

Analog können Prozesse mit *kontinuierlicher Zeit* $(T = \mathbb{R}, X = \mathbb{R})$ nur Lösungen von Differenzialgleichungen sein, wenn sie lokal vollständig (und hinreichend oft differenzierbar) sind.

Definition 1.3 - 10 Ein reeller Prozess $\Xi \in \mathcal{X}^*$ $(X = \mathbb{R})$ mit kontinuierlicher Zeit $T = \mathbb{R}$ heißt Differenzialprozess der Ordnung $k \in \mathbb{N}$, wenn er lokal vollständig ist $(\Xi \in \mathcal{V}_l)$ und alle $\xi \in \Xi$ k-mal stetig differenzierbar sind. Diese $\mathcal{V}_l$-Klasse bezeichnen wir mit $\mathcal{D}_l^k$.

Nach (1.59) und (1.67) gilt für diese Prozessklasse jedenfalls

$$\bigwedge_{L>0} \left(\xi \in \Xi \Leftrightarrow \bigwedge_{\underline{t}\in\underline{T}_L} (\psi(\underline{t},\pi_{\underline{t}}(\xi)) = 0) \right), \qquad \psi = \hat{\pi}_{\underline{T}_L}(\Xi). \tag{1.71}$$

Nimmt man die Differenzierbarkeitsbedingung aus Definition 1.3-10 hinzu, so lässt sich – ähnlich wie bei Differenzenprozessen – die Standardform $\psi(\underline{t},\cdot)$ der lokalen Verhaltensgleichung in (1.71) durch eine einfachere ersetzen, und man kann dann zeigen:

Gehört der Prozess Ξ zu der Unterklasse von $\mathcal{D}_l^k$ mit dem speziellen Zeittupelbereich $\underline{T}_L = \bigcup_{t\in S}(t-L,t+L)^*$ $(L > 0)$, so ist er Lösung einer *lokalen Verhaltensgleichung* der Form

$$\psi_0\left(t,\xi(t),\dot{\xi}(t),\ldots,\xi^{(n)}(t)\right) = 0, \qquad (n \leq k, t \in S). \tag{1.72}$$

Die lokale Verhaltensgleichung dieser reellen Differenzialprozesse k-ter Ordnung ist damit – in üblicher Terminologie – eine (nichtlineare und nichtdeterminierte) Differenzialgleichung n-ten Grades. In analoger Weise können für jede Klasse L-vollständiger Prozesse durch geeignete Wahl der (die Klasse charakterisierenden)

Zeittupelmenge L_t^* Verhaltensgleichungen aufgestellt werden, z.B. auch Gleichungen vom „gemischten Typ":

$$\bigwedge_{t \in S} \psi(t - t_1, t, \xi(t - t_1), \xi(t), \dot{\xi}(t)) = 0.$$

Für diese Gleichung mit „Totzeit" ist

$$L_t^* = \{(t - t_1, t + h \,|\, h > 0\}$$

und Ξ eine differenzierbare Menge. Da dieser Sachverhalt im Weiteren von untergeordneter Bedeutung ist, soll hierauf auch nicht näher eingegangen werden.

1.4   Struktur und Synthese

1.4.1   Dynamikbedingungen und dynamische Struktur

Das wesentlichste Ergebnis des im letzten Abschnitt 1.3 behandelten Problems *System $\mapsto$ Struktur* lässt sich wie folgt zusammenfassen und verallgemeinern:

Ein Prozess $\Xi \in \mathcal{X}_{\underline{T}}$ ist $\underline{T}$-vollständig (ein Element der Vollständigkeitsklasse $\mathcal{V}_{\underline{T}}$), wenn gilt:

$$\xi \in \Xi \Leftrightarrow \bigwedge_{\underline{t} \in \underline{T}} \pi_{\underline{t}}(\xi) \in \pi_{\underline{t}}(\Xi), \qquad (\underline{T} \subset T^*). \tag{1.73}$$

Solche Prozesse – und nur solche – lassen sich durch ihre Phasenstruktur (Familie von Phasenrelationen $\pi_{\underline{t}}(\Xi)$)

$$\rho = (\pi_{\underline{t}}(\Xi))_{\underline{t} \in \underline{T}} = \pi_{\underline{T}}(\Xi) \tag{1.74}$$

darstellen (Satz 1.3-1).

Nach (1.38) ist jedem Paar $(\Xi, \underline{T})$ eine Phasenstruktur ρ zugeordnet. Dabei ist ρ immer eine Abbildung von $\underline{T}$ in die Menge (*Relationenraum*)

$$\mathcal{R} := \left\{ \underline{R} \,\middle|\, \bigvee_{n \in \mathbb{N}} \underline{R} \subset X^n \right\} = \mathcal{P}(X^*) \tag{1.75}$$

aller Relationen $\underline{R}$ mit der Eigenschaft $\rho(\underline{t}) \subset X^{|\underline{t}|}$:

$$\rho: \underline{T} \longrightarrow \mathcal{R}, \qquad \rho(\underline{t}) = \underline{R} \subset X^{|\underline{t}|}. \tag{1.76}$$

Insbesondere ist $\rho = \pi_{\underline{T}}(\Xi)$.

Jedes Element ρ aus dem $(\underline{T}\text{-})$ *Strukturraum*, definiert durch

$$\rho \in P_{\underline{T}}^* :\Leftrightarrow \rho \in (\mathcal{R})^{\underline{T}} \bigwedge_{\underline{t} \in \underline{T}} \cdots \bigwedge \rho(\underline{t}) \subset X^{|\underline{t}|}, \tag{1.77}$$

wird als $\underline{T}$-*Struktur* bezeichnet. $P_{\underline{T}}^*$ umfasst den Wertebereich $\pi_{\underline{T}}(\mathcal{X}_{\underline{T}})$ der Abbildung

$$\pi_{\underline{T}} : \mathcal{X}_{\underline{T}} \longrightarrow P_{\underline{T}}^*, \qquad \pi_{\underline{T}}(\Xi) = \rho. \tag{1.78}$$

Zu jedem $\Xi \in \mathcal{X}_{\underline{T}}$ gehört also eine T-Struktur $\rho \in P_{\underline{T}}^*$.

Ein zentrales Problem der Prozesstheorie (Systemtheorie) ergibt sich nun aus der Frage nach der Umkehrung der Zuordnung $\Xi \mapsto \rho$ in (1.78): (Problem: *Struktur* $\mapsto$ *System*).

Nicht jede $\underline{T}$-Struktur ρ in (1.77) ist Phasenstruktur eines bestimmten Prozesses Ξ, so dass sich folgende Fragen ergeben:

a) Für welche $\underline{T}$-Struktur ρ existiert ein Prozess Ξ, dessen Phasenstruktur $\pi_{\underline{T}}(\Xi)$ mit ρ übereinstimmt? (Umkehrung des Darstellungssatzes.)

b) Wie kann dieser Prozess Ξ allgemein dargestellt werden?

Zur Klärung dieser Fragen ist folgende Notation zweckmäßig: Es bezeichne

a) $p(\underline{t})$ eine beliebige Permutation des n-Tupels $\underline{t} := (t_1, \ldots, t_n) \in T^n$;

b) $a(\underline{t})$ einen beliebigen Anfangsabschnitt $(t_1, t_2, \ldots, t_k)$, $k \leq n$ des n-Tupels $\underline{t}$. Entsprechendes gelte für $\underline{x} \in X^n$.

Offensichtlich bestehen für alle $\Xi \in \mathcal{X}_{\underline{T}}$ folgende Beziehungen

$$\text{a)} \quad \pi_{p(\underline{t})}(\Xi) = p(\pi_{\underline{t}}(\Xi)) := \{p(\pi_{\underline{t}}(\xi)) \mid \xi \in \Xi\}, \qquad (\underline{t} \in \underline{T}); \tag{1.79}$$

$$\text{b)} \quad \pi_{a(\underline{t})}(\Xi) = a(\pi_{\underline{t}}(\Xi)) := \{a(\pi_{\underline{t}}(\xi)) \mid \xi \in \Xi\}, \qquad (\underline{t} \in \underline{T}). \tag{1.80}$$

Aus Vorstehendem ergeben sich nun sofort folgende notwendigen Bedingungen dafür, dass $\rho \in P_{\underline{T}}^*$ Phasenstruktur $\pi_{\underline{T}}(\Xi)$ eines $\Xi \in \mathcal{X}_{\underline{T}}$ ist:

$$\text{a)} \quad Symmetriebedingung: \qquad \rho(p(\underline{t})) = p(\rho(\underline{t})), \quad (\underline{t}, p(\underline{t}) \in \underline{T}); \tag{1.81}$$

$$\text{b)} \quad Verträglichkeitsbedingung: \quad \rho(a(\underline{t})) = a(\rho(\underline{t})), \quad (\underline{t}, a(\underline{t}) \in \underline{T}). \tag{1.82}$$

Man kann die Bedingungen a) und b) zusammenfassen, indem man die *Projektionsoperation*

$$\mathrm{pr} := a \circ p$$

einführt. Mit den Bedingungen a) und b) ist dann äquivalent die

c) *Projektionsbedingung* : $\rho(\mathrm{pr}(\underline{t})) = \mathrm{pr}(\rho(\underline{t})), \quad (\underline{t}, \mathrm{pr}(\underline{t}) \in \underline{T}).$

$$(1.83)$$

Die Bedingungen (1.81)und (1.82) zusammengenommen bzw. die Bedingung (1.83) wollen wir als *Dynamikbedingung* bezeichnen. Diese Bedingung muss notwendigerweise jede $\underline{T}$-Struktur erfüllen.

Definition 1.4 - 1 Jede $\underline{T}$-Struktur, also jedes Element ρ aus $P_{\underline{T}}^*$, das die Dynamikbedingungen (1.81) bis (1.83) erfüllt, soll *dynamische* $\underline{T}$-Struktur genannt werden; und es bezeichne $P_{\underline{T}} \subset P_{\underline{T}}^*$ die Menge aller dynamischen $\underline{T}$-Strukturen, den $\underline{T}$-Strukturbereich $P_{\underline{T}}$.

Die Werte $\rho(\underline{t})$ einer dynamischen Struktur werden entsprechend als *dynamische Relationen* bezeichnet.

1.4.2 Fundamentalsatz

Für jeden Prozess $\Xi \in \mathcal{X}_{\underline{T}}$ ist nach Vorstehendem $\rho = \pi_{\underline{T}}(\Xi)$ eine dynamische $\underline{T}$-Struktur:

$$\bigwedge_{\Xi \in \mathcal{X}_{\underline{T}}} (\pi_{\underline{T}}(\Xi) = \rho \;\Rightarrow\; \rho \in P_{\underline{T}})$$

oder damit logisch gleichbedeutend

$$\bigvee_{\Xi \in \mathcal{X}_{\underline{T}}} (\pi_{\underline{T}}(\Xi) = \rho) \;\Rightarrow\; \rho \in P_{\underline{T}}. \qquad (1.84)$$

Wesentlich ist nun, ob oder unter welcher Bedingung die Implikation (1.84) umgekehrt werden kann.

Es sei in Verallgemeinerung von (1.40)

$$\chi_{\underline{T}}(\rho) = \bigcap_{\underline{t} \in \underline{T}} \pi_{\underline{t}}^{-1}(\rho(\underline{t})), \qquad \rho \in P_{\underline{T}}. \qquad (1.85)$$

Dann gilt der grundlegende

Satz 1.4 -1 $\chi_{\underline{T}}(\rho)$, $\rho \in P_{\underline{T}}$ ist ein nichtleerer und $\underline{T}$-vollständiger Prozess:

$$\rho \in P_{\underline{T}} \Rightarrow \left(\chi_{\underline{T}}(\rho) = \Xi \neq \emptyset \wedge \Xi \in \mathcal{V}_{\underline{T}}\right). \tag{1.86}$$

Die Abbildung $\chi_{\underline{T}} : P_{\underline{T}} \longrightarrow \mathcal{V}_{\underline{T}}$ in (1.85) ist surjektiv.

Beweis: Wir führen den Beweis in zwei Teilschritten a) und b).

a) Ist ρ eine dynamische Struktur ($\rho \in P_{\underline{T}}$), so definiert die Abbildung $\chi_{\underline{T}}$ einen nichtleeren $\underline{T}$-vollständigen Prozess Ξ:

$$\rho \in P_{\underline{T}} \Rightarrow \chi_{\underline{T}}(\rho) = \Xi, \qquad \Xi \in \mathcal{V}_{\underline{T}} \neq \emptyset.$$

Es sei $\underline{x} \in \rho(\underline{t})$ und $\underline{t} \in \underline{T}$. Aus (1.83) folgt mit $x_i = \mathrm{pr}_i(\underline{x})$, $t_i = \mathrm{pr}_i(\underline{t})$, $\underline{x} \in \underline{R} \subset X^*, \underline{t} \in \underline{T} \subset T^*$:

$$\underline{x} \in \rho(\underline{t}) \Rightarrow x_i \in \mathrm{pr}_i(\rho(\underline{t})) \Rightarrow x_i \in \rho(t_i), \qquad (i = 1, 2, \dots, |\underline{t}|)$$

und daraus weiter

$$\underline{x} \in \rho(\underline{t}) \Rightarrow \bigvee_{\xi} (x_i = \xi(t_i) \wedge \xi(t_i) \in \rho(t_i)) \Rightarrow \bigvee_{\xi} \pi_{\underline{t}}(\xi) \in \rho(\underline{t}).$$

Wird die Projektionsbedingung (1.83) erneut angewendet, so ergibt sich mit $\mathrm{pr}(\underline{t}) := \underline{t}' = a(\rho(\underline{t}))$ (= Teiltupel aus $\underline{t}$) für alle $\underline{t} \in \underline{T}$

$$\underline{x} \in \rho(\underline{t}) \Rightarrow \bigvee_{\xi} \bigwedge_{\underline{t}'} \left[\underline{t}' = \mathrm{pr}(\underline{t}) \Rightarrow \pi_{\underline{t}'}(\xi) \in \rho(\underline{t}')\right]$$

$$\Rightarrow \bigvee_{\xi} \bigwedge_{\underline{t}'} \left[\bigwedge_{\underline{t} \in \underline{T}} \underline{t}' = \mathrm{pr}(\underline{t}) \Rightarrow \pi_{\underline{t}'}(\xi) \in \rho(\underline{t}')\right].$$

Mit Einführung der $\underline{T}$ zugeordneten Menge $\underline{S} = S_{\underline{T}}$, definiert durch

$$\underline{t}' \in \underline{S} :\Leftrightarrow \bigwedge_{\underline{t} \in \underline{T}} \underline{t}' = \mathrm{pr}(\underline{t}) \Leftrightarrow \underline{S} = \{\underline{t}'\},$$

folgt aus dem letzten Ausdruck

$$\bigwedge_{\underline{t} \in \underline{T}} \underline{x} \in \rho(\underline{t}) \Rightarrow \bigvee_{\xi} \bigwedge_{\underline{t}'} \left[\underline{t}' \in \underline{S} \Rightarrow \pi_{\underline{t}'}(\xi) \in \rho(\underline{t}')\right]$$

$$\Rightarrow \bigvee_{\xi} \bigwedge_{\underline{t}' \in \underline{S}} \pi_{\underline{t}'}(\xi) \in \rho(\underline{t}') \Leftrightarrow \bigvee_{\xi} \xi \in \chi_{\underline{S}}(\rho).$$

In dieser Beziehung ist $\underline{S} \subset \underline{T}$; das folgt aus

$$\underline{t}' \in \underline{S} \Rightarrow \underline{t}' = \mathrm{pr}(\underline{t}), \qquad \{\mathrm{pr}(\underline{t})\} \subset \{\underline{t}\} \subset \underline{T}.$$

Der nichtleere Prozess $\chi_{\underline{S}}(\rho) := \Xi$ ist $\underline{S}$-vollständig; das ergibt sich mit der aus (1.52) folgenden Identität $\chi_{\underline{S}} \circ \pi_{\underline{S}} \circ \chi_{\underline{S}} = \chi_S$ und (1.43):

$$\nu_S(\Xi) = (\nu_{\underline{S}} \circ \chi_{\underline{S}})(\rho) = (\chi_{\underline{S}} \circ \pi_{\underline{S}} \circ \chi_{\underline{S}})(\rho) = \chi_{\underline{S}}(\rho) = \Xi.$$

Nach (1.46) ist Ξ ($\underline{S} \subset \underline{T}$) aber auch $\underline{T}$-vollständig,

$$\nu_{\underline{T}}(\Xi) = \Xi \Leftrightarrow \Xi \in \mathcal{V}_{\underline{T}},$$

und nach dem Darstellungssatz (1.45) gilt wegen $\pi_{\underline{T}}(\Xi) \in P_{\underline{T}}$

$$\chi_{\underline{T}}(\rho') = \Xi, \qquad \rho' = \pi_{\underline{T}}(\Xi) \in P_{\underline{T}}.$$

b) Die Abbildung $\chi_{\underline{T}} : P_{\underline{T}} \to \mathcal{V}_{\underline{T}}$ ist surjektiv. Aus $\Xi \in \mathcal{V}_{\underline{T}}$ folgt mit dem Darstellungssatz

$$\Xi = \chi_{\underline{T}}(\rho), \qquad \rho = \pi_{\underline{T}}(\Xi) \in P_{\underline{T}}.$$

Es gilt also für alle Ξ

$$\Xi \in \mathcal{V}_{\underline{T}} \Rightarrow \bigvee_{\rho \in P_{\underline{T}}} \chi_{\underline{T}}(\rho) = \Xi,$$

d.h. alle $\Xi \in \mathcal{V}_{\underline{T}}$ sind Bild eines $\rho \in P_{\underline{T}}$. Aus $\chi_{\underline{T}}(\rho) = \Xi$ aber folgt nicht $\pi_{\underline{T}}(\Xi) = \rho$. Es ist also im Allgemeinen $\pi_{\underline{T}}(\chi_{\underline{T}}(\rho)) = \rho'$, $\rho' \neq \rho$, und nur im Sonderfall ist $\rho' = \rho$. ∎

Definition 1.4 - 2 Eine dynamische $\underline{T}$-Struktur $\rho \in P_{\underline{T}}$ heißt *minimale dynamische $\underline{T}$-Struktur*, wenn die Identität $(\pi_{\underline{T}} \circ \chi_{\underline{T}})(\rho) = \rho$ besteht. $P'_{\underline{T}} \subset P_{\underline{T}}$ sei die Menge aller minimalen dynamischen $\underline{T}$-Strukturen aus $P_{\underline{T}}$ (Bild 1.4-1):

$$\rho \in P'_{\underline{T}} :\Leftrightarrow \rho \in P_{\underline{T}} \wedge \mu_{\underline{T}}(\rho) = \rho \tag{1.87}$$

mit

$$\mu_{\underline{T}} := \pi'_{\underline{T}} \circ \chi_{\underline{T}}, \qquad \pi'_{\underline{T}} := \pi_{\underline{T}} \,|\, \mathcal{V}_{\underline{T}}. \tag{1.88}$$

Aus dieser Definition folgert man nun leicht den

Satz 1.4 -2 (Fundamentalsatz) Für jede dynamische $\underline{T}$-Struktur $\rho \in P_{\underline{T}}$ ist nach Satz 1.4-1 $\chi_{\underline{T}}(\rho)$ ein $\underline{T}$-vollständiger Prozess:

$$\bigwedge_{\rho \in P_{\underline{T}}} [\Xi = \chi_{\underline{T}}(\rho) \Rightarrow (\pi_{\underline{T}}(\Xi) \in P_{\underline{T}} \wedge \Xi \in \mathcal{V}_{\underline{T}})]. \tag{1.89}$$

Insbesondere kann für $\rho \in P'_{\underline{T}}$ hierin $\pi_{\underline{T}}(\Xi) \in P_{\underline{T}}$ durch $\pi_{\underline{T}}(\Xi) = \rho$ ersetzt werden.

Nach Satz 1.4-2 und Satz 1.3-1 ist nicht nur jede $\underline{T}$-Phasenstruktur $\pi_{\underline{T}}(\Xi)$ $(\Xi \in \mathcal{X}_{\underline{T}})$ eine dynamische $\underline{T}$-Struktur, sondern es kann auch umgekehrt jede dynamische $\underline{T}$-Struktur $\rho \in P_{\underline{T}}$ als $\underline{T}$-Phasenstruktur eines Prozesses aufgefasst werden: Auf eine Unterscheidung zwischen den Begriffen „$\underline{T}$-Phasenstruktur" und „dynamische $\underline{T}$-Struktur" kann daher im Weiteren verzichtet werden.

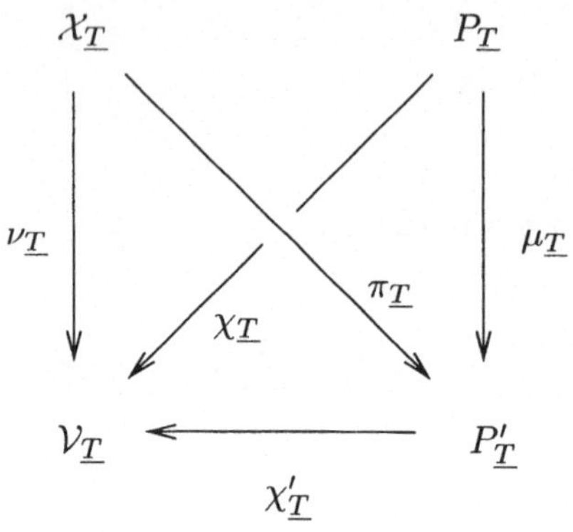

Bild 1.4-1: Dynamische $\underline{T}$-Strukturen $P_{\underline{T}}$, $P'_{\underline{T}}$ und Prozesse $\mathcal{X}_{\underline{T}}$, $\mathcal{V}_{\underline{T}}$. $\chi'_{\underline{T}} : P'_{\underline{T}} \longrightarrow \mathcal{V}_{\underline{T}}$ bijektiv, $\chi_{\underline{T}} : P_{\underline{T}} \longrightarrow \mathcal{V}_{\underline{T}}$ surjektiv $\pi_{\underline{T}}$, $\nu_{\underline{T}}$, $\mu_{\underline{T}}$ surjektiv, $(\chi'_{\underline{T}})^{-1} = \pi'_{\underline{T}}$

Bemerkung: Der für beliebige Prozesse grundlegende Fundamentalsatz entspricht offenbar dem *Fundamentalsatz von Kolmogoroff* [11] für die spezielle Klasse der stochastischen Prozesse. Die Familien ρ der endlichstelligen Phasenrelationen spielen – wie sich noch zeigen wird – in der hier behandelten allgemeinen Theorie der Prozesse (dynamischen Systeme) die gleiche Rolle wie die endlichdimensionalen Verteilungen in der Theorie stochastischer Prozesse.

1.4.3 Struktur und Prozess

Nach Satz 1.4-2 ist insbesondere jeder minimalen dynamischen $\underline{T}$-Struktur $\rho \in P'_{\underline{T}}$ ein $\underline{T}$-vollständiger Prozess $\Xi \in \mathcal{V}_{\underline{T}}$ zugeordnet:

$$\chi'_{\underline{T}} : P'_{\underline{T}} \longrightarrow \mathcal{V}_{\underline{T}} \qquad (\chi'_{\underline{T}} := \chi_{\underline{T}} \mid \mathcal{V}_{\underline{T}}). \tag{1.90}$$

Diese Abbildung (vgl. (1.85)) ist umkehrbar.

Satz 1.4 -3 Die Abbildung (1.90) ist eine Bijektion, und damit repräsentiert der Strukturbereich $P'_{\underline{T}}$ die Klasse $\mathcal{V}_{\underline{T}}$ aller $\underline{T}$-vollständigen Prozesse Ξ in umkehrbar eindeutiger Weise:

$$\chi'_{\underline{T}} : P'_{\underline{T}} \xrightarrow{\text{bij}} \mathcal{V}_{\underline{T}}, \qquad \chi'_{\underline{T}}(\rho) = \Xi. \tag{1.91}$$

Beweis: $\chi'_{\underline{T}}$ ist surjektiv, da mit (1.45) und Satz 1.4-1 gilt $\chi'_{\underline{T}}(P'_{\underline{T}}) = \mathcal{V}_{\underline{T}}$. $\chi'_{\underline{T}}$ ist zudem injektiv: $\rho \neq \rho' \Rightarrow \Xi \neq \Xi'$ $(\Xi = \chi'_{\underline{T}}(\rho),\ \Xi' = \chi'_{\underline{T}}(\rho'))$ da andernfalls $(\Xi = \Xi')$ aus dem Darstellungssatz folgen würde: $\pi_{\underline{T}}(\Xi) = \pi_{\underline{T}}(\Xi')$ oder $\rho = \rho'$. $\blacksquare$

Das Diagramm in Bild 1.4-1 veranschaulicht den Zusammenhang zwischen $\mathcal{X}_{\underline{T}}$, $\mathcal{V}_{\underline{T}}$, $P'_{\underline{T}}$ und $P_{\underline{T}}$. Satz 1.4-3 erlaubt es, ein dynamisches System (T, X, Ξ) mit dem $\underline{T}$-vollständigen Prozess Ξ, charakterisiert durch das Quadrupel $(T, X, \underline{T}, \Xi)$ durch die Struktur $(T, X, \underline{T}, \rho)$, $\rho \in P_{\underline{T}}$ zu ersetzen, die ebenfalls *dynamische Struktur* genannt werden soll:

Jede ($\underline{T}$-vollständige) dynamische *Struktur* $(T, X, \underline{T}, \rho)$, $\rho \in P_{\underline{T}}$ beschreibt ein ($\underline{T}$-vollständiges) dynamisches System $(T, X, \underline{T}, \Xi)$, $\Xi \in \mathcal{V}_{\underline{T}}$ und umgekehrt:

$$\rho \in P_{\underline{T}} \quad \Rightarrow \quad \chi_{\underline{T}}(\rho) \in \mathcal{V}_{\underline{T}}, \tag{1.92}$$

$$\Xi \in \mathcal{V}_{\underline{T}} \quad \Rightarrow \quad \pi_{\underline{T}}(\Xi) \in P_{\underline{T}}. \tag{1.93}$$

Diese Aussagen bleiben auch richtig, wenn man $\mathcal{V}_{\underline{T}}$ durch $\mathcal{X}_{\underline{T}}$ ersetzt.

Mit den vorstehenden Darlegungen ist damit der Zusammenhang zwischen Struktur ρ und Verhalten (Prozess) Ξ vollständig aufgedeckt. Die weiteren Ausführungen werden noch zeigen, dass die relativ komplizierte Relationenstruktur ρ durch eine wesentlich einfachere (Markov-) Struktur ersetzt werden kann.

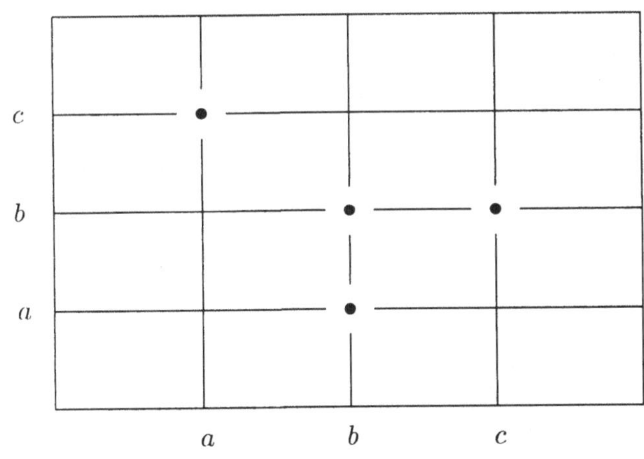

Bild 1.4-2: Phasenrelation $\underline{R}_A \subset \{a, b, c\}^2$

Beispiel 1.4 - 1 $(T, X, \underline{T}, \rho) = (\mathbb{Z}, X, \underline{T}, \rho)$ mit

$$\underline{T} := \underline{T}_L := \left\{ \underline{t} \mid \bigvee_{t \in \mathbb{Z}} \underline{t} = (t, t+1, t+2, \ldots, t+L) \right\},$$

$$\rho(\underline{t}) := \underline{R} \subset X^{L+1} \quad \text{(unabhängig von } \underline{t})$$

(vgl. auch Abschnitt 1.2.1).

Insbesondere sei $X := \{a, b, c\} := A$, $L = 1$ und (Bild 1.4-2)

$$\rho(\underline{t}) := \underline{R}_A := \{(a, c), (b, a), (b, b), (c, b)\} \subset X^2.$$

Der durch diese spezielle dynamische Struktur $(\mathbb{Z}, \{a, b, c\}, \underline{T}, \rho)$ definierte Prozess Ξ ist beschrieben durch

$$\xi \in \Xi \;\Leftrightarrow\; \bigwedge_{\underline{t} \in \underline{T}} \pi_{\underline{t}}(\xi) \in \underline{R}_A \;\Leftrightarrow\; \bigwedge_{t \in \mathbb{Z}} (\xi(t), \xi(t+1)) \in \underline{R}_A.$$

Realisierungen dieses Prozesses sind beispielsweise (Bild 1.4-3)

$$\xi = \xi_1 = (\ldots b, b, a, c, b, a, c, \ldots),$$

$$\xi = \xi_2 = (\ldots c, b, b, b, b, a, c, \ldots).$$

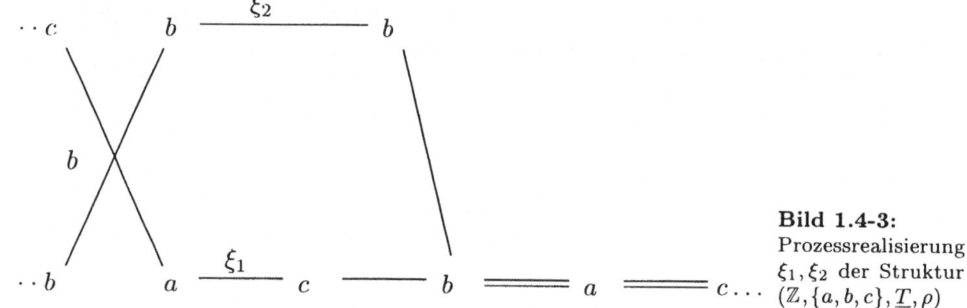

Bild 1.4-3: Prozessrealisierung ξ_1, ξ_2 der Struktur $(\mathbb{Z}, \{a, b, c\}, \underline{T}, \rho)$

Beispiel 1.4 - 2 $(T, X, \underline{T}, \rho) := (\mathbb{N}, \{0, 1\}, \underline{T}, \rho)$ mit

$$\underline{T} := D(\rho) = \mathbb{N}^* = \{\underline{t} \in \mathbb{N}^n \mid n \in \mathbb{N}\},$$

$$\rho(\underline{t}) := X^{|\underline{t}|} = X \times \cdots \times X \quad (|\underline{t}|\text{-mal}), \quad \text{(nur von } |\underline{t}| \text{ abhängig).}$$

Man kann leicht zeigen, dass dieser dynamischen Struktur der *chaotische Prozess* (vgl. Abschnitt 2.1.2 und Beispiel 1.2-1)

$$\Xi := \{0, 1\}^{\mathbb{N}}$$

zugeordnet ist, dessen Realisierungen aus der Menge aller 0-1-Folgen gebildet wird (allgemeine Definition in Abschnitt 3.3.3).

Als ein wesentliches Resultat der letzten Betrachtungen ergibt sich:
Beim Studium $\underline{T}$-vollständiger dynamischer Systeme kann man sich wegen (1.89),
(1.92) *und* (1.93) *auf die Untersuchung dynamischer Strukturen* $(T, X, \underline{T}, \rho)$ *beschränken.*

Berücksichtigt man, dass die in den Anwendungen auftretenden Systeme in der
Regel durch relativ einfache Sonderfälle der universellen Struktur $(T, X, \underline{T}, \rho)$ beschrieben werden können, so wird klar, dass durch die Aussage von Satz 1.4-2 eine
oft beträchtliche Vereinfachung in der Beschreibung vieler wichtiger Systemklassen
erreicht werden kann.

Dieser Sachverhalt wurde bereits durch Beispiele belegt, und im weiteren werden wir hierauf bei der Analyse und Charakterisierung spezieller Systemklassen
wiederholt zurückkommen.

Durch Spezialisierung der universellen Struktur $(T, X, \underline{T}, \rho)$, z.B. dadurch, dass
man den Mengen T und X (oder T^* und X^*) die Struktur einer Gruppe oder
eines Vektorraumes aufprägt oder bestimmte Mengentypen (Produktmengen) als
Phasenräume wählt, ergeben sich bestimmte dynamische Strukturen, die in den
Theorien klassischer Einzelwissenschaften eine tragende Rolle spielen.

Diese speziellen dynamischen Strukturen aber gehören in der Regel zu Prozessen
mit bestimmten, durch Anwendungen ausgezeichnete Verhaltensweisen (Prozesse mit „Gedächtnis"), und eine sinnvolle Strukturklassifizierung hat daher unter
dem Aspekt anwendungsrelevanter Verhaltensweisen zu geschehen. Prozesse mit
bestimmten Verhaltensformen korrespondieren dann nach Satz 1.4-2 immer mit
bestimmten dynamischen Strukturen.

Wir werden uns daher zunächst mit dem Problem der Klassifizierung von dynamischen Systemen (Prozessen) nach fundamentalen Verhaltensweisen befassen.
Danach werden wir noch auf den Zusammenhang dieser *Verhaltensklassifizierung*
mit der schon dargelegten Einteilung der Prozesse nach ihren Vollständigkeitseigenschaften eingehen (*Vollständigkeitsklassifizierung*).

2 Wechselwirkung

2.1 Temporale Wechselwirkung

2.1.1 Wechselwirkungsrelation

In den bisherigen Betrachtungen stand das Problem der Prozessdarstellung im Mittelpunkt, d.h. die Charakterisierung eines beliebigen Prozesses Ξ durch seine mathematische Struktur ρ. Hier handelt es sich sozusagen um das Problem der „Datenreduktion": Welcher „Mindestdatensatz" ist erforderlich, damit Ξ vollständig beschrieben ist?

Ein ganz anderes Problem ist die Klassifizierung der Prozesse nach gewissen elementaren Grundeigenschaften, insbesondere nach solchen, wie sie in den Anwendungen vorrangig auftreten. Hierher gehört auch die wichtige Frage nach der Existenz von „Elementarprozessen", die möglicherweise als Bausteine allgemeinerer Prozesse dienen können. Hierauf soll im Folgenden genauer eingegangen werden.

Viele einzelwissenschaftlichen Untersuchungen und Theorien verwenden universelle Begriffe wie etwa „determiniertes System", „reversibles System", „Markov-Prozess" u.a., ohne sie immer hinreichend scharf, allgemeingültig und unmissverständlich zu definieren. Schon gar nicht werden diese und viele andere fundamentalen Begriffskategorien (wie etwa „Zustand", „Kausalität" oder „Wechselwirkung") immer in gleichem Sinne verwendet.

Eine exakt begründete Systemtheorie muss daher versuchen, diese und weitere Grundbegriffe der Natur- und Technikwissenschaften formal streng zu fassen und dann zur Grundlage einer Systemklassifizierung zu machen. Dabei darf sie natürlich die intuitiv-inhaltlichen Vorstellungen, die aus Erfahrung gewonnen und traditionell mit diesen Begriffen verbunden sind, nicht aus dem Auge verlieren.

Es versteht sich von selbst, dass diese Unschärfe in der vorwissenschaftlichen Bedeutung keine Eindeutigkeit der exakten Formalisierung vorschreibt. Was also z.B. unter einem „determinierten Verhalten" zu verstehen ist, liegt nicht von vornherein apriorisch fest, sondern muss erst vereinbart werden, wofür es immer einen gewissen, im Unschärfebereich der Vorbegriffe liegenden Spielraum gibt. Als eine

von der (System-) Wissenschaft allgemein akzeptierten Definition wird sich am
Ende dann die behaupten können, die die größtmögliche logische Vereinfachung
des gesamten Theoriengebäudes bei gleichzeitiger Wahrung vorwissenschaftlicher
Intentionen und effektiver Anwendbarkeit ermöglicht.

Dynamische Systeme lassen sich natürlich nach den unterschiedlichsten Gesichts-
punkten klassifizieren. Grundsätzlich aber wird man zunächst unterscheiden zwischen einer Klassifizierung nach dem Systemverhalten (*Verhaltensklassifizierung*)
und einer Klassifizierung nach der Systemstruktur (*Strukturklassifizierung*). Im
Bereich $\mathcal{V} \subset \mathcal{X}^*$ der vollständigen Prozesse entspricht dabei nach dem Fundamentalsatz natürlich jeder Verhaltensklasse eine bestimmte Strukturklasse (Klasse
dynamischer Strukturen).

Wir betrachten nun zunächst die *Verhaltensklassifizierung*. Dynamische Systeme
$(T, X, \underline{T}, \Xi)$ wird man zunächst nach solchen möglichst allgemeinen Verhaltenseigenschaften der zugehörigen Prozesse Ξ klassifizieren, die von den Eigenschaften
der Trägermengen T und X (Mächtigkeit, Strukturierung) unabhängig sind.

Zu diesen fundamentalen Eigenschaften eines Prozesses gehört zunächst die *Wechselwirkung* zwischen Prozessvergangenheit und -zukunft. Zur genaueren Charakterisierung dieser *temporalen Wechselwirkung* benötigen wir noch folgende Begriffe:

$$Vergangenheit \text{ von } \tau \in T : \quad T^\tau := \{t \in T \mid t < \tau\}, \tag{2.1}$$

$$Zukunft \text{ von } \tau \in T : \quad T_\tau := \{t \in T \mid t > \tau\}. \tag{2.2}$$

Für die um $\{\tau\}$ erweiterten Zeitabschnitte (Intervalle) (2.1) bzw. (2.2) werden
wir oft auch kurz – ohne Änderung der Terminologie – $\overline{T}^\tau$ bzw. $\overline{T}_\tau$ schreiben.
Die *Gegenwart* $\{\tau\}$ wird also gegebenfalls formal der Vergangenheit bzw. Zukunft
zugerechnet. Entsprechend (2.1) bzw. (2.2) heißt das auf T^τ eingeschränkte Signal
$\xi|T^\tau$ (mit dem Definitionsbereich $D(\xi) \cap T^\tau \neq \emptyset$) τ-*Vergangenheit* von ξ. Die
τ-*Zukunft* von ξ ist analog definiert (T_τ anstelle von T^τ), und

$$\Xi|T^\tau := \bigcup_{\xi \in \Xi} \xi|T^\tau \tag{2.3}$$

heißt *Prozessvergangenheit* und

$$\Xi|T_\tau := \bigcup_{\xi \in \Xi} \xi|T_\tau \tag{2.4}$$

heißt *Prozesszukunft* von Ξ bezüglich $\tau \in T$.

Die Definitionen (2.3) und (2.4) werden wir formal – wieder ohne Änderung der
Terminologie – beibehalten, wenn T^τ durch $\overline{T}^\tau$ bzw. T_τ durch $\overline{T}_\tau$ ersetzt wird.

Die *Gegenwart* $\{\tau\}$ wird also gegebenenfalls wieder formal der Vergangenheit bzw. Zukunft zugerechnet.

Hat eine Prozessrealisierung ξ eine bestimmte Vergangenheit $\xi|\overline{T}^{\,\tau}$, so kann sie im Allgemeinen nicht eine beliebige Zukunft $\xi|T_\tau$ verwirklichen. Umgekehrt kann im Allgemeinen eine bestimmte Signalzukunft nicht mit einer beliebigen Signalvergangenheit gekoppelt sein. *Zwischen Vergangenheit (einschließlich Gegenwart) und Zukunft besteht also im Allgemeinen immer eine gewisse Wechselwirkung*, die sich darin äußert, dass nicht jedes Element aus $\Xi|\overline{T}^{\,\tau}$ mit jedem Element aus $\Xi|T_\tau$ verträglich ist, d.h., bei einem realen Prozess können nicht beliebige Paare $(\xi|\overline{T}^{\,\tau}, \xi'|T_\tau)$ aus $\Xi|\overline{T}^{\,\tau} \times \Xi|T_\tau$ zu einer Realisierung (vgl. (1.26)) ξ'' aus Ξ mit

$$\xi''\,|\,\overline{T}^{\,\tau} = \xi\,|\,\overline{T}^{\,\tau}, \qquad \xi''\,|\,T_\tau = \xi'\,|\,T_\tau \tag{2.5}$$

aus Ξ kombiniert werden. Anders ausgedrückt: Nicht für alle $(\xi, \xi') \in \Xi \times \Xi$ folgt $\xi \overset{\tau}{\circ} \xi' \in \Xi$.

Es sei $W_\tau \subset \Xi \times \Xi$ die Menge aller $(\xi, \xi') \in \Xi \times \Xi$, für die $\xi \overset{\tau}{\circ} \xi' \in \Xi$ (Bild 2.1-1); in Zeichen

$$\bigwedge_{\xi,\xi'\in\Xi} \left((\xi, \xi') \in W_\tau :\Leftrightarrow \xi \overset{\tau}{\circ} \xi' \in \Xi \right),$$

$$W_\tau = \emptyset \text{ für } \tau \notin D\{(\xi, \xi')\} := D(\xi, \xi') \ \vee \ \xi \overset{\tau}{\circ} \xi' \notin \Xi. \tag{2.6}$$

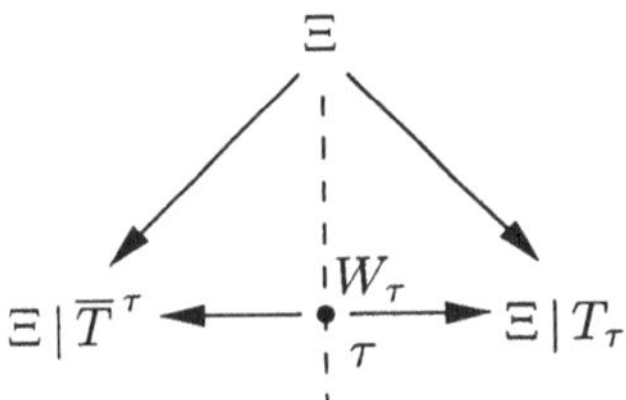

Bild 2.1-1: Temporale Wechselwirkung $W_\tau \subset \Xi^2$ zwischen Vergangenheit $\Xi|\overline{T}^{\,\tau}$ und Zukunft $\Xi|T_\tau$

Die Relation W_τ soll als *temporale W-Relation* (*Wechselwirkungsrelation*) des Prozesses Ξ zur Zeit τ bezeichnet werden, und wir werden sagen: Zur Zeit τ steht ξ in der Relation W_τ zu ξ', wenn $(\xi, \xi') \in W_\tau$, kürzer: ξ ist mit ξ' *τ-verträglich*.

W_τ enthält immer die identische Relation

$$I_\Xi := \left\{ (\xi, \xi') \in \Xi^2 \,|\, \xi = \xi' \right\} \qquad (W_\tau \neq \emptyset). \tag{2.7}$$

Bemerkung: W_τ ist wegen (2.5) bis (2.7) eine reflexive und transitive, aber im Allgemeinen keine symmetrische Relation, so dass bezüglich der Signalverträglichkeit keine Symmetrie besteht: Aus „ξ ist τ-verträglich mit ξ'" $((\xi, \xi') \in W_\tau)$ folgt nicht die Umkehrung. Damit ist grundsätzlich auch die Phasenstruktur ρ (das „Prozessgesetz") nicht invariant gegenüber einer „Zeitumkehr": $\rho(\tau + t) \neq \rho(\tau - t)$ ($T = \mathbb{R}$). Es existiert im allgemeinen ein „Pfeil der Zeit" [34]. In den wichtigsten Anwendungen aber ist W_τ allerdings auch symmetrisch definiert (Abschnitt 2.1.2).

In folgendem wird sich diese Wechselwirkungsrelation als eine für die Prozessklassifizierung geeignete Prozesscharakteristik erweisen.

2.1.2 Kopplungsfunktion, Bifunktionalität und Chaos

Der Prozess $\Xi \in \mathcal{X}^*$ definiert (außer $D(\Xi)$) das Zeitintervall

$$\overline{D}(\Xi) = \left\{ \tau \mid \bigvee_{\xi \in \Xi} \tau \in D(\xi) \right\} \supset D(\Xi),$$

es bildet zugleich den Definitionsbereich von W_τ. Zwei Prozesse Ξ, Ξ' mit $\overline{D}(\Xi) = \overline{D}(\Xi')$ sollen *vergleichbar* genannt werden. Sie können aufgefasst werden als Elemente einer Äquivalenzklasse

$$\mathcal{X}^\sim \subset \mathcal{X}^2 :\Leftrightarrow \left(\Xi, \Xi' \in \mathcal{X}^\sim :\Leftrightarrow \overline{D}(\Xi) = \overline{D}(\Xi') \wedge \Xi, \Xi' \in \mathcal{X} \subset \mathcal{X}^* \right).$$

Jedem $\tau \in \overline{D}(\Xi)$ ($\Xi \in \mathcal{X}^*$) ist nach (2.6) eine Teilmenge (binäre Relation) $W_\tau \supset I_\Xi$ aus Ξ^2 zugeordnet. Wir bezeichnen diese Zuordnung mit κ und schreiben ($\overline{D}(\Xi) = D(\kappa)$)

$$\kappa : \overline{D}(\Xi) \to \mathcal{P}(\Xi^2),\ \kappa(\tau) := W_\tau,\ W_\tau \subset \Xi^2 \wedge W_\tau \supset I_\Xi. \tag{2.8}$$

Hierbei bezeichnet $\mathcal{P}(\Xi^2)$ die Menge aller Relationen aus Ξ^2, und es ist für alle $\Xi \in \mathcal{X}^*$ und $\tau \in \overline{D}(\Xi)$

$$I_\Xi \subset \kappa(\tau) \subset A_\Xi \tag{2.9}$$

mit I_Ξ aus (2.7) und $A_\Xi := \Xi^2$ (Allrelation). Die Zuordnung κ ist eine Funktion von Ξ, in Zeichen:

$$\kappa = \pi(\Xi), \tag{2.10}$$

und es sei

$$K^* := \left\{ \kappa \mid \bigvee_{\Xi \in \mathcal{X}^*} \kappa = \pi(\Xi) \right\} := \pi(\mathcal{X}^*) \tag{2.11}$$

die Menge aller (zu $\mathcal{X}^*$ gehörenden) Funktionen κ.

Mit (2.6) erhalten wir die

Definition 2.1 - 1 $\kappa = \pi(\Xi) \in K^*$ heißt *(temporale) Kopplungsfunktion* des Prozesses $\Xi \in \mathcal{X}^*$, wenn für alle $\xi, \xi' \in \Xi$ und $\tau \in D(\xi, \xi')$ (vgl. (2.6)) gilt:

$$(\xi, \xi') \in \kappa(\tau) :\Leftrightarrow \xi \overset{\tau}{\circ} \xi' \in \Xi.$$

Nach folgendem, für die Prozessklassifizierung fundamentalen Satz ist $\kappa = \pi(\Xi)$ als eine die Wechselwirkung von Ξ charakterisierende Funktion ausgezeichnet.

Satz 2.1 - 1 Der Raum $\mathcal{X}^*$ aller Prozesse Ξ wird durch π bijektiv auf den Raum K^* aller (temporalen) Kopplungsfunktionen κ abgebildet:

$$\pi : \mathcal{X}^* \to K^*, \qquad \pi(\Xi) = \kappa, \qquad \pi(\mathcal{X}^*) = K^*. \tag{2.12}$$

Beweis: Es besteht mit (2.9) für alle $\tau \in \overline{D}(\Xi)$ die Projektionsbeziehung

$$\mathrm{pr}(I_\Xi) \subset \mathrm{pr}(\kappa(\tau)) \subset \mathrm{pr}(A_\Xi) \qquad (\mathrm{pr}_1 = \mathrm{pr}_2 = \mathrm{pr})$$

mit $\mathrm{pr}(I_\Xi) = \mathrm{pr}(A_\Xi) = \Xi$. Damit gilt also mit $\overline{D}(\Xi) = D(\kappa)$ und

$$\sigma(\kappa) := \bigwedge_{\tau \in \overline{D}(\kappa)} \mathrm{pr}(\kappa(\tau))$$

die Implikation

$$(\,\kappa = \pi(\Xi)\,) \Rightarrow (\,\sigma(\kappa) = \Xi\,)$$

und somit $(\sigma \circ \pi)(\Xi) = \Xi$. Damit ist σ Linksinverse von π bzw. π injektiv. Nach (2.11) ist π definitionsgemäß auch surjektiv und damit bijektiv: $\sigma = \pi^{-1}$ [33]. ∎

Es gehört damit zu jedem $\kappa \in K^*$ genau ein $\Xi = \pi^{-1}(\kappa)$ und umgekehrt. Dabei gilt (2.6) für alle κ und τ

$$\tau \notin D(\xi, \xi') \Rightarrow \kappa(\tau) = \emptyset$$

und damit $\overline{D}(\Xi) = D(\kappa)$.

Sind Ξ und Ξ' zwei vergleichbare Prozesse mit den Kopplungsfunktionen $\kappa = \pi(\Xi)$ und $\kappa' = \pi(\Xi')$ und gilt $\kappa(\tau) \supset \kappa'(\tau)$, so besteht zur Zeit τ in Ξ' eine stärkere „Bindung" zwischen Vergangenheit und Zukunft (intensivere Wechselwirkung) als in Ξ. Wir werden daher sagen: Ξ' unterliegt zur Zeit τ einer stärkeren *temporalen Wechselwirkung* als Ξ, wenn $\kappa(\tau) \supset \kappa'(\tau)$. Im Grenzfall $\kappa(\tau) = I_\Xi$ nennen wir das Momentanverhalten des Prozesses Ξ *bifunktional*, im anderen Grenzfall $\kappa(\tau) = A_\Xi$ *chaotisch* (Bild 2.1-2).

Für die Werte $\kappa(\tau)$ jeder Kopplungsfunktion κ besteht immer die Einschließung $I_\Xi \subset \kappa(\tau) \subset A_\Xi$ in (2.9), und man kann daher $\kappa(\tau)$ als ein „qualitatives Maß" *für die momentane Wechselwirkung ansehen* (das auch als Ausgangspunkt zur Definition eines quantitativen Maßes herangezogen werden könnte).

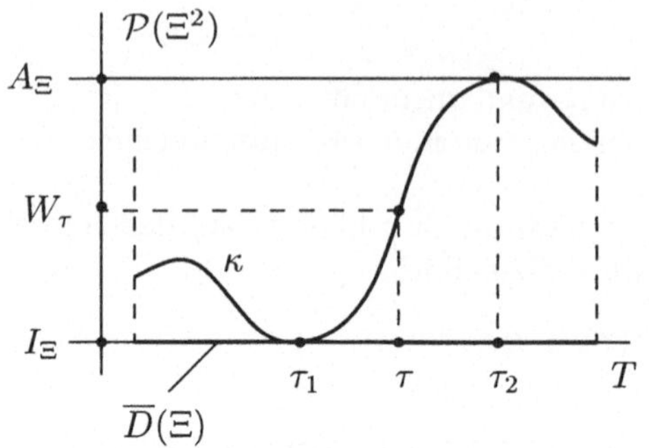

Bild 2.1-2: Kopplungsfunktion $\kappa = \pi(\Xi)$ des Prozesses Ξ. $\kappa(\tau_1) = I_\Xi$: bifunktionales Verhalten von Ξ; $\kappa(\tau_2) = A_\Xi$: chaotisches Verhalten von Ξ.

Tritt für ein $\tau \in \overline{D}(\Xi)$ $(\kappa = \pi(\Xi))$ der Grenzfall $\kappa(\tau) = A_\Xi$ ein, so folgt aus (2.6) für alle $\xi, \xi' \in \Xi$

$$(\xi, \xi') \in \Xi^2 \ \Leftrightarrow\ \xi \overset{\tau}{\circ} \xi' \in \Xi, \qquad (\textit{chaotisches Verhalten}). \tag{2.13}$$

Alle Realisierungen ξ, ξ' von Ξ sind dann zu diesem Zeitpunkt τ-verträglich, es existiert keinerlei temporale Wechselwirkung zwischen Vergangenheit und Zukunft von Ξ.

Für den anderen Grenzfall $\kappa(\tau) = I_\Xi$ folgt mit (2.7) zum Zeitpunkt $\tau \in \overline{D}(\Xi)$ für alle $\xi, \xi' \in \Xi$

$$\xi \overset{\tau}{\circ} \xi' \in \Xi \ \Leftrightarrow\ \xi = \xi', \qquad (\textit{bifunktionales Verhalten}). \tag{2.14}$$

Jede Realisierung ξ von Ξ ist jetzt nur mit sich selbst verträglich, es besteht die maximal mögliche temporale Wechselwirkung, bei der sich Vergangenheit und Zukunft gegenseitig bestimmen.

Insbesondere definieren wir:

a) $\Xi \in \mathcal{X}^*$ heißt (nichtdeterminierter) *chaotischer Prozess* mit der Kopplungsfunktion κ_c, wenn er sich für alle τ chaotisch verhält:

$$\bigwedge_{\tau \in \overline{D}(\Xi)} \kappa_c(\tau) = A_\Xi, \qquad \pi(\Xi) = \kappa_c :\Leftrightarrow \Xi = \Xi_c.$$

b) $\Xi \in \mathcal{X}^*$ heißt *bifunktionaler Prozess* mit der Kopplungsfunktion κ_f, wenn er sich für alle τ bifunktional verhält:

$$\bigwedge_{\tau \in \overline{D}(\Xi)} \kappa_f(\tau) = I_\Xi, \qquad \pi(\Xi) = \kappa_f :\Leftrightarrow \Xi = \Xi_f.$$

In diesen Grenzfällen gelten also die Aussagen (2.13) bzw. (2.14) für alle τ des Definitionsbereiches.

Nachstehend werden nun gewisse Verhaltensklassen (Klassen mit Prozessen „ähnlichen" Verhaltens) ausgezeichnet. Sie sind auch dadurch gekennzeichnet, dass ihnen Klassen mit verwandten Kopplungsfunktionen entsprechen.

2.1.3 Verhaltensklassen

Es sei nun $\kappa \in K^*$ gegeben und damit zugleich eine bestimmte Verhaltensklasse $\mathcal{X}_\kappa$, die wir wie folgt definieren:

Definition 2.1 - 2 $\Xi \in \mathcal{X}^*$ ist ein Prozess aus der *Verhaltensklasse* $\mathcal{X}_\kappa \subset \mathcal{X}^*$, $\kappa \in K^*$, wenn gilt

$$\Xi \in \mathcal{X}_\kappa :\Leftrightarrow (\Xi, \kappa) \in q \subset \mathcal{X}^* \times K^*, \tag{2.15}$$

definiert durch (2.6) und

$$(\Xi, \kappa) \in q :\Leftrightarrow \bigwedge_{\tau \in D(\kappa)} \bigwedge_{\xi, \xi' \in \Xi} \left[(\xi, \xi') \in \kappa(\tau) \Rightarrow \xi \overset{\tau}{\circ} \xi' \in \Xi \right]. \tag{2.16}$$

Man kann $\mathcal{X}_\kappa$ als Menge von Prozessen mit „verwandten" Kopplungsfunktionen interpretieren, die insgesamt die *Kopplungsklasse* (Bild 2.1-3)

$$K_\kappa := \pi(\mathcal{X}_\kappa) \tag{2.17}$$

definieren.

Aus den Definitionen 2.1-1 und 2.1-2 ergibt sich (vgl. Bild 2.1-3)

$$\kappa = \pi(\Xi) \Rightarrow \Xi \in \mathcal{X}_\kappa := \breve{q}(\kappa), \tag{2.18}$$

d.h., die von κ „erzeugte Verhaltensklasse" $\mathcal{X}_\kappa = \breve{q}(\kappa)$ enthält immer mindestens den Prozess Ξ mit der Kopplungsfunktion κ:

$$\pi^{-1}(\kappa) = \Xi \in \breve{q}(\kappa).$$

Weitere Grundeigenschaften der Abbildung $\breve{q}$ sind:
Für alle κ, κ' der Klasse $K_\kappa^\sim :\Leftrightarrow D(\kappa) = D(\kappa') \wedge \kappa, \kappa' \in K_\kappa$ (*Äquivalenzklasse vergleichbarer Kopplungsfunktionen*) gilt mit $\kappa' \leq \kappa := \kappa'(\tau) \subset \kappa(\tau)$, $\tau \in D(\kappa)$:

$$\text{a)} \quad \kappa' \leq \kappa \Rightarrow \mathcal{X}_\kappa \subset \mathcal{X}_{\kappa'} \tag{2.19}$$

b) $\mathcal{X}_c := \breve{q}(\kappa_c) \le \breve{q}(\kappa) \le \mathcal{X}_f := \breve{q}(\kappa_f)$

c) $\Xi \in \mathcal{X}_c \Leftrightarrow \Xi = \pi^{-1}(\kappa_c), \qquad \Xi \in \mathcal{X}_f \Leftrightarrow \Xi = \pi^{-1}(\kappa_f).$

Alle Elemente von $\mathcal{X}_c$ ($\mathcal{X}_f$) sind chaotisch (bifunktional) im Sinne der Darlegungen in Abschnitt 2.1.2.

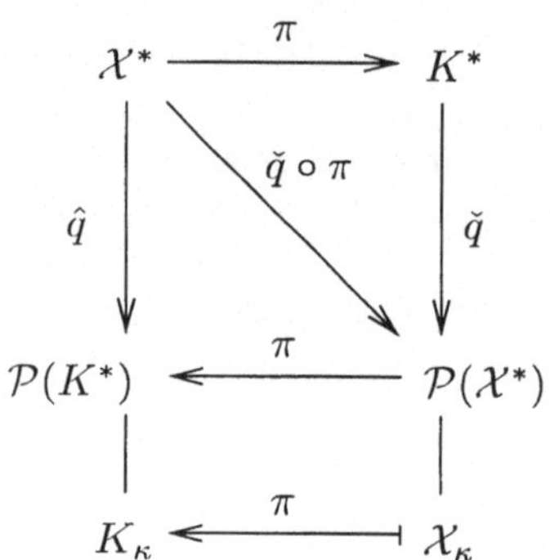

Bild 2.1-3: Verhaltens- und Kopplungsklassen. $\pi(\Xi) = \kappa$ bijektiv; $\breve{q}(\kappa) = \mathcal{X}_\kappa$ Verhaltensklasse von κ; $\hat{q}(\Xi) = K_\Xi$ Kopplungsklasse von Ξ, $(\breve{q} \circ \pi)(\Xi) = \mathcal{X}_\kappa$

Die in den Einzelwissenschaften vorkommenden Prozesse gehören zu bestimmten, durch temporale Wechselwirkungseigenschaften ausgezeichneten Verhaltensklassen $\mathcal{X}_\kappa$, und es ist deshalb natürlich, Prozesse (Systeme) nach den oben definierten Verhaltensklassen bzw. Wechselwirkungsfunktionen einzuteilen.

Im Folgenden werden wir in diesem Sinne einige wichtige System- bzw. Prozessklassen (Verhaltensklassen) definieren und nach wachsender Wechselwirkung ordnen. Dabei beschränken wir uns auf die Herausstellung der noch genauer zu definierenden Gedächtnisklassen.

2.1.4   Prozesse mit Gedächtnis

Wir befassen uns im Folgenden mit vergleichbaren Prozessen mit dem metrischen Zeitbereich (T, d), und dabei sei ($\tau \in T, L \ge 0$) wieder wie in (1.54)

$$L_\tau := \{t \in T \mid d(t, \tau) \le L\} \tag{2.20}$$

der *Gedächtnisbereich* des Prozesses zur Zeit τ. Untersucht werden nachfolgend nur die besonders wichtigen *Verhaltensklassen* $\mathcal{X}_L := \breve{q}(\kappa_L)$ mit den Kopplungsfunktionen κ_L, definiert für alle $\xi, \xi' \in \Xi$ und $\tau \in D(\xi, \xi')$ durch (Bild 2.1-4)

$$\xi|\overline{L}_\tau = \xi'|\overline{L}_\tau \Rightarrow (\xi, \xi') \in \kappa_L(\tau). \tag{2.21}$$

Die Kopplungsfunktion κ_L des „Gedächtnisprozesses" $\Xi = \Xi_L$,

$$(\xi, \xi') \in \kappa_L(\tau) \Leftrightarrow \xi \overset{\tau}{\circ} \xi' \in \Xi_L$$

ist in diesem Fall bereits durch die „Gedächtnisdauer" L_τ festgelegt. Abhängig von der „Länge" von L_τ ergeben sich unterschiedliche Prozessklassen $\mathcal{X}_\kappa := \mathcal{X}_L$, $\kappa = \kappa_L$.

Wie bereits erwähnt, ist $\kappa(\tau)$ generell eine unsymmetrische Relation: aus $(\xi, \xi') \in \kappa(\tau)$ folgt nicht $(\xi', \xi) \in \kappa(\tau)$. Natürlich sind – rein systemtheoretisch – auch Prozesse mit symmetrischem $\kappa = \tilde{\kappa}$ möglich, z.B. *Gedächtnisprozesse* $\Xi = \Xi_L$ mit $\kappa = \kappa_L$. Die Symmetrie von $\kappa_L(\tau)$ ergibt sich aus

$$\xi|\overline{L}_\tau = \xi'|L_\tau \quad \Rightarrow \quad (\xi, \xi') \in \kappa_L(\tau) \wedge (\xi', \xi) \in \kappa_L(\tau)$$
$$\Rightarrow \quad (\xi, \xi') \in \kappa_L(\tau) \Rightarrow (\xi', \xi) \in \kappa_L(\tau).$$

Außerdem ist natürlich auch $\kappa_L(\tau)$ reflexiv und transitiv.

In (2.21) bezeichnet $\overline{L}_\tau$ die Beschränkung von L_τ auf $D(\xi, \xi')$:

$$\overline{L}_\tau := L_\tau \cap D(\xi, \xi').$$

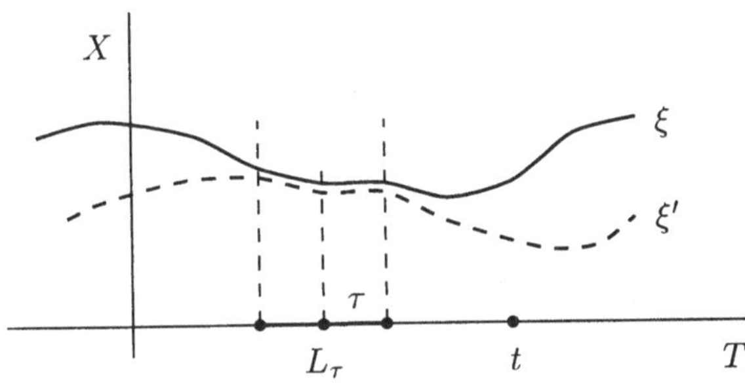

Bild 2.1-4: Prozess mit Gedächtnis L
$\xi|\overline{L}_\tau = \xi'|\overline{L}_\tau \Rightarrow \xi \overset{\tau}{\circ} \xi' \in \Xi;$
$t \in L_\tau :\Leftrightarrow d(\tau, t) \leq L$

Definition 2.1 - 3 Ein Prozess $\Xi \in \mathcal{X}^*$ heißt Prozess der Verhaltensklasse $\mathcal{X}_L$ $(L > 0)$, wenn mit (2.21) und (2.15) bis (2.17) für sein Verhalten gilt: $\kappa = \kappa_L \Rightarrow$

$$(\xi, \xi') \in \kappa_L(\tau) \Rightarrow \xi \overset{\tau}{\circ} \xi' \in \Xi \tag{2.22}$$

für alle $(\xi, \xi') \in \Xi$ und alle $\tau \in D(\kappa_L)$, $\kappa_L \in K^*$, $\Xi \in \mathcal{X}_L \subset \mathcal{X}^*$.

Die Implikation (2.22) ist der allgemeinste formelmäßige Ausdruck dafür, dass die Phasen $\xi(t')$ von ξ für $t' \notin L_\tau$, $t' > \tau$ nicht von den Phasen $\xi(t')$ für $t' \notin L_\tau$, $t' < \tau$ abhängen. Sie haben also die Eigenschaft: Das Verhalten einer Prozessrealisierung

$\xi \in \Xi$ im Zeitbereich L_τ bestimmt deren mögliche Zeitverläufe in der Zukunft bzw. Vergangenheit von L_τ.

Die Zukunft wird von der Vergangenheit wohl beeinflusst, ist aber durch sie nicht vollständig festgelegt. Ebenso sind mögliche Verläufe der Vergangenheit durch L_τ eingeschränkt (Bild 2.1-4).

Die Kopplungsfunktion κ_L in (2.21) ist – wie gezeigt – symmetrisch und erzeugt (Abschnitt 2.4) daher eine Äquivalenzrelation, die auf Ξ für jedes $\tau \in \overline{D}(\Xi)$ eine Klasseneinteilung mit den Klassen $[\xi]_\tau$ definiert.

Hieraus folgert man:

a) $[\xi]_\tau$ ist *konkatenationsabgeschlossen*, d.h.

$$\xi, \xi' \in [\cdot]_\tau \;\Rightarrow\; \xi \overset{\tau}{\circ} \xi' \in [\cdot]_\tau, \tag{2.23}$$

in Worten: *Prozesse $\Xi \in \mathcal{X}_L$ lassen sich zu jedem Zeitpunkt $\tau \in \overline{D}(\Xi)$ in disjunkte Teilprozesse $\Xi_\tau := [\cdot]_\tau$ mit (zu diesem Zeitpunkt) chaotischem Verhalten zerlegen* (vgl. (2.13)).

b) $[\xi]_\tau$, $\tau \in \overline{D}(\Xi)$ ist *konkatenationstreu*, in Zeichen

$$[\xi]_\tau \overset{\tau}{\circ} [\xi]_\tau = [\xi]_\tau. \tag{2.24}$$

Dieser Sachverhalt wird im Weiteren noch eine wichtige Rolle spielen (Abschnitt 2.4).

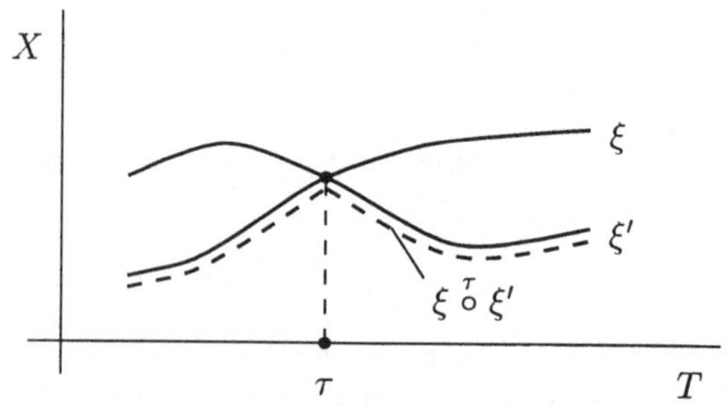

Bild 2.1-5: Markov-Prozess Ξ
$$\xi, \xi' \in \Xi \wedge \xi(\tau) = \xi'(\tau) \;\Rightarrow\; \xi \overset{\tau}{\circ} \xi' \in \Xi$$

Die überwiegende Zahl der in Natur und Technik auftretenden Prozesse sind speziell Prozesse mit Kurzzeitgedächtnis. Diese Prozesse bilden die Klasse $\mathcal{X}_l$ der *Prozesse* (bzw. *Systeme) mit lokalem Gedächtnis*:

$$\left[\bigwedge_{L>0} (\xi, \xi') \in \kappa_L(\tau) \right] \;\Rightarrow\; \xi \overset{\tau}{\circ} \xi' \in \Xi \tag{2.25}$$

für alle $\xi, \xi' \in \Xi$ und $\tau \in D(\kappa_L)$. Es ist $\mathcal{X}_l = \bigcup_{L>0} \mathcal{X}_L$ und damit $\mathcal{X}_l \supset \mathcal{X}_L$. Für die Kopplungsfunktion erhält man $\kappa_l(\tau) = \bigcap_{L>0} \kappa_L(\tau)$.

Gilt in (2.25) $L = 0$, so wollen wir von einem *Markov-Prozess* sprechen, dessen Verhalten also charakterisiert ist durch

$$(\xi(\tau) = \xi'(\tau)) \;\Rightarrow\; \xi \overset{\tau}{\circ} \xi' \in \Xi \tag{2.26}$$

für alle $\tau \in D(\kappa_L)$ und $\xi, \xi' \in \Xi$. Markov-Prozesse sind spezielle Prozesse ohne Gedächtnis und bilden die Klasse $\mathcal{X}_0$ mit $\kappa = \kappa_0$ (Bild 2.1-5).

Das Verhalten eines Markov-Systems (T, X, Ξ) bzw. Markov-Prozesses Ξ zur Zeit τ ist nur von seinen gegenwärtigen Phasen $\xi(\tau)$ abhängig, d.h., Vergangenheit und Zukunft aller Prozessrealisierungen $\xi \in \Xi$ mit gleichem Gegenwartswert $\xi(\tau)$ sind unabhängig voneinander.

Ist ein Markov-Prozess Ξ auch noch von seinem Augenblicksverhalten $\xi(\tau)$ unabhängig, d.h. ist Ξ bezüglich der Operation $\overset{\tau}{\circ}$ abgeschlossen, in Zeichen: Für alle $\xi, \xi' \in \Xi$ und alle $\tau \in D(\kappa_L)$ gilt

$$\xi, \xi' \in \Xi \;\Rightarrow\; \xi \overset{\tau}{\circ} \xi' \in \Xi, \tag{2.27}$$

so ist Ξ nach Abschnitt 2.1.2 ein *regelloser* oder *chaotischer gedächtnisloser* Prozess, dem wir die Klasse $\mathcal{X}_c$ mit der Kopplungsfunktion κ_c zuordnen:

$$\Xi \in \mathcal{X}_c \;\Leftrightarrow\; \left((\xi, \xi') \in A_\Xi \;\Rightarrow\; \xi \overset{\tau}{\circ} \xi' \in \Xi \right). \tag{2.28}$$

Analog bezeichne $\mathcal{X}_f$ die alle bifunktionalen Prozesse umfassende Klasse:

$$\Xi \in \mathcal{X}_f \;\Leftrightarrow\; \left((\xi, \xi') \in I_\Xi \;\Rightarrow\; \xi \overset{\tau}{\circ} \xi' \in \Xi \right). \tag{2.29}$$

Die Markov Prozesse und insbesondere die spezielleren chaotischen Prozesse bilden die Klasse der Elementarprozesse, aus denen alle Prozesse (im Sinne von Abschnitt 1.2.1) konstruiert werden können.

Hierauf wird im Folgenden noch ausführlich einzugehen sein.

Zusammengefasst ergibt sich aus Vorstehendem folgende grundlegende *Hierarchie der betrachteten Verhaltensklassen (Gedächtnisklassen)*:

Chaotische Prozesse $\mathcal{X}_c$, (κ_c), (nichtdeterminiert)

$\downarrow$

Markov-Prozesse $\mathcal{X}_0$, (κ_0)

$\downarrow$

Prozesse mit konstantem Gedächtnis $\mathcal{X}_L$, (κ_L)

$\downarrow$

Prozesse mit lokalem Gedächtnis $\mathcal{X}_l$, $(\kappa_l(\tau) = \bigcap_{L>0} \kappa_L(\tau))$

$\downarrow$

Prozesse mit Gedächtnis $L = \infty$, $\mathcal{X}_f$, (κ_f).

In diesem Schema sind die Prozessklassen nach wachsendem Umfang und zunehmender Wechselwirkung (Gedächtnisfähigkeit) geordnet (vgl. Abschnitt 2.1.1). In chaotischen Prozessen $(\mathcal{X}_c)$ gibt es keinerlei temporale Wechselwirkung (Gesetzmäßigkeit); Prozesse mit lokalem Gedächtnis $(\mathcal{X}_l)$ sind durch relativ starke Wechselwirkung gekennzeichnet und repräsentieren damit (Natur-) Vorgänge mit starker innerer Gesetzmäßigkeit. Zu dieser Klasse gehören insbesondere alle Differenzialprozesse (Abschnitt 1.3.5). Prozesse mit $L = \infty$ $(\overline{L}_\tau = \overline{T}^\tau)$ repräsentieren Vorgänge mit „maximalem" Gedächtnis, z.B. den Prozess (1.3).

2.1.5   Vollständigkeit und Gedächtnis

Gehört ein Prozess $\Xi \in \mathcal{X}^*$ einer bestimmten Verhaltensklasse an (z.B. der Klasse $\mathcal{X}_l$), so folgt daraus zunächst nichts über die Zugehörigkeit zu einer bestimmten Vollständigkeitsklasse und damit auch nichts über mögliche Darstellungsweisen durch Phasenraumcharakteristiken.

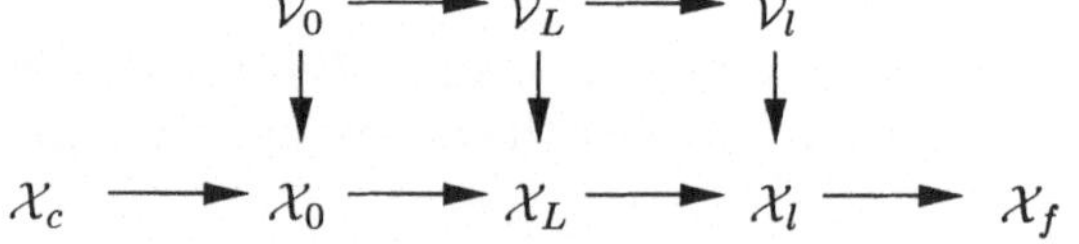

Bild 2.1-6: Zusammenhang (Inklusionsbeziehung) zwischen Vollständigkeitsklassen $\mathcal{V}_\bullet$ und Verhaltensklassen $\mathcal{X}_\bullet$ (Gedächtnisklassen)

Aus der Vollständigkeitsbedingung (1.43) aber lassen sich Schlüsse auf das Verhalten, insbesondere des Gedächtnisses (Wechselwirkungsfunktion) des Prozesses ziehen. Aus (2.16) bzw. (2.22) folgt unmittelbar:

Jeder L-vollständige Prozess $(\Xi \in \mathcal{V}_L)$ *ist auch immer ein* Prozess aus der Verhal-

tensklasse $\mathcal{X}_L$:

$$\Xi \in \mathcal{V}_L \;\Rightarrow\; \Xi \in \mathcal{X}_L. \tag{2.30}$$

Anders ausgedrückt: Ein Prozess Ξ außerhalb der Verhaltensklasse $\mathcal{X}_L$ ist nicht L-vollständig.

Der Zusammenhang spezieller Vollständigkeitsklassen mit den entsprechenden Verhaltensklassen ist aus dem Diagramm in Bild 2.1-6 ersichtlich. Die in den Anwendungen hauptsächlich auftretenden Systeme bzw. Prozesse gehören in der Regel bestimmten Unterklassen der angeführten Verhaltensklassen (Gedächtnisklassen) an. Solche Unterklassen ergeben sich, wenn man weitere und stärkere Wechselwirkungseigenschaften zur Auszeichnung heranzieht. Diese stärkeren Wechselwirkungseigenschaften werden insbesondere durch Verhaltenseigenschaften charakterisiert, die man – meistens ohne genauere Definition – meint, wenn man von einem determinierten oder reversiblen Prozess (Verhalten, Vorgang) spricht. Wir werden in folgendem eine strenge systemtheoretische Definition dieser und weiterer Begriffe geben, die auch den in der Technik und den Naturwissenschaften vorgeprägten (unscharfen) Begriffsinhalten in befriedigender Weise Rechnung trägt.

In folgendem sollen in analoger Weise weitere Verhaltensklassen (funktionale Prozesse) sowie deren Unterklassen betrachtet werden, soweit sie Anwendungsrelevanz besitzen.

2.2 Funktionale Prozesse, Zeitinvarianz

2.2.1 Determinierte Prozesse

Die in Abschnitt 2.1 betrachteten Prozessklassen gehören sämtlich zur Kategorie der *nichtfunktionalen Prozesse (Systeme)* in dem Sinne, dass die Prozessvergangenheit wohl auf die Prozesszukunft Einfluss nimmt, sie aber nicht eindeutig festlegt. Ebenso kann aus bekannter Prozesszukunft nicht auf eine bestimmte Vergangenheit geschlossen werden. Es handelt sich hier also durchweg um Prozesse (Systeme) mit relativ geringer Wechselwirkung und damit „schwacher innerer Gesetzmäßigkeit".

Durch eine wesentlich stärkere Wechselwirkung im zeitlichen Ablauf sind die funktionalen Prozesse geprägt.

Wir nennen allgemein einen Prozess Ξ *determiniert* (*zukunftsfunktional*), wenn er mit (2.3) und (2.4) für alle $\xi, \xi' \in \Xi$ und $\tau \in D(\xi, \xi')$ durch

$$\left(\xi \overset{\tau}{\circ} \xi'\right) \in \Xi \;\Rightarrow\; (\xi|T_\tau = \xi'|T_\tau) \tag{2.31}$$

bestimmt ist.

Analog werden wir einen Prozess Ξ als *reversibel* (*vergangenheitsfunktional*) bezeichnen wenn in (2.31) T_τ durch $\overline{T}^\tau$ ersetzt werden kann.

$\mathcal{X}^>$ ($\mathcal{X}^<$) bezeichne die Klasse der determierten (reversiblen) Prozesse. Ist Ξ sowohl determiniert als auch reversibel, also

$$\xi \overset{\tau}{\circ} \xi' \in \Xi \;\Rightarrow\; (\xi = \xi'), \tag{2.32}$$

so heißt Ξ mit (2.14) *bifunktional* und umgekehrt.

Bei determinierten Prozessen können Signale mit gleicher Vergangenheit nicht eine verschiedene Zukunft haben; bei reversiblen Prozessen ist es umgekehrt.

Wir werden mit (2.31) und (2.32) – allgemein formuliert – ein System (Prozess) als determiniert bezeichnen, wenn mit Informationen allein aus der Vergangenheit die Zukunft vorausgesagt werden kann.

Genauer definieren wir also mit (2.16) wie folgt:

Definition 2.2 - 1 Ein Prozess $\Xi \in \mathcal{X}^*$ heißt *determinierter Prozess der Verhaltensklasse* $\mathcal{X}_\kappa$, wenn gilt $\Xi \in \mathcal{X}^>$ und $\Xi \in \mathcal{X}_\kappa$ $:\Leftrightarrow$

$$\Xi \in \mathcal{X}_\kappa^> \;:\Leftrightarrow\; \bigwedge_{\xi, \xi' \in \Xi}\; \bigwedge_{\tau \in D(\kappa)} \left[(\xi, \xi') \in \kappa(\tau) \;\Rightarrow\; \xi|T_\tau = \xi'|T_\tau \right]. \tag{2.33}$$

Man kann dann auch determinierte Systeme wieder in Klassen unterschiedlicher „Determiniertheitsgrade" einteilen in Abhängigkeit von dem „Informationsumfang", der für die Voraussage des Systemverhaltens notwendig ist, z.B. durch die Wahl $\kappa = \kappa_L$ oder $\kappa = \kappa_l$.

Es ist natürlich naheliegend, den in Abschnitt 2.1.3 dargelegten Grundgedanken der Klassifizierung allgemeinster (nichtfunktionaler) Systeme auf determinierte Systeme sinngemäß zu übertragen, indem in allen implikativ notierten Definitionenen aus Abschnitt 2.1.4 die Folgerungen $\xi \overset{\tau}{\circ} \xi' \in \Xi$ gemäß (2.31) durch $\xi|T_\tau = \xi'|T_\tau$ ersetzt werden.

Definition 2.2 - 2 Ein Prozess $\Xi \in \mathcal{X}^*$ heißt *determinierter Prozess der Verhaltensklasse* $\mathcal{X}_L$, wenn Ξ sowohl zu $\mathcal{X}^>$ als auch zu $\mathcal{X}_L$ gehört ($\Xi \in \mathcal{X}_L^>$), wenn also für alle $\xi, \xi' \in \Xi$ und $\tau \in D(\kappa_L)$ mit (2.20) gilt

$$(\xi, \xi') \in \kappa_L(\tau) \;\Rightarrow\; (\xi|T_\tau = \xi'|T_\tau), \qquad (L > 0) \tag{2.34}$$

mit

$$\xi|\overline{L}_\tau = \xi'|\overline{L}_\tau \;\Rightarrow\; (\xi,\xi') \in \kappa_L(\tau). \tag{2.35}$$

Ein *determinierter Prozess mit lokalem Gedächtnis* ($\Xi \in \mathcal{X}_l^>$) hat dann mit (2.25) nach obiger Vereinbarung z.B. die speziellere Eigenschaft

$$\left[\bigwedge_{L>0} (\xi,\xi') \in \kappa_L(\tau) \right] \;\Rightarrow\; (\xi|T_\tau = \xi'|T_\tau)\,, \tag{2.36}$$

und ein *determinierter Markov-Prozess* ($\Xi \in \mathcal{X}_0^>$) ist analog durch ($L = 0$)

$$(\xi(\tau) = \xi'(\tau)) \;\Rightarrow\; (\xi|T_\tau = \xi'|T_\tau)\,, \tag{2.37}$$

definiert.

Nach (2.37) kommt den Realisierungen ξ eines determinierten Markov-Prozesses Ξ die folgende Eigenschaft zu: Haben zwei Realisierungen ξ,ξ' aus Ξ zur Zeit $\tau \in D(\xi,\xi')$ den gleichen Wert ($\xi(\tau) = \xi'(\tau)$), so gilt das auch für alle folgenden Zeiten $t > \tau$: *die Prozessrealisierungen eines determinierten Markov-Prozesses können sich zu keinem Zeitpunkt* $\tau \in D(\xi,\xi')$ *„kreuzen"*. Ähnliches gilt für alle determinierten Prozesse: „Laufen" zwei Realisierungen ξ,ξ' zusammen, so können sie sich nicht mehr „trennen" (Bild 2.2-1).

a)   b)

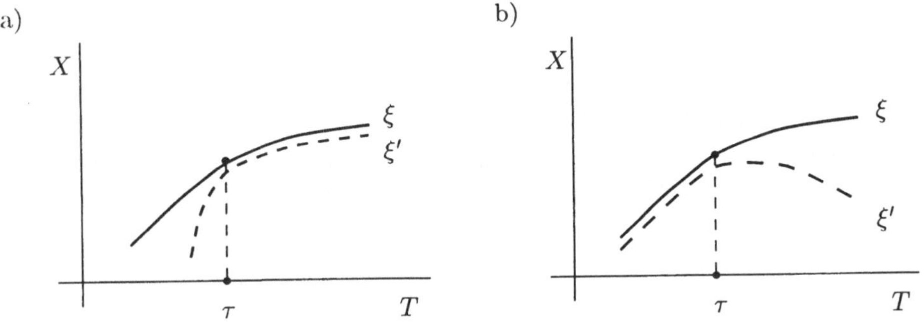

Bild 2.2-1: Trajektorien von Markov-Prozessen a) Determinierter Markov-Prozess, b) Reversibler Markov-Prozess

Bemerkung: In der hier verfolgten allgemeinen Konzeption der System- bzw. Prozessklassifizierung ist definitionsgemäß ein *determiniertes chaotisches System* durch einen uninteressanten Grenzfall gegeben. Was in der einschlägigen Literatur als determiniertes Chaos bezeichnet wird, ist etwas völlig anderes und kann mit dem (hier zunächst betrachteten) klassischen Trajektorienkonzept allein auch gar nicht zufriedenstellend beschrieben werden. Hier ist der Übergang zu dem allgemeineren „Trajektorienbündel-Konzept" erforderlich, auf das wir erst in Teil II zu sprechen kommen [15].

Bemerkung: Die im Vorstehenden gegebenen prädikatenlogischen Systemdefinitionen lassen sich durch bequemere Verhaltensgleichungen ersetzen, in denen keine Aussagengebilde mehr vorkommen. Genauer werden wir hierauf nicht mehr eingehen, da wir alle weiteren Untersuchungen auf eine besondere Prozessdarstellung (Zustandsdarstellung) stützen werden, bei der die erwähnten Verhaltensgleichungen keine wesentliche Rolle spielen.

Auf eine vom Gesichtspunkt der Anwendung (Synthese) und der Einbindung einzelwissenschaftlicher Theorien in den hier gegebenen allgemeinen theoretischen Rahmen brauchbarere, allgemeingültige und vor allem einfachere Prozessdarstellung können wir erst in Abschnitt 2.4 eingehen. Erst dort werden wir ein für alle Prozessklassen einheitlich formulierbares Konzept entwickeln: die Zustandsdarstellung von Prozessen.

2.2.2 Reversible Prozesse

Bisher wurde die temporale Wechselwirkung nur unter dem retrospektiven Gesichtspunkt betrachtet. Wählt man den antizipativen Aspekt, so kommt man zu einer weiteren Prozessklasse: den vergangenheitsfunktionalen Prozessen.

Die im letzten Abschnitt betrachteten determinierten Systeme gehören zur Kategorie der zukunftsbestimmten Systeme. Das zeitduale Gegenstück zu dieser Kategorie bilden die vergangenheitsbestimmten oder reversiblen Systeme.

Allgemein werden wir ein System (Prozess) als reversibel bezeichnen, wenn mit Informationen aus der Prozesszukunft die Vergangenheit des Prozesses bestimmt werden kann.

Reversible Systeme sind also sozusagen determinierte Systeme mit Vertauschung von Vergangenheit und Zukunft (*Zeitinversion*). Mit den in Abschnitt 2.2.1 geprägten Begriffen ergibt sich somit die

Definition 2.2 - 3 Ein Prozess $\Xi \in \mathcal{X}^*$ heißt *reversibler Prozess der Verhaltensklasse* $\mathcal{X}_\kappa$, wenn Ξ den Klassen $\mathcal{X}^<$ und $\mathcal{X}_\kappa$ zugleich angehört, in Zeichen:

$$\Xi \in \mathcal{X}_\kappa^< \ :\Leftrightarrow \ \left((\xi, \xi') \in \kappa(\tau) \ \Rightarrow \ \xi|\overline{T}^\tau = \xi'|\overline{T}^\tau \right) \tag{2.38}$$

für alle $\xi, \xi' \in \Xi$ und $\tau \in D(\kappa)$.

Spezielle Klassen reversibler Systeme (z.B. *reversible Markov-Systeme* oder *reversible Systeme mit lokalem Gedächtnis*) erhält man prinzipiell durch eine entsprechende Modifikation (Zeitspiegelung) determinierter Systeme (Bild 2.2-1).

In den wichtigsten einzelwissenschaftlichen Disziplinen und deren Anwendungen sind die auftretenden Prozesse (bzw. Systeme) sowohl reversibel als auch determiniert. Für diese speziellen Prozesse gilt mit Vorstehendem

$$\bigwedge_{\xi,\xi'\in\Xi}\ \bigwedge_{\tau\in D(\kappa)}\ (\xi,\xi')\in\kappa(\tau)\ \Rightarrow\ \xi=\xi', \tag{2.39}$$

und für Prozesse Ξ aus der Verhaltensklasse $\mathcal{X}_L$

$$(\xi|\overline{L}_\tau=\xi'|\overline{L}_\tau)\ \Rightarrow\ \left(\xi|\overline{T}^{\,\tau}=\xi'|\overline{T}^{\,\tau}\ \Leftrightarrow\ \xi|T_\tau=\xi'|T_\tau\right). \tag{2.40}$$

Wie man unschwer erkennt, sind Prozesse dieses sehr einfachen Typs vollständig *zeitsymmetrisch*: man kann nach (2.40) Vergangenheit $\overline{T}^{\,\tau}$ und Zukunft T_τ vertauschen, die Prozessdefinition (2.40) ist gegenüber dieser Vertauschungstransformation invariant.

Bemerkung: Prozesse dieser durch (2.40) definierten Klasse (*bifunktionale Prozesse mit konstantem Gedächtnis*) können beispielsweise als Lösungsmenge von Differenzialgleichungen auftreten; im Allgemeinen gehören jedoch solche Lösungen weder zu den determinierten noch reversiblen Prozessen.

Man prüft leicht nach, dass z.B. der durch

$$\dot{x}=3\sqrt[3]{ax^2}\qquad(x=\xi(t),\ T:=X:=\mathbb{R})$$

definierte Prozess (aus der Menge der stetig differenzierbaren Funktionen) nicht-determiniert und irreversibel ist.

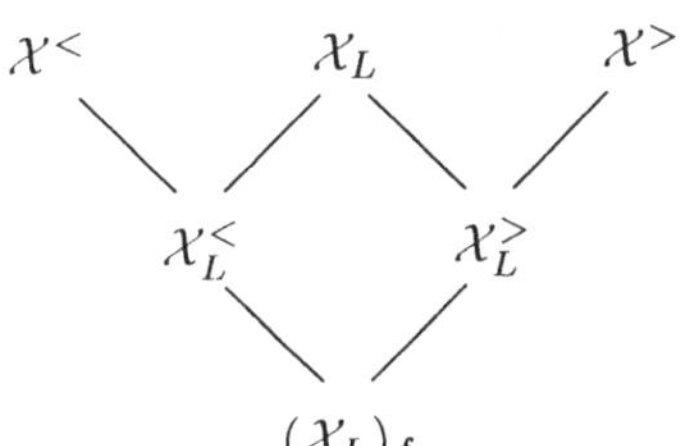

Bild 2.2-2: Verhaltensklassen $\mathcal{X}_\kappa$ mit Unterklassen: $\mathcal{X}_L^<$: Reversible Prozesse mit Gedächtnis $L\geq 0$; $\mathcal{X}_L^>$: Determinierte Prozesse mit Gedächtnis L; $(\mathcal{X}_L)_f$: Bifunktionale Prozesse mit Gedächtnis L

Das oben angegebene Schema Bild 2.2-2 stellt die wichtigsten im Vorstehenden gegebenen Klassendefinitionen zusammen und gibt zugleich einen auf das Wesentliche reduzierten Überblick.

Die in das Schema in Bild 2.2-2 aufgenommenen speziellen Verhaltensklassen $\mathcal{X}$ sind für die weiteren Untersuchungen vor allem dann interessant, wenn sie gleichzeitig vollständig sind, also der Durchschnittsklasse $\mathcal{V}_{\underline{T}}\Pi\mathcal{X}$ angehören. Besonders die $\underline{T}$-vollständigen Markov-Prozesse $\Xi \in \mathcal{V}_{\underline{T}}\Pi\mathcal{X}_0$ ($L = 0$) verdienen genauer analysiert zu werden.

Für Kopplungsfunktionen determinierter (reversibler) Prozesse ist es charakteristisch, dass sie mit wachsender Zeit τ monoton verlaufen (Bild 2.2-3):

$$\Xi \in \mathcal{X}^> \ \wedge \ \tau_2 \geq \tau_1 \ \Rightarrow \ \kappa(\tau_2) \supset \kappa(\tau_1) \qquad \text{(determinierter Prozess)},$$

$$\Xi \in \mathcal{X}^< \ \wedge \ \tau_2 \geq \tau_1 \ \Rightarrow \ \kappa(\tau_1) \supset \kappa(\tau_2) \qquad \text{(reversibler Prozess)}.$$

Da einer wachsenden Kopplung κ eine abnehmende Wechselwirkung (abnehmende „Ordnung") entspricht, kann man κ auch als „Ordnungsfunktion" bezeichnen und dann sagen:

Ein determinierter Prozess ist durch eine mit der Zeit wachsende Ordnung (zunehmende Gesetzmäßigkeit) gekennzeichnet.

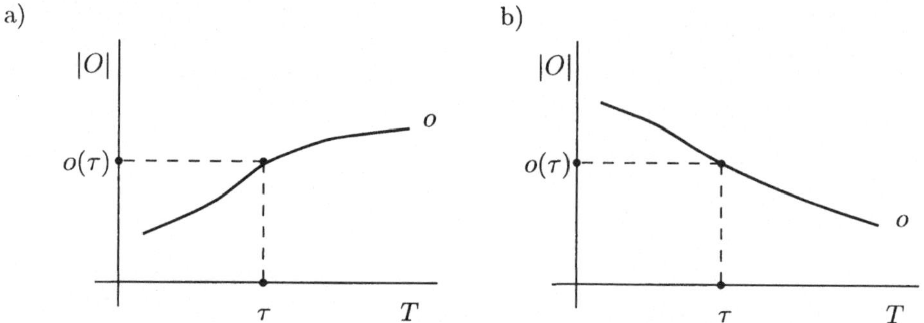

Bild 2.2-3: Ordnungsfunktionen a) Determinierter Prozess, b) Reversibler Prozess

Nur wenn der Prozess bifunktional ist (determiniert und reversibel), ist auch seine „Ordnung" von der Zeit unabhängig.

Dieser Sachverhalt ergibt sich aus folgender Überlegung (für determinierte Prozesse). In der Verhaltensaussage

$$\xi, \xi' \in \Xi \ \wedge \ \xi, \xi' \in \kappa(\tau) \ \Rightarrow \ \xi, \xi' \in o(\tau)$$

mit

$$\xi, \xi' \in o(\tau) :\Leftrightarrow \xi|T_\tau = \xi'|T_\tau, \qquad \kappa(\tau) \subset o(\tau)$$

ist $o(\tau) \subset \Xi^2$ eine Äquivalenzrelation mit der Eigenschaft

$$\tau_1 \leq \tau_2 \;\Rightarrow\; o(\tau_1) \subset o(\tau_2).$$

Bezeichnet $|o(\tau)|$ die Kardinalzahl der Klassen $[\,\cdot\,]_\tau$ von $o(\tau)$, so ist wegen $[\xi]_{\tau_1} \subset [\xi]_{\tau_2}$ und

$$\bigcup_{\xi \in [\,\cdot\,]_{\tau_2}} [\xi]_{\tau_1} = [\xi]_{\tau_2}$$

immer $|o(\tau_1)| \geq |o(\tau_2)|$. Wegen $|\pi_\tau(\Xi)| = |o(\tau)|$ kann sich die Kardinalzahl der Phasenpunkte $\pi(\xi)$ mit wachsendem τ nicht vergrößern und damit die Ordnung $o := |o(\cdot)|$ nur zunehmen (oder konstant bleiben). Entsprechendes gilt für symmetrische Kopplungsfunktionen κ.

Bemerkung: Die monoton abnehmende (genauer: nicht zunehmende) Tendenz von o der – im Sinne der gegebenen Definition – reversiblen Prozesse $\Xi \in \mathcal{X}^<$ ist allein eine Folge des möglichen nichtdeterminierten Verhaltens der Prozesse dieser Klasse $\mathcal{X}^<$. Dieses o-Verhalten gehört also zu allen nichtdeterminierten Prozessen, gleichgültig ob reversibel oder irreversibel. Offenbar entspricht die Prozesscharakteristik κ der in der Theorie stochastischer Prozesse (statistischen Physik) betrachteten Entropie und anderseits dem von Haken [35] benutzten (unscharfen) Begriff „Ordnungsparameter".

Die systemtheoretische Betrachtungsweise von Prozessen zeigt, dass die Existenz eines mit zunehmender Ordnung wachsenden Parameters nicht zwangsläufig an den Wahrscheinlichkeitsbegriff gekoppelt ist, und dass die als *Selbstorganisation* bezeichnete Erscheinung grundsätzlich bei jedem determinierten und zugleich irreversiblen Prozess auftritt.

Abschließend sollen noch einige Prozessbeispiele aus dem bisherigen Text in das Schema Bild 2.2-2 eingeordnet werden.

Beispiel 1.1-1: Ξ ist ein determinierter und reversibler Markov-Prozess und nicht chaotisch: $\Xi \in (\mathcal{X}_0$, determiniert und reversibel$)$ und $\Xi \notin \mathcal{X}_c$.

Beispiel 1.1-2: $\Xi \in \mathcal{X}_L$ ist ein Prozess mit (konstantem) Gedächtnis L. Außerdem ist Ξ determiniert ($\Xi \in \mathcal{X}^>$). Ξ ist kein Markov-Prozess und auch nicht reversibel.

Beispiel 1.4-1: $(X = A, L = 1)$. Ξ ist ein nichtchaotischer Markov-Prozess ($\Xi \in \mathcal{X}_0$, $\Xi \notin \mathcal{X}_c$), weder determiniert noch reversibel.

2.2.3 Zeitinvariante Prozesse

Jedem Prozess $\Xi_S = \pi_S(\Xi)$, $\Xi \subset [T, X]$ (vgl. (1.8)) und $\underline{t} \in S^*$ ist eine Phasenrelation $\rho(\underline{t}) = \pi_{\underline{t}}(\Xi) = \pi_{\underline{t}}(\Xi_S)$ zugeordnet. Bei einer „Verschiebung" von S und $\underline{t}$ um $\tau \in T$ erhält man im allgemeinen einen neuen Wert für ρ: ρ ist im Allgemeinen nicht zeitinvariant.

In vielen Anwendungen kann der Zeitbereich T als (geordnete) Gruppe $(T, +, 0)$ (insbesondere $T = \mathbb{R}$, $\mathbb{Z}$) vorausgesetzt werden, und es bezeichne $\mathcal{T}^\tau : P_{\underline{T}} \to P_{\underline{T}'}$, $\mathcal{T}^\tau(\rho) = \rho'$ die „Verschiebung" $\rho \mapsto \rho'$ $(D(\rho) = \underline{T})$ um die Zeit $\tau \in T$, definiert durch

$$\rho' = \mathcal{T}^\tau(\rho) \;:\Leftrightarrow\; \bigwedge_{\underline{t} \in \underline{T}} \rho'(\underline{t} - \tau) = \rho(\underline{t}), \quad \tau \in T. \tag{2.41}$$

Hierbei ist (Bild 2.2-4)

$$D(\rho') = \underline{T}' := \underline{T} - \tau := \{\underline{t}' | \underline{t}' = \underline{t} - \tau \wedge \tau \in T\}, \quad \underline{t} - \tau = (t_i - \tau)_{t_i = \mathrm{pr}_i(\underline{t})}. \tag{2.42}$$

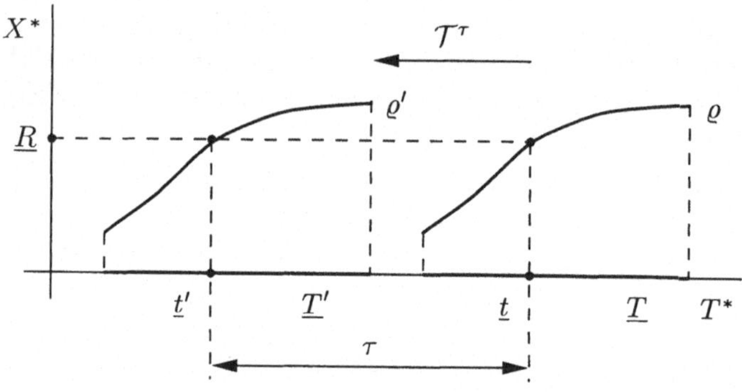

Bild 2.2-4: Zeitinvarianter Prozess $\Xi \in \mathcal{X}^*$ und Translationsoperator $\mathcal{T}^\tau$
$\rho' = \mathcal{T}^\tau(\rho)$, $\underline{T}' = \underline{T} - \tau$, $\underline{t}' = \underline{t} - \tau$, $(\underline{t} \in \underline{T}$, $\tau \in T)$; $\rho(\underline{t}) = \rho'(\underline{t}') = \underline{R}$

Definition 2.2 - 4 Ein Prozess Ξ mit der Phasenstruktur $\rho = \pi_{\underline{T}}(\Xi)$, $\Xi \in \mathcal{X}_{\underline{T}}$ heißt *zeitinvariant*, wenn für alle $\underline{t} \in \underline{T} = D(\rho)$ gilt:

$$\bigvee_{\tau \in T} \rho(\underline{t}) = \mathcal{T}^\tau(\rho)(\underline{t} - \tau) \;:\Leftrightarrow\; \rho \in P, \qquad (\underline{T} \subset \underline{T}^*). \tag{2.43}$$

Bei zeitinvarianten Prozessen sind also die Phasenrelationen $\rho(\underline{t}) = \pi_{\underline{t}}(\Xi)$ und $\rho'(\underline{t} - \tau) = \pi_{\underline{t}-\tau}(\Xi')$ $(\Xi \in \mathcal{X}_{\underline{T}}, \Xi' \in \mathcal{X}_{\underline{T}-\tau})$ identisch. Dabei ist Ξ' analog zu ρ' definiert:

$$\Xi' = \mathcal{T}^\tau(\Xi), \qquad \pi_{t-\tau}(\Xi') = \pi_t(\Xi) \qquad (t \in T) \tag{2.44}$$

und damit für alle $t \in D(\Xi)$ und $\Xi \in \mathcal{X}_{\underline{T}}$

$$\bigvee_{\tau} \pi_{t-\tau}(\mathcal{T}^{\tau}(\Xi)) = \pi_t(\Xi) \; :\Leftrightarrow \; \Xi \in \mathcal{X}. \tag{2.45}$$

Dabei gilt $\Xi \in \mathcal{X}_{[\underline{T}]} :\Leftrightarrow \Xi \in \mathcal{X}_{\underline{T}}$ für ein gewisses $\underline{T} \subset T^*$.

Insbesondere bei den wichtigen Markov-Prozessen, bei denen – wie noch zu zeigen ist – alle Phasenrelationen $\rho(\underline{t})$ nur von Zeitpaaren $\underline{t} = (t_1, t_2)$ abhängen, ergeben sich im zeitinvarianten Fall wesentliche Vereinfachungen, da dann statt $\rho(t_1, t_2)$ einfacher $\rho(0, t_2 - t_1) = \rho'(\tau), \tau = t_2 - t_1$ gesetzt werden kann.

Im Vorstehenden wurden die Prozesse Ξ aus dem Prozessraum $\mathcal{X}^*$ nach ihrem Vollständigkeitsverhalten (Klassen $V_{\underline{T}} \subset \mathcal{X}^*$) oder Wechselwirkungsverhalten Vergangenheit $\leftrightarrow$ Zukunft klassifiziert (Klassen $\mathcal{X}_\kappa \subset \mathcal{X}^*$). Das letztgenannte Einteilungsprinzip entspricht einer Klassifizierung der dynamischen Systeme $(T, X, \underline{T}, \Xi)$ nach ihrem *Verhalten* Ξ, charakterisiert durch die zugehörigen Kopplungsfunktionen $\kappa = \pi(\Xi)$.

Natürlich sind auch noch andere Ordnungsprinzipien des Verhaltens Ξ möglich. Eines der wichtigsten dieser Prinzipien dürfte das „Signalbündel-Prinzip" darstellen, auf das in Teil II noch einzugehen sein wird.

Für die Bildung von Unterklassen stehen weiter grundsätzlich zwei Methoden zur Verfügung: die *Äquivalenzklassenbildung* (Quotientenstrukturen) und die Konstruktion von *Produktstrukturen*, insbesondere durch Übergang zu Produkt-Zeitbereichen

$$T := \bigtimes_{i=1}^{n} T_i \qquad \text{(Feldprozesse)}$$

und / oder Produkt-Phasenräumen

$$X := \bigtimes_{i=1}^{n} X_i \qquad \text{(Kooperative Prozesse)}.$$

Mit Vorstehendem erhält man z.B. zeitinvariante Prozesse auch mittels der durch die Translation $\mathcal{T}^{\tau}$ definierte Äquivalenzklassenbildung auf der Menge $\mathcal{X}$ mit der Äquivalenzrelation $\sim$, definiert durch

$$\Xi \sim \Xi' \; :\Leftrightarrow \; \bigvee_{\tau \in T} \Xi' = \mathcal{T}^{\tau}(\Xi). \tag{2.46}$$

Für die $\Xi \in \mathcal{X}_{[\underline{T}]}$ gilt dann mit $[\,\cdot\,]_\sim \in \mathcal{X}/\sim$

$$\bigvee_{\Xi'} \left(\Xi \in [\Xi']_\sim \wedge \Xi' \in \mathcal{X}_{\underline{T}} \right) \Leftrightarrow \Xi \in \mathcal{X} \tag{2.47}$$

mit $\Xi \in [\Xi']_\sim \Leftrightarrow \Xi \sim \Xi'$. Jeder zeitinvariante Prozess $\Xi \in \mathcal{X}$ wird repräsentiert durch ein Element (Klassenrepräsentanten) aus $\mathcal{X}/_\sim$.

Im folgenden Abschnitt 2.3 wird auf die Unterklasse der kooperativen Prozesse genauer eingegangen.

2.2.4 Isomorphie und Symmetrie

Abschließend soll noch auf ein allen Prozess- bzw. Systemcharakterisierungen übergeordnetes Prinzip hingewiesen werden: die Charakterisierung von Systemen durch gewisse Isomorphie- und Symmetrieeigenschaften.

Mathematische Strukturen, die sich wohl inhaltlich aber nicht in ihren formalen Gesetzen unterscheiden, werden bekanntlich als isomorph bezeichnet. Auf dynamische Systeme übertragen erhält man folgende Definition:

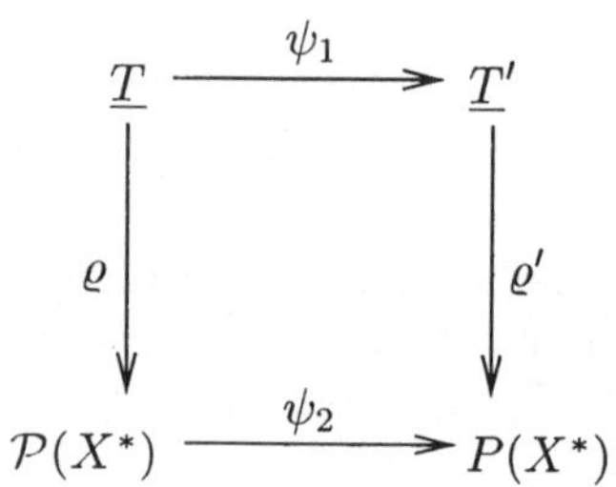

Bild 2.2-5: Isomorphe Systeme $\mathcal{D} = (T, X, \underline{T}, \rho)$ und $\mathcal{D}' = (T, X, \underline{T}', \rho') : \psi_2 \circ \rho = \rho' \circ \psi_1$

Definition 2.2 - 5 Zwei Phasenstrukturen

$$\rho : \underline{T} \subset T^* \to \mathcal{R}, \ \rho(\underline{t}) = \underline{R}, \qquad \mathcal{R} = \mathcal{P}(X^*) \tag{2.48}$$

$$\rho' : \underline{T}' \subset T^* \to \mathcal{R}, \ \rho'(\underline{t}') = \underline{R}'$$

sind isomorph, wenn zwei bijektive Abbildungen

$$\psi_1 : T^* \to T^*, \ \psi_1(\underline{t}) = \underline{t}'$$

$$\psi_2 : \mathcal{R} \to \mathcal{R}, \ \psi_2(\underline{R}) = \underline{R}', \qquad \mathcal{R} = \mathcal{P}(X^*) \tag{2.49}$$

existieren, so dass gilt (Bild 2.2-5)

$$\psi_2 \circ \rho = \rho' \circ \psi_1. \tag{2.50}$$

Sind die Strukturen ρ und ρ' isomorph, $\rho \cong \rho'$, so lassen sie sich mit (2.50) bijektiv zuordnen. An die Stelle von (2.50) kann daher auch zweckmäßiger treten (Bild 2.2-6):

$$\rho' = \widetilde{\psi}(\rho), \qquad \widetilde{\psi}(\rho) = \psi_2 \circ \rho \circ \psi_1^{-1} \tag{2.51}$$

$$\underline{T}' = \psi_1(\underline{T}), \qquad \underline{t}' = \psi_1(\underline{t}) \tag{2.52}$$

mit $\widetilde{\psi}(\rho) \circ \psi_1 = \psi_2 \circ \rho = \rho' \circ \psi_1$.

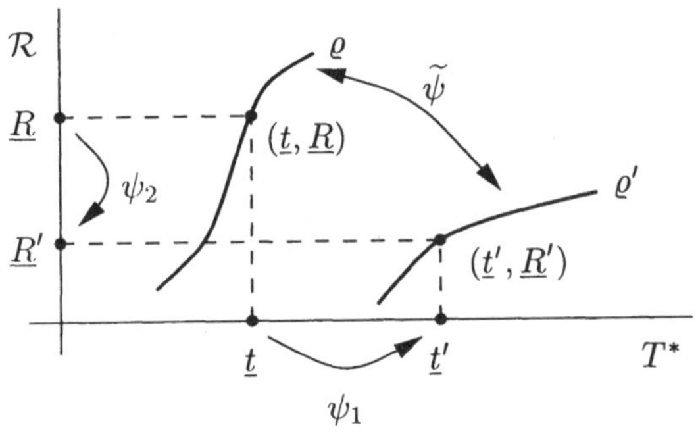

Bild 2.2-6: Strukturisomorphie:
$(\psi_1 \times \psi_2)(\mathcal{D}) = \mathcal{D}'$,
$(\psi_1 \times \psi_2)(\underline{t}, \underline{R}) = (\underline{t}', \underline{R}')$,
$\widetilde{\psi} : \rho \mapsto \rho'$ bijektiv, $\underline{t}' = \psi_1(\underline{t})$, $\underline{R}' = \psi_2(\underline{R})$, $D(\rho) = \underline{T}$, $D(\rho') = \underline{T}'$

Sind $\mathcal{D} = (T, X, \underline{T}, \rho)$ und $\mathcal{D}' = (T, X, \underline{T}', \rho')$ zwei dynamische Systeme (mit gleichen Grundmengen T, X), so lassen sich die *Isomorphiebedingungen* (2.51) und (2.52) wie folgt übertragen:

$\mathcal{D}$ ist zu $\mathcal{D}'$ isomorph, $\mathcal{D} \cong \mathcal{D}'$, wenn eine Bijektion $\psi := \psi_1 \times \widetilde{\psi}$ existiert, so dass gilt

$$\psi(T, X, \underline{T}, \rho) = (T, X, \psi_1(\underline{T}), \widetilde{\psi}(\rho)) \tag{2.53}$$

mit $\underline{T}' = \psi_1(\underline{T})$, $\rho' = \widetilde{\psi}(\rho)$.

Als Beispiel seien die zeitinvarianten Systeme angeführt. Für $\psi_1 = \psi_\tau$ ($\psi_\tau(\underline{T}) = \underline{T} - \tau$) $\widetilde{\psi} = \mathcal{T}^\tau$ und erhält man

$$\psi(T, X, \underline{T}, \rho) = (T, X, \psi_\tau(\underline{T}), \mathcal{T}^\tau(\rho)) = (T, X, \underline{T} - \tau, \mathcal{T}^\tau(\rho)) \tag{2.54}$$

mit $\underline{T}' = \underline{T} - \tau$, $\rho' = \mathcal{T}^\tau(\rho)$.

In engem Zusammenhang mit der Strukturisomorphie steht das Problem der *Struktursymmetrie*, das vor allem in der theoretischen Physik eine fundamentale Rolle spielt [3], darüber hinaus aber von allgemeiner Bedeutung ist.

Es sei $\underline{\mathcal{D}}$ eine Menge dynamischer Systeme $\mathcal{D} = (T, X, \underline{T}, \rho)$ mit gleichen Grundmengen T, X; z.B. die Menge $\underline{\mathcal{D}} = \{(T, X, \underline{T}, \rho) | \underline{T} \subset T^* \wedge \rho \in P_{\underline{T}}\}$. $P_{\underline{T}}$ bezeichne die Menge aller dynamischen Strukturen ρ mit $D(\rho) = \underline{T}$ (Abschnitt 1.4.3).

Zu jedem $\mathcal{D} \in \underline{\mathcal{D}}$ gehört eine Menge von Isomophismen ψ, die wir mit $Mor(\mathcal{D})$ (*Morphismen* von $\mathcal{D}$) bezeichnen:

$$Mor(\mathcal{D}) := \{\psi | \psi : \underline{\mathcal{D}} \to \underline{\mathcal{D}} \wedge \psi(\mathcal{D}) \cong \mathcal{D}\}. \tag{2.55}$$

Diese Menge ist enthalten in der Menge $S(\underline{\mathcal{D}})$ aller zu $\underline{\mathcal{D}}$ gehörenden Bijektionen:

$$S(\underline{\mathcal{D}}) := \{\psi | \psi : \underline{\mathcal{D}} \to \underline{\mathcal{D}} \wedge \psi \text{ bijektiv}\}. \tag{2.56}$$

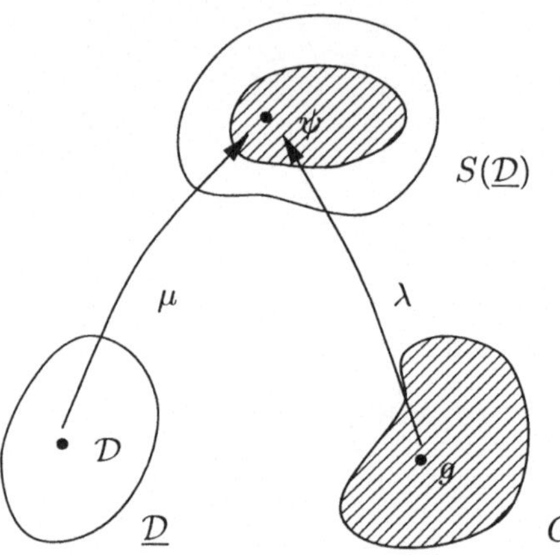

Bild 2.2-7: Menge $\underline{\mathcal{D}}$ dynamischer Systeme $\mathcal{D}$. $\mu(\mathcal{D})$: Menge $Mor(\mathcal{D})$ aller Isomorphismen ψ von $\mathcal{D}$. λ: Gruppenmorphismus $\lambda(G) = Mor(\mathcal{D}), \lambda(g) = \psi$; G : Symmetriegruppe von $\mathcal{D}$

Die Mengen (2.55) und (2.56) bilden bezüglich der Abbildungskomposition (Abbildungsprodukt) $\circ$ eine Gruppe, d.h., mit ψ_1 und ψ_2 gehören auch die Abbildungen $\psi_1 \circ \psi_2$ zur jeweiligen Menge. Dabei gilt offenbar

$$Mor(\mathcal{D}) \subset S(\underline{\mathcal{D}}). \tag{2.57}$$

$S(\underline{\mathcal{D}})$ ist durch $\underline{\mathcal{D}}$ bestimmt und wird als *symmetrische Gruppe* von $\underline{\mathcal{D}}$ bezeichnet.

Nach (2.55) ist jedem dynamischen System $\mathcal{D} \in \underline{\mathcal{D}}$ die Gruppe $Mor(\mathcal{D})$ aller Isomorphismen ψ (Automorphismengruppe) zugeordnet, und man kann $Mor(\mathcal{D})$ *als abstrakte Charakterisierung eines dynamischen Systems* $\mathcal{D} = (T, X, \underline{T}, \rho)$ *bzw. seiner Struktur* $(\underline{T}, \rho)$ *durch seine Morphismengruppe ansehen* (Bild 2.2-7).

Ist $G = (G, +, 0)$ eine beliebige Gruppe und λ ein (Gruppen-) Homomorphismus von G auf $Mor(\mathcal{D})$, $\lambda(g) = \psi_g$, $\psi_{g_1 + g_2} = \psi_{g_2} \circ \psi_{g_1}$, so wird G als *Symmetriegruppe* auf $\underline{\mathcal{D}}$ bezeichnet. G hat die fundamentale Eigenschaft:

Zu allen Elementen $g \in G$ *existiert ein Isomorphismus (strukturerhaltende Transformation)* $\psi_g = \lambda(g)$ *des Systems* $\mathcal{D} \in \underline{\mathcal{D}}$:

$$\bigwedge_{g \in G} (\psi_g(\mathcal{D}) \cong \mathcal{D}) \Leftrightarrow D \mapsto G. \tag{2.58}$$

In der Regel wird auch das homomorphe Bild von G, die *Transformationsgruppe* $\overline{G} := \{\psi_g | g \in G\}$, als Symmetriegruppe und $\mathcal{D}$ in (2.58) als $\overline{G}$-symmetrisch bezeichnet.

Als Beispiel seien noch die zeitinvarianten Systeme genannt. Nach Abschnitt 2.2.3 und (2.54) ist die Gruppe $G = (T, +, 0)$ bzw. $\overline{G} = \{\psi | \psi = \psi_\tau \times \mathcal{T}^\tau, \tau \in T\}$ eine Symmetriegruppe des Systems $\mathcal{D}$ aus $\underline{\mathcal{D}} = \{(T, X, \underline{T}, \rho) | \underline{T} \subset T^* \wedge \rho \in P_{\underline{T}}\}$.

2.3 Kooperative Wechselwirkung

2.3.1 Zweidimensionaler Prozess

Dynamische Systeme stehen im Allgemeinen mit ihrer „Umwelt", d.h. mit anderen dynamischen Systemen in Wechselwirkung. Es besteht also nicht nur eine (temporale) Wechselwirkung zwischen Vergangenheit und Zukunft desselben Systems, sondern zusätzlich noch eine interdependente (kooperative) Wechselwirkung mit anderen Systemen aus der „Umgebung" des jeweils betrachteten .

Im einfachsten Fall stehen zwei dynamische Systeme mit den Phasenräumen X_1, X_2 untereinander (und mit der Umwelt) in Wechselwirkung. Jedem Zeitpunkt t sind dann allgemein zwei Phasenwerte x_1, x_2 zugeordnet: $t \mapsto (x_1, x_2) \in X_1 \times X_2$. Diese Zuordnung definiert eine Menge von *zweidimensionalen Signalen*

$$\xi : S \to X_1 \times X_2, \qquad \xi(t) = (x_1, x_2), \qquad (S \in \mathcal{S}^*), \tag{2.59}$$

wobei sich das Prozessgesetz allgemein wieder darin äußert, dass nicht jedes Signal $\xi : D(\xi) \to X_1 \times X_2$ aus dem *(Produkt-) Signalraum*

$$[T, X_1 \times X_2] := \bigcup_{S \in \mathcal{S}^*} (X_1 \times X_2)^S := \Xi^* \tag{2.60}$$

(vgl. (1.8) und (1.14)) eintreten kann. Genauer gilt zunächst allgemein wieder $\xi \in \Xi$ mit

$$\Xi \subset \Xi_S^* := \{\xi | \xi \in \Xi^* \wedge D(\xi) \supset S\}, \qquad S \in \mathcal{S}^*. \tag{2.61}$$

Die in Abschnitt 1.2 gegebene Prozessdefinition bleibt erhalten, an die Stelle von X tritt lediglich der *zweidimensionale Phasenraum* $X_1 \times X_2$ (Bild 2.3-1). Damit können alle bisherigen Überlegungen (Vollständigkeit, Prozessklassifizierung) sofort auf zweidimensionale Prozesse Ξ übertragen werden.

Bemerkung: Auf die zunächst allgemeiner erscheinende Signaldefinition $\xi :=$ (ξ_1, ξ_2), $\xi_1 : D_1 \to X_1$, $\xi_2 : D_2 \to X_2$ kann verzichtet werden, wenn nur $\underline{T}$-vollständige Prozesse betrachtet werden. In diesem Fall ist für $\underline{T} \subset S^*$ ξ bereits durch $\xi|S$ bestimmt und damit die Definition (2.59) keine Einschränkung der Allgemeinheit (Abschnitt 1.3.3).

Es ist nun möglich und zweckmäßig, $\xi \in \Xi$ als direktes Produkt $\langle \xi_1, \xi_2 \rangle$ seiner Projektionen ξ_1, ξ_2 aufzufassen (Bild 2.3-1).

Aus

$$\xi(t) = (x_1, x_2) = (\mathrm{pr}_1(\xi(t)), \mathrm{pr}_2(\xi(t))) = \langle \mathrm{pr}_1 \circ \xi, \mathrm{pr}_2 \circ \xi \rangle(t) \tag{2.62}$$

erhält man

$$\xi = \langle \xi_1, \xi_2 \rangle, \qquad \xi_i = \mathrm{pr}_i \circ \xi \qquad (i = 1, 2). \tag{2.63}$$

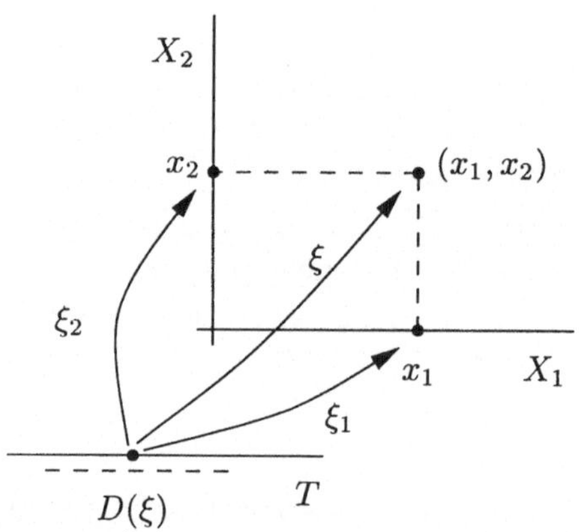

Bild 2.3-1: Zweidimensionaler Prozess Ξ. Signal $\xi = \langle \xi_1, \xi_2 \rangle : D(\xi) \to X_1 \times X_2$, $\xi_i : D(\xi) \to X_i, i = 1, 2$ zweidimensional

Jedes $\xi \in \Xi$ definiert somit ein Signalpaar $\xi' := (\xi_1, \xi_2)$ aus der Menge (Bild 2.3-2)

$$\Xi' := \left\{ (\xi_1, \xi_2) \mid \bigvee_{\xi \in \Xi} \langle \xi_1, \xi_2 \rangle = \xi \right\} \tag{2.64}$$

mit

$$\Xi' \subset \Xi_1 \times \Xi_2, \qquad \Xi_i \subset \Xi_i^* \qquad (i = 1, 2) \tag{2.65}$$

und

$$\Xi_i := \{ \mathrm{pr}_i(\xi') \mid \xi' \in \Xi' \} \qquad (i = 1, 2). \tag{2.66}$$

Die *Projektionsprozesse* Ξ_i $(i = 1,2)$ sind mit $\{\mathrm{pr}_i \circ \xi | \xi \in \Xi'\}$ Teilmenge der Prozessräume (Bild 2.3-2)

$$\Xi_i^* := \{\mathrm{pr}_i \circ \xi | \xi \in \Xi_S^*\}.$$

Ξ' ist mit (2.64) durch eine Aussage $\mathbb{P}(\xi_1, \xi_2)$ über $\Xi_1^* \times \Xi_2^*$ gegeben:

$$\xi' = (\xi_1, \xi_2) \in \Xi' \;\Leftrightarrow\; \mathbb{P}(\xi_1, \xi_2) :\Leftrightarrow \bigvee_{\xi \in \Xi} \langle \xi_1, \xi_2 \rangle = \xi, \quad D(\xi) = D(\xi_1, \xi_2).$$

$$(2.67)$$

Diese miteinander „verträglichen" Signalpaare (ξ_1, ξ_2) sind also jedenfalls immer Elemente einer Teilmenge Ξ' von $\Xi_1^* \times \Xi_2^*$. Das Umgekehrte ist aber im Allgemeinen nicht richtig: Nicht jede Teilmenge Ξ' des kartesischen Produktes $\Xi_1^* \times \Xi_2^*$ kann als Menge verträglicher (real möglicher) Signalpaare (ξ_1, ξ_2) aufgefasst werden, d.h., nicht jede Menge Ξ' repräsentiert ein in Natur oder Technik mögliches Verhaltensgesetz. Der Grund hierfür ergibt sich einfach aus dem Sachverhalt, dass die im Vorstehenden gefundenen Aussagen über eindimensionale Signale $\xi : S \to X$ unmittelbar auf zweidimensionale Signale im Sinne der Definition (2.59) übertragbar sind, nicht aber auf die „Komponenten" ξ_1, ξ_2 nach Definition (2.67). Hierauf werden wir noch zurückkommen müssen (Abschnitt 2.3.2).

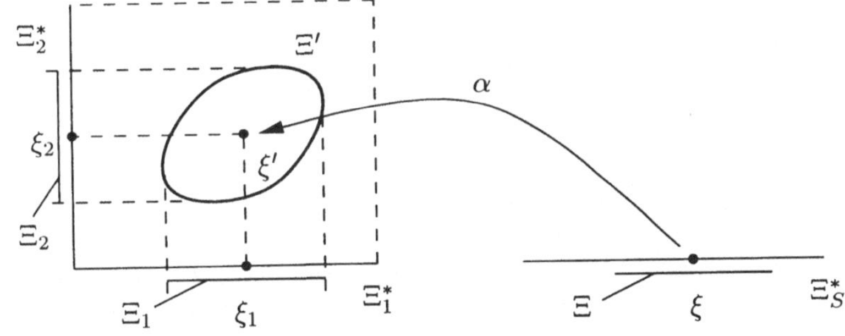

Bild 2.3-2: Zweidimensionaler Prozess Ξ' mit den Projektionen Ξ_1, Ξ_2. $\xi' = (\xi_1, \xi_2) \in \Xi'$, zweidimensionales Signal: $\xi = \langle \xi_1, \xi_2 \rangle \overset{\alpha}{\mapsto} (\xi_1, \xi_2) = \xi'$

Die Signalpaarmenge Ξ' in (2.64) bildet einen *zweidimensionalen (kooperativen, binären) Prozess*, durch den die beiden *unären Projektionsprozesse* (Prozesse Ξ im Sinne von Definition 1.1)

$$\Xi_1 = \mathrm{pr}_1(\Xi'), \qquad \Xi_2 = \mathrm{pr}_2(\Xi') \tag{2.68}$$

definiert sind (vgl. (2.66)).

Umgekehrt kann man den binären Prozess Ξ' als das Ergebnis der wechselseitigen „Einwirkung" seiner unären Prozesse Ξ_1 und Ξ_2 interpretieren. $\Xi' \subset \Xi_1 \times \Xi_2$ charakterisiert dann die Stärke der *kooperativen Wechselwirkung* zwischen Ξ_1 und Ξ_2 (Bild 2.3-2).

Ξ_1 umfasst alle überhaupt für sich allein beobachtbaren (möglichen) Signale $\xi_1 = \mathrm{pr}_1(\xi')$ aus Ξ', und entsprechendes gilt für Ξ_2.

In einem Grenzfall ist $\Xi' = \Xi_1 \times \Xi_2$. Dann sind alle Signalpaare (ξ_1, ξ_2) aus $\Xi_1 \times \Xi_2$ miteinander verträglich, d.h. jedes $\xi_1 \in \Xi_1$ kann mit jedem $\xi_2 \in \Xi_2$ zugleich auftreten: Ξ_1 und Ξ_2 sind (im Raum $\Xi_1^* \times \Xi_2^*$) *unabhängige* (*autonome, isolierte*) Prozesse, es besteht in $\Xi_1^* \times \Xi_2^*$ keinerlei kooperative Wechselwirkung.

Im anderen Grenzfall sind Ξ_1 und Ξ_2 bijektiv zugeordnet:

$$\Xi_1 \mapsto \Xi_2, \qquad \xi_1 \mapsto \xi_2.$$

Jedes $\xi_1 \in \Xi_1$ ist in diesem Fall genau mit einem $\xi_2 \in \Xi_2$ verträglich und umgekehrt: Ξ_1 und Ξ_2 sind *wechselseitig funktional* verbunden.

Im allgemeinen Fall ist mit (2.67) jedem $\xi_2 \in \Xi_2$ ein Teilprozess

$$\Xi_1' = \Phi_2(\xi_2) = \{\xi_1 | (\xi_1, \xi_2) \in \Xi'\} \subset \Xi_1 \qquad (\xi_2 \in \Xi_2) \tag{2.69}$$

zugeordnet, und umgekehrt besteht eine natürliche Zuordnung $\xi_1 \mapsto \Xi_2'$:

$$\Xi_2' = \Phi_1(\xi_1) = \{\xi_2 | (\xi_1, \xi_2) \in \Xi'\} \subset \Xi_2 \qquad (\xi_1 \in \Xi_1). \tag{2.70}$$

Φ_1 und Φ_2 sind mit Ξ' gegeben, in Zeichen:

$$\Phi_1 := \hat{\Xi}', \qquad \Phi_2 := \check{\Xi}'. \tag{2.71}$$

Ersichtlich ist $\Xi_1(\Xi_2)$ in (2.67) die Vereinigung aller Prozesse $\Xi_1'(\Xi_2')$ aus (2.69) bzw. (2.70).

Die Prozesse Ξ und Ξ' mit den Elementen $\langle \xi_1, \xi_2 \rangle$ bzw. (ξ_1, ξ_2) sind mit (2.63) einander bijektiv zugeordnet; wir werden daher im weiteren – wenn keine Missverständnisse möglich sind – Ξ mit Ξ' ($\langle \xi_1, \xi_2 \rangle$ mit (ξ_1, ξ_2)) identifizieren (Bild 2.3-2). Dabei darf aber nicht übersehen werden, dass sich die Verhaltensgesetze für Ξ' (mit den Elementen $\xi' = (\xi_1, \xi_2)$) aus den entsprechenden Gesetzen von Ξ (mit den Elementen $\xi = \langle \xi_1, \xi_2 \rangle$) ergeben.

2.3.2 Kausalität, IO-System

Sind die Signalpaare (ξ_1, ξ_2) Elemente eines realen Prozesses $\Xi' = \Xi$, so sind sie natürlich (mit Naturgesetzen) verträgliche Paare einer Teilmenge von $\Xi_1^* \times \Xi_2^*$, darauf wurde schon hingewiesen. Es kann aber nicht jeder Teilmenge $\Xi \subset \Xi_1^* \times \Xi_2^*$ ein reales Phänomen entsprechen. Das folgt aus der Definition (2.64) des Prozesses $\Xi' = \Xi$ und (2.69) bzw. (2.70).

Mit (2.70) gilt wegen $(\,\xi_2 \in \Phi_1(\xi_1) \wedge \xi_1 \in \Xi_1\,) \Leftrightarrow (\xi_1, \xi_2) \in \Xi$ auch

$$\bigwedge_\tau \xi_2|\overline{T}^\tau \in \Phi_1(\xi_1)|\overline{T}^\tau \;\;\Leftrightarrow\;\; \bigwedge_\tau \left(\left(\xi_1|\overline{T}^\tau, \xi_2|\overline{T}^\tau\right) \in \Xi|\overline{T}^\tau \right)$$

$$\Leftrightarrow \;\; \bigwedge_\tau \xi_2|\overline{T}^\tau \in \Phi_1^\tau(\xi_1|\overline{T}^\tau),$$

wenn noch mit (2.71) $\Phi_1^\tau := \hat{\Xi}_\tau,\; \Xi_\tau := \Xi|\overline{T}^\tau$ gesetzt wird.

Daraus folgt nun $(\xi_1 \overset{\tau}{\circ} \xi_1' \in \Xi_1)$

$$\Phi_1^\tau(\xi_1)|\overline{T}^\tau = \Phi_1^\tau(\xi_1 \overset{\tau}{\circ} \xi_1')|\overline{T}^\tau \tag{2.72}$$

für alle $\tau \in D(\xi)$, d.h., $\Phi_1^\tau(\xi_1)|\overline{T}^\tau$ ist von $\xi_1|T_\tau$ unabhängig.

Definition 2.3 - 1 Eine Signalmenge $\Xi \subset \Xi_1^* \times \Xi_2^*$ mit den Elementen $\xi = (\xi_1, \xi_2)$ und deren zugeordnete Abbildungen Φ_i $(i = 1, 2,\text{ vgl. (2.69) und (2.70)})$ heißen *kausal (nichtantizipativ)*, wenn für alle $\xi_i, \xi_i' \in \Xi_i$ und $\tau \in D(\Xi_i)$ gilt:

$$\xi_i \overset{\tau}{\circ} \xi_i' \in \Xi_i \;\Rightarrow\; \Phi_i(\xi_i)|\overline{T}^\tau = \Phi_i(\xi_i \overset{\tau}{\circ} \xi_i')|\overline{T}^\tau \tag{2.73}$$

mit $\Xi_i = \mathrm{pr}_i(\Xi)$ und $\Phi_i := \Phi_i^\tau$.

Damit ergibt sich zusammengefasst:

Eine Teilmenge Ξ von $\Xi_1^* \times \Xi_2^*$ kann nur einen kausalen (realen) Prozess beschreiben, wenn sie die Kausalitätsbedingung (2.73) erfüllt, d.h., wenn die Ξ zugeordneten Abbildungen Φ_2 und Φ_1 in (2.69) und (2.70) nichtantizipativ sind.

Die Begriffe „kausal" und „nichtantizipativ" beinhalten somit dasselbe: Die Werte von $\Phi_i(\xi)(t)$ von $\Phi_i(\xi)$ für $t \leq \tau$ hängen nicht von den Werten $\xi(t)$ von ξ für $t > \tau$ ab: zukünftige Änderungen von ξ können nicht mehr auf bereits eingetretene zurückwirken: Φ_i ist nicht vorgreifend.

Im Folgenden wird unter einem kooperativen Prozess Ξ immer eine *nichtantizipative Menge* Ξ, d.h. eine Teilmenge $\Xi \subset \Xi_1^* \times \Xi_2^*$ mit nichtantizipativen Abbildungen Φ_1, Φ_2 verstanden. Diese Bedingung ist nicht nur notwendig, sondern auch hinreichend dafür, dass Ξ einen realen binären Prozess beschreibt.

Die Abbildungen Φ_1 und Φ_2 werden – ihre inhaltliche Bedeutung herausstellend – auch als *input-output-Abbildungen*, kurz IO-*Abbildungen von* Ξ bezeichnet. Man sagt: Die *Eingabe* des Signals $\xi_1 \in \Xi_1 = \mathrm{pr}_1(\Xi)$ (*input*) in das IO-*System* $\mathbb{S}$ mit der IO-Abbildung Φ_1 bewirkt die *Ausgabe (output)* eines Signals $\xi_2 \in \Phi_1(\xi_1) \subset \Xi_2$. Entsprechendes gilt für $\xi_1 \in \Phi_2(\xi_2)$. Diese Verhaltensdeutung von Ξ wird üblicherweise, wie in Bild 2.3-3 angegeben, durch eine *black box* Φ_1 veranschaulicht.

Hierbei wird in dem wechselwirkenden Paar (ξ_1, ξ_2) das erste Glied ξ_1 als gegeben angenommen.

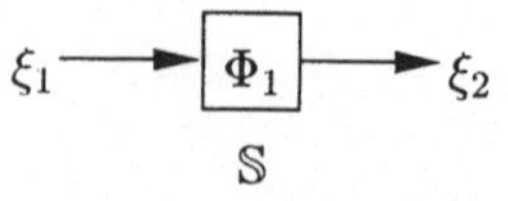

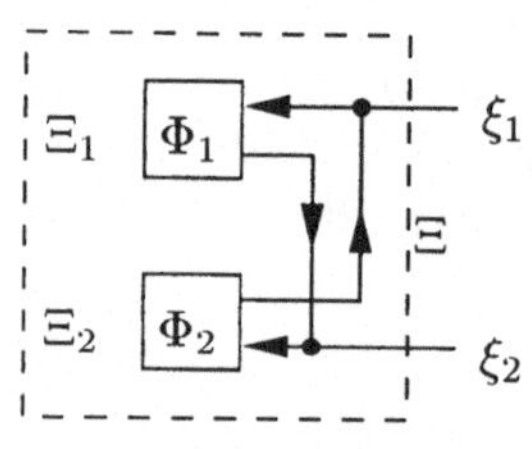

Bild 2.3-3: IO-System $\mathbb{S}$ mit der Eingabe $\xi_1 \in \Xi_1$ und der Ausgabe $\xi_2 \in \Xi_2$. $(\xi_1, \xi_2) \in \Xi \Leftrightarrow \xi_1 \in \Xi_1 \wedge \xi_2 \in \Phi_1(\xi_1)$, $\Xi_1 = \mathrm{pr}_1(\Xi)$.

Zu jedem kooperativen binären Prozess Ξ gehören auf diese Weise zwei IO-Systeme (Ξ_1, Φ_1) und (Ξ_2, Φ_2), die ihrerseits wieder Ξ bestimmen:

$$\Xi = \bigcup_{\xi_1 \in \Xi_1} \{\xi_1\} \times \Phi_1(\xi_1) = \bigcup_{\xi_2 \in \Xi_2} \Phi_2(\xi_2) \times \{\xi_2\}. \tag{2.74}$$

Bild 2.3-4: Modell kooperativer Prozesse Ξ_1, Ξ_2 (binärer Prozess $\Xi \subset \Xi_1^* \times \Xi_2^*$)

$$(\xi_1, \xi_2) \in \Xi :\Leftrightarrow \begin{cases} \xi_2 \in \Phi_1(\xi_1) \wedge \xi_1 \in \Xi_1 \\ \xi_1 \in \Phi_2(\xi_2) \wedge \xi_2 \in \Xi_2 \end{cases}$$

Sehr übersichtlich ist dieser Zusammenhang noch in Bild 2.3-4 dargestellt. Es veranschaulicht, das der binäre Prozess Ξ durch seine IO-Systeme (Ξ_1, Φ_1) und (Ξ_2, Φ_2) ersetzt werden kann. Im Folgenden werden wir dieses Wirkungsschema noch weiter präzisieren können (Abschnitt 2.4).

Wir erhalten mit Vorstehendem also folgendes Ergebnis:

Jeder binäre Prozess Ξ kann als kooperativer Wechselwirkungsprozess seiner beiden IO-Prozesse Ξ_1 und Ξ_2 (IO-Systeme (Ξ_1, Φ_1), (Ξ_2, Φ_2)) aufgefasst werden. Umgekehrt erzeugt die Zusammenschaltung (Parallelschaltung, Abschnitt 2.3.4) dieser (oder beliebiger) IO-Systeme wieder den (einen) binären Prozess Ξ (Bild 2.3-4).

In der hier dargestellten Prozesstheorie ist also das, was in der klassischen technischen Literatur üblicherweise als „System" Φ bezeichnet wird, „Projektion" eines speziellen (kooperativen) Prozesses Ξ mit den Realisierungen $\xi = (\xi_1, \xi_2)$:

$$\xi_2 \in \Phi_1(\xi_1) \Leftrightarrow \xi_2 \in \hat{\Xi}(\xi_1),$$

also $\Phi_1 = \hat{\Xi}$. Die Antizipativität von Φ_1 ist lediglich eine Folge der Definition von Ξ. In Abschnitt 2.3.4 kommen wir von einem allgemeineren Standpunkt aus auf diese Problematik zurück.

Bemerkung: Die Identität (2.73) kann als systemtheoretische Fassung des allgemeinen *Kausalitätsprinzips* angesehen werden und verbal wie folgt charakterisiert werden:

Der Kausalitätsbegriff erscheint aus systemtheoretischer Sicht als ein sekundärer Begriff, primär und fundamental ist der symmetrische (ungerichtete) Begriff der kooperativen Wechselwirkung $(\xi_1 \leftrightarrow \xi_2)$. *Das unsymmetrische (gerichtete) Kausalverhalten* $(\xi_1 \mapsto \xi_2)$ *erscheint lediglich als eine besondere Betrachtungsweise dieser Wechselwirkung.*

2.3.3 Endliches Gedächtnis

Die Ausführungen in Abschnitt 2.1.1 zur Prozessklassifizierung lassen sich sinngemäß auf binäre Prozesse übertragen, wobei unter einem Signal nun ein Signalpaar $\xi = (\xi_1, \xi_2)$ zu verstehen ist.

Das *Grundverhalten* eines kooperativen (binären) Prozesses $\Xi \subset \Xi_1^* \times \Xi_2^*$ mit den Realisierungen $\xi := (\xi_1, \xi_2)$ wird somit wieder durch (2.8) beschrieben, wobei in Definition 2.1-1 ξ und ξ' nun die Signalpaare $\xi = (\xi_1, \xi_2)$, $\xi' = (\xi_1', \xi_2')$ bedeuten. Für die (*lokale*) *W-Relation* gilt nun sinngemäß

$$W_\tau \subset \Xi^2, \qquad \Xi \subset \Xi_1 \times \Xi_2 \tag{2.75}$$

und für $\xi \overset{\tau}{\circ} \xi'$ erhält man

$$\xi \overset{\tau}{\circ} \xi' = (\xi_1 \overset{\tau}{\circ} \xi_1', \xi_2 \overset{\tau}{\circ} \xi_2'). \tag{2.76}$$

Wir betrachten weiterhin nur noch den retrospektiven Fall des Prozesses mit *endlichem Gedächtnis*: $W_\tau = \kappa_1(\tau)$ (Abschnitt 2.1.4). Mit (2.20) und (2.21) gilt dann

$$(\xi, \xi') \in W_\tau \;\Leftrightarrow\; (\xi|L_\tau = \xi'|L_\tau) \;\Leftrightarrow\; [\xi_1|L_\tau = \xi_1'|L_\tau \;\wedge\; \xi_2|L_\tau = \xi_2'|L_\tau]. \tag{2.77}$$

Die Verhaltensimplikation (2.22) der Klasse $\mathcal{X}_\tau$ lautet also mit (2.77) für alle $(\xi_1, \xi_2), (\xi_1', \xi_2') \in \Xi$ und $\tau \in D(\xi, \xi')$

$$(\xi, \xi') \in W_\tau \;\Rightarrow\; (\xi_1 \overset{\tau}{\circ} \xi_1', \xi_2 \overset{\tau}{\circ} \xi_2') \in \Xi, \tag{2.78}$$

worin W_τ durch (2.77) bestimmt ist.

Spezielle Unterklassen können analog zu Abschnitt 2.1.2 definiert werden; z.B. wäre für *binäre Markov-Prozesse* zu formulieren: $(\xi_1, \xi_2), (\xi_1', \xi_2') \in \Xi \wedge \tau \in D(\xi, \xi')$ $\Rightarrow$

$$(\xi_1(\tau) = \xi_1'(\tau)) \wedge (\xi_2(\tau) = \xi_2'(\tau)) \;\Rightarrow\; (\xi_1 \overset{\tau}{\circ} \xi_1', \xi_2 \overset{\tau}{\circ} \xi_2') \in \Xi \tag{2.79}$$

und insbesondere für *determinierte Markov-Prozesse* ist hierin $\xi_i \overset{\tau}{\circ} \xi_i'$ durch $\xi_i|T_\tau = \xi_i'|T_\tau$ $(i = 1, 2)$ zu ersetzen.

2.3.4　Multivariable Prozesse

Die Verallgemeinerung der dargelegten Gedanken auf mehrdimensionale Systeme wird mit Vorstehendem auf natürliche Weise nahegelegt. Der *n-dimensionale* (*n*-äre) oder *multivariable* Prozess Ξ, in Zeichen

$$(\xi_1,\xi_2,\dots,\xi_n) \in \Xi \;\Leftrightarrow\; \mathbb{P}(\xi_1,\xi_2,\dots,\xi_n), \quad \xi = (\xi_1,\xi_2,\dots,\xi_n) \in \Xi \subset \mathop{\Huge\times}\limits_{i=1}^{n} \Xi_i^{*},$$
$$(2.80)$$

eines solchen dynamischen Systems ist durch die Grundgesetze (Natur- oder Technikgesetze) der jeweiligen Einzelwissenschaft gegeben, in der Regel also durch mehrere Aussageformen $\mathbb{P}(\xi)$ über Teilprodukträume, z.B. ($n = 4$)

$$\mathbb{P}(\xi_1,\dots,\xi_4) :\Leftrightarrow [\mathbb{P}(\xi_1,\xi_3) \wedge \mathbb{P}(\xi_2,\xi_3,\xi_4)] \vee \mathbb{P}(\xi_2,\xi_4).$$

Als realer Prozess muss Ξ *multidimensional nichtantizipativ* (*kausal*) sein, d.h., er muss der entsprechend modifizierten Bedingung (2.73) genügen, worin ξ_i jetzt allgemeiner ein Element aus

$$\Xi_{\underline{i}} = \mathrm{pr}_{\underline{i}}(\Xi) = \{\mathrm{pr}_{\underline{i}}(\xi) | \xi \in \Xi\} \tag{2.81}$$

bezeichnet. Dabei bedeutet

$$\xi_{\underline{i}} := \mathrm{pr}_{\underline{i}}(\xi) = (\xi_{i_1},\xi_{i_2},\dots,\xi_{i_k}), \qquad \xi_{i_s} = \mathrm{pr}_{i_s}(\xi) \tag{2.82}$$

und $\underline{i} = (i_1,i_2,\dots,i_k)$ ein *Teiltupel* aus $(1,2,\dots,n) = \underline{n}$.

Für die multivariable IO-*Abbildung* $\Phi_{\underline{i}}$ gilt nun sinngemäß

$$\Phi_{\underline{i}}(\xi_{\underline{i}}) = \hat{\Xi}(\xi_{\underline{i}}) \tag{2.83}$$

und die *Antizipativitätsbedingung* lautet hiermit also in Verallgemeinerung von (2.72)

$$\Phi_{\underline{i}}(\xi_{\underline{i}})|\overline{T}^{\,\tau} = \Phi_{\underline{i}}(\xi_{\underline{i}} \overset{\tau}{\circ} \xi_{\underline{i}}')|\overline{T}^{\,\tau}. \tag{2.84}$$

Das Konzept des IO-*Systems* wird analog auf *multivariable* IO-*Systeme* übertragen, wobei nun (vgl. Bild 2.3-3) als *Eingabe* $\xi_{\underline{i}} = \mathrm{pr}_{\underline{i}}(\xi)$ und als *Ausgabe* $\xi_{\underline{j}} \in \Phi_{\underline{i}}(\xi_{\underline{i}})$ zu nehmen ist (System mit k Eingaben und $n - k$ Ausgaben).

Wesentlich ist nun folgender Sachverhalt: Ein multivariabler Prozess Ξ mit den Variablen $\xi_1,\xi_2,\dots,\xi_n$ ist im Allgemeinen durch mehrere (gekoppelte) Teilprozesse $\Xi_{\underline{i}}$ bzw. IO-Systeme $\mathbb{S}_i$ (oder $\Phi_{\underline{i}}$) gegeben.

Beispiel 2.3 - 1 Die Grundgesetze des in Bild 2.3-5 angegebenen Automaten mit den durch S (Speicher), durch $-\!\circ\!-$ (Negator-Schaltung) und durch $\vee$ (Oder-Schaltung) bezeichneten *Elementarautomaten* werden durch folgende Teilaussagen über den Produktsignalraum $\Xi_1^* \times \Xi_2^*$, $\Xi_1^* = \Xi_2^* = \{0,1\}^\mathbb{N}$ beschrieben:

$$\text{a) } (\xi_1, \xi_2) \in \Xi' \Leftrightarrow \bigwedge_{t\in\mathbb{N}} \left(\xi_2(t+1) = \overline{\xi_1(t)} \vee \xi_2(t)\right) \Leftrightarrow \mathbb{P}'(\xi_1,\xi_2) \text{ (Automat } \mathbb{S}'),$$

$$\text{b) } (\xi_1, \xi_2) \in \Xi'' \Leftrightarrow \bigwedge_{t\in\mathbb{N}} (\xi_1(t+1) = \xi_2(t)) \Leftrightarrow \mathbb{P}''(\xi_1,\xi_2) \text{ (Automat } \mathbb{S}'').$$

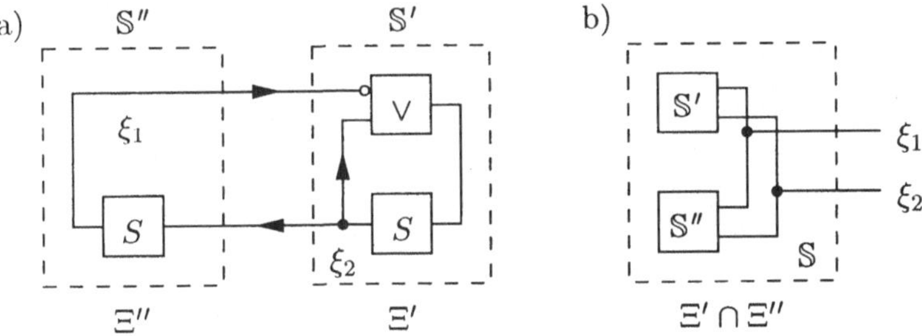

Bild 2.3-5: Sequentieller Automat a) Funktionsschema mit Elementarautomaten S, $\vee$ und $-\!\circ\!-$, b) Parallelschaltung der Teilautomaten $\mathbb{S}'$ und $\mathbb{S}''$

Die Aussagen a) und b) müssen gleichzeitig erfüllt sein, d.h., für den vom Automaten erzeugten binären Prozess Ξ erhält man

$$(\xi_1, \xi_2) \in \Xi \Leftrightarrow \mathbb{P}'(\xi_1,\xi_2) \wedge \mathbb{P}''(\xi_1,\xi_2) \Leftrightarrow \mathbb{P}(\xi_1,\xi_2)$$

$$\Leftrightarrow \bigwedge_{t\in\mathbb{N}} \left[\left(\xi_2(t+1) = \overline{\xi_1(t)} \vee \xi_2(t)\right) \wedge (\xi_1(t+1) = \xi_2(t))\right]$$

oder kürzer $\Xi = \Xi' \cap \Xi''$. Daraus ergibt sich z.B. für den unären Prozess $\Xi_1 = \mathrm{pr}_1(\Xi)$

$$\xi_1 \in \Xi_1 \Leftrightarrow \bigwedge_{t\in\mathbb{N}} \left(\xi_1(t+2) = \xi_1(t+1) \vee \overline{\xi_1(t)}\right).$$

Wie schon in Bild 2.3-5b angegeben, kann man den betrachteten Automaten $\mathbb{S}$ mit dem Verhalten $\Xi = \Xi' \cap \Xi''$ auch als „Zusammenschaltung" von zwei Teilautomaten $\mathbb{S}'$ und $\mathbb{S}''$ mit den durch Ξ' und Ξ'' gegebenen Verhaltensweisen auffassen. Diesem Konzept der (auf vielfältige Weise möglichen) Zusammenschaltung einzelner (meist binärer) dynamischer Systeme $\mathbb{S}_1, \mathbb{S}_2, \mathbb{S}_3, \ldots$ zu einem Gesamtsystem

$\mathbb{S}$ entspricht eine bewusst geplante kooperative Wechselwirkung von Einzelprozessen $\Xi_1, \Xi_2, \Xi_3, \ldots$ mit dem Ziel, ein gewünschtes äußeres Gesamtverhalten Ξ zu realisieren (Systemsynthese, Abschnitt 1.2.4).

Als letztes Beispiel sei hierzu nur noch das *Rückkopplungssystem* angegeben (Bild 2.3-6):

Beispiel 2.3 - 2 Die nachstehend angegebene Zusammenschaltung dynamischer Systeme wird in der *Regelungstheorie* genauer untersucht. Bei diesem System stehen drei binäre Prozesse Ξ_1, Ξ_2 und Ξ_3 in einer kooperativen Wechselwirkung, beschrieben durch

$$(\xi_1, \xi_2) \in \Xi \;\Leftrightarrow\; \bigvee_{\xi_3} \left((\xi_1, \xi_3) \in \Xi_1 \;\wedge\; (\xi_3, \xi_2) \in \Xi_2 \cap \Xi_3 \right),$$

kürzer:

$$\Xi = \Xi_1 \circ (\Xi_2 \cap \Xi_3).$$

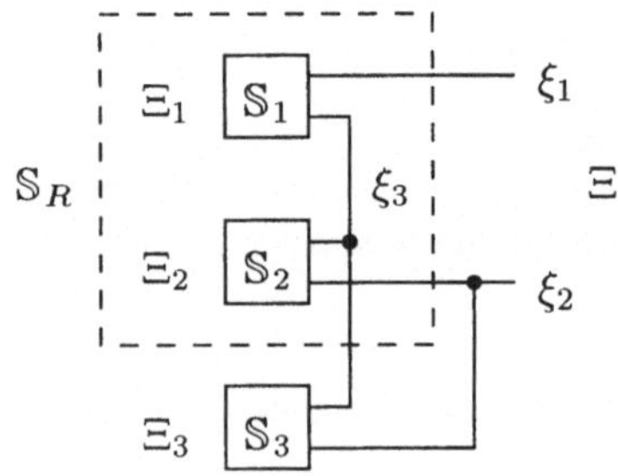

Bild 2.3-6: Rückkopplungssystem $\mathbb{S} = (\mathbb{S}_R, \mathbb{S}_3)$; $\mathbb{S}_R$ Regelstecke, $\mathbb{S}_3$ Regler

(Ξ_1, Ξ_2) mit den Realisierungen (ξ_1, ξ_2, ξ_3) beschreibt das Verhalten der *Regelstrecke* $\mathbb{S}_R = (\mathbb{S}_1, \mathbb{S}_2)$ und Ξ_3, realisiert durch (ξ_2, ξ_3) das Verhalten des *Reglers* $\mathbb{S}_3$.

2.4   Zustandsdarstellung

2.4.1   Prozess und Markov-Prozess

Wie schon erwähnt, spielen die Markov-Prozesse (Abschnitt 2.1.3) in der allgemeinen Theorie der Prozesse eine Sonderrolle; hierauf wird nun ausführlich einzugehen sein.

Wir werden nachfolgend zeigen, dass jeder Prozess Ξ durch einen aus Ξ abgeleiteten Markov-Prozess M dargestellt werden kann. Das Ergebnis der etwas aufwändigen Ableitung ist im nachfolgenden Satz 2.4-2 zusammengefasst, und die Ableitung selbst wird in zwei Teile (Teil A, B) untergliedert.

<u>Teil A</u>: *Konstruktion eines Prozesses M (Markov-Prozess) aus Ξ.*
Es sei $\Xi \in \mathcal{X}^*$ ein beliebiger Prozess.

Definition 2.4 - 1 Auf Ξ sei eine Relation $\underline{R}_t$ wie folgt erklärt:

$$(\xi_1, \xi_2) \in \underline{R}_t \subset \Xi \times \Xi$$

$$:\Leftrightarrow \left[\xi_1, \xi_2 \in \Xi_t \wedge \left(\xi_1(t) = \xi_2(t) \Rightarrow \xi_1 \overset{t}{\circ} \xi_2 \in \Xi_t \right) \right] \vee (\xi_1, \xi_2) \in I_\Xi \tag{2.85}$$

mit $t \in \overline{D}(\Xi)$ und

$$\Xi_t := \{ \xi \mid t \in D(\xi) \wedge \xi \in \Xi \} \subset \Xi. \tag{2.86}$$

Satz 2.4 -1 $\underline{R}_t$ ist eine Äquivalenzrelation $\overset{t}{\sim}$ auf Ξ mit der Klasseneinteilung $[\xi]_t \in \Xi/\underset{\sim}{t}$. $[\xi]_t \subset \Xi$ ist abgeschlossen bezüglich der Konkatenation $\overset{t}{\circ}$ (Bild 2.4-1),

$$\xi_1, \xi_2 \in [\xi]_t \;\Leftrightarrow\; \xi_1 \overset{t}{\circ} \xi_2 \in [\xi]_t \qquad (\xi \in \Xi), \tag{2.87}$$

und damit ein chaotischer Teilprozess (Markov-Prozess) von Ξ (Abschnitt 2.1.2).

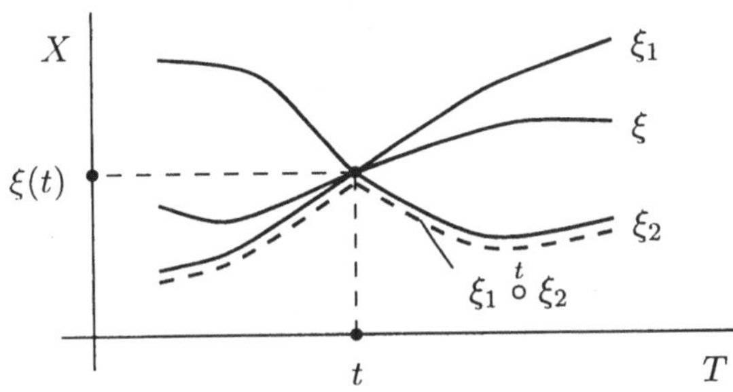

Bild 2.4-1: Elemente $\xi, \xi_1, \xi_2, \xi_1 \overset{t}{\circ} \xi_2$ der Teilmenge $[\xi]_t \in \Xi/\underset{\sim}{t} \Leftrightarrow$ Trajektorienwert $\mu(t)$ von $\mu \in \tilde{M}$

Beweis: Man verifiziert leicht: $\underline{R}_t := R_t \cup I_\Xi$ mit $R_t \subset \Xi_t \times \Xi_t$,

$$(\xi_1, \xi_2) \in R_t \;\Leftrightarrow\; \xi_1(t) = \xi_2(t) \;\Rightarrow\; \xi_1 \overset{t}{\circ} \xi_2 \in \Xi_t,$$

ist jedenfalls eine Äquivalenzrelation, wenn R_t es ist. Sicherlich ist R_t reflexiv und symmetrisch, außerdem – wie nachstehend gezeigt – auch transitiv.

Es gelte $(\xi_1, \xi_2) \in R_t \wedge (\xi_2, \xi_3) \in R_t$ und damit

$$\xi_1(t) = \xi_3(t) \;\Rightarrow\; \xi_1 \overset{t}{\circ} \xi_2 \in \Xi_t \wedge \xi_2 \overset{t}{\circ} \xi_3 \in \Xi_t.$$

Mit $\xi_1(t) = (\xi_1 \overset{t}{\circ} \xi_2)(t)$ und $\xi_3(t) = (\xi_2 \overset{t}{\circ} \xi_3)(t)$ erhält man weiter

$$(\xi_1 \overset{t}{\circ} \xi_2)(t) = (\xi_2 \overset{t}{\circ} \xi_3)(t) \;\Rightarrow\; (\xi_1 \overset{t}{\circ} \xi_2) \overset{t}{\circ} (\xi_2 \overset{t}{\circ} \xi_2) \in \Xi_t$$

oder

$$\xi_1(t) = \xi_3(t) \;\Rightarrow\; \xi_1 \overset{t}{\circ} \xi_2 \in \Xi_t,$$

was gleichbedeutend ist mit $\xi_1, \xi_3 \in R_t$. R_t ist damit auch transitiv: $(\xi_1, \xi_2) \in R_t \wedge$ $(\xi_2, \xi_3) \in R_t \;\Rightarrow\; \xi_1, \xi_3 \in R_t$. Damit ist mit R_t auch $\underline{R}_t$ eine Äquivalenzrelation: $(\xi_1, \xi_2) \in \underline{R}_t \;\Leftrightarrow\; \xi_1 \in [\xi_2]_t \;\Leftrightarrow\; \xi_1, \xi_2 \in [\xi]_t$.
Außerdem gilt noch ersichtlich

$$(\xi_1, \xi_2) \in R_t \;\Leftrightarrow\; \left((\xi_1 \overset{t}{\circ} \xi_2), \xi_2 \right) \in R_t$$

oder

$$\xi_1, \xi_2 \in [\xi]_t \;\Leftrightarrow\; \xi_1 \overset{t}{\circ} \xi_2 \in [\xi]_t, \qquad \xi \in \Xi_t.$$

Diese Aussage bleibt richtig auch für $\underline{R}_t$. ∎

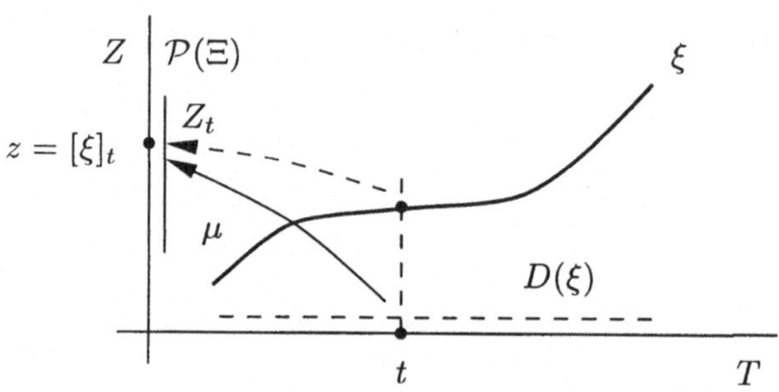

Bild 2.4-2: Konstruktion eines Markov-Prozesses M aus Ξ; $\xi \in \Xi, \mu \in M$. $\mu : D(\xi) \to Z := \mathcal{P}(\Xi)$; $\mu(t) = z := [\xi]_t \in Z_t$, $Z_t := \Xi/\underset{\sim}{t}$, Äquivalenzklassen von Ξ

Es bezeichne $\kappa_t : \Xi \mapsto \Xi/\underset{\sim}{t}$ die kanonische Abbildung zu $\Xi/\underset{\sim}{t}$:

$$\kappa_t(\xi) := [\xi]_t, \qquad [\xi]_t \in \Xi/\underset{\sim}{t}, \qquad \xi \in \Xi, \quad t \in D(\xi). \tag{2.88}$$

Jedem $\xi \in \Xi$ ist durch κ_t bei festem t der Teilprozess $[\xi]_t \in \Xi/\underset{\sim}{t}$ zugeordnet, jedem $\xi \in \Xi$ also eine Abbildung

$$\mu : D(\xi) \to \mathcal{P}(\Xi), \quad \mu(t) = [\xi]_t. \tag{2.89}$$

Wir setzen

$$\mathcal{P}(\Xi) := Z, \qquad \Xi/\underset{\sim}{t} := Z_t \subset Z \tag{2.90}$$

und für die zugehörigen Elemente $[\xi]_t := z$ (Bild 2.4-2):

$$\mu : \; D(\mu) \to Z, \quad \mu(t) = z \qquad (D(\mu) = D(\xi)). \tag{2.91}$$

Die mit $\kappa_t(\xi) = \mu(t)$, $\underline{t} \in D(\mu)$ gegebene Zuordnung $\kappa_\bullet : \xi \mapsto \mu$ bezeichnen wir mit κ. Es ist also

$$\kappa : \; \Xi \to M, \quad \kappa(\xi) = \mu, \tag{2.92}$$

worin

$$M := \left\{ \mu \Big| \bigvee_{\xi \in \Xi} \kappa(\xi) = \mu \right\} = \kappa(\Xi) \tag{2.93}$$

die Menge aller Bildsignale μ zu Ξ symbolisiert. Mit (2.92) und (2.93) kann also jedem Prozesssignal $\xi \in \Xi$ ein neues Signal μ aus einem allein aus Ξ konstruierten Prozess M zugeordnet werden.

<u>Teil B:</u> (*Markov-*)*Eigenschaft des Prozesses M.*
Wesentlich für die weiteren Betrachtungen sind nun folgende drei Eigenschaften der mengenwertigen Abbildung $\kappa : \; \Xi \to M$ in (2.92) bzw. des Prozesses M:

a) κ ist bijektiv, denn κ ist definitionsgemäß surjektiv und zudem injektiv. Denn aus

$$\xi \neq \xi' \; \Leftrightarrow \; \bigvee_t \xi(t) \neq \xi'(t)$$

folgt

$$\xi \neq \xi' \; \Rightarrow \; \bigvee_t [\xi]_t \neq [\xi']_t,$$

da andernfalls

$$\xi \neq \xi' \; \wedge \; \bigwedge_t [\xi]_t = [\xi']_t, \qquad \pi_t[\xi]_t = \xi(t)$$

und mit (2.87) zugleich $([\xi]_t = [\xi']_t) \; \Rightarrow \; \xi(t) = \xi'(t)$ für alle $t \in D(\xi)$ gelten müsste. Mit (2.89) folgt also

$$\xi \neq \xi' \; \Rightarrow \; \bigvee_t \mu(t) \neq \mu'(t) \; \Rightarrow \; \mu \neq \mu'.$$

b) Für alle $t \in D(\xi)$ existiert eindeutig eine (lokale) bijektive Abbildung

$$g_t : \pi_t(M) \to \tau_t(\Xi), \qquad g_t(\mu(t)) = \xi(t), \tag{2.94}$$

so dass (Bild 2.4-3)

$$\left(\bigwedge_{t \in D(\xi)} g_t(\mu(t)) = \xi(t) \right) \Leftrightarrow \mu = \kappa(\xi). \tag{2.95}$$

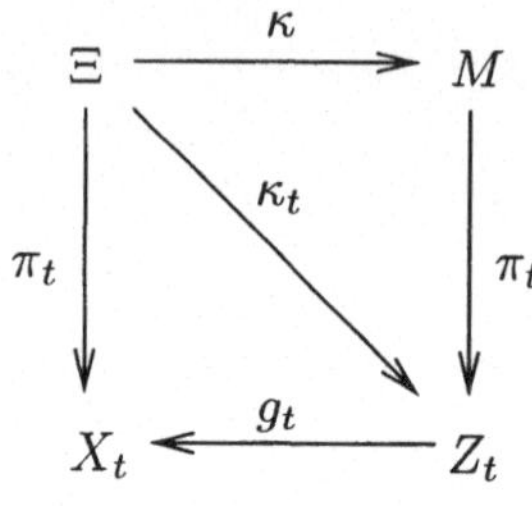

Bild 2.4-3: Prozess Ξ und Markov-Prozess M. $\kappa : \Xi \to M$, $\kappa(\xi) = \mu$, bijektiv; $g_t : Z_t \to X_t$, $g_t(z) = x$, bijektiv; $Z_t = \pi_t(M), X_t = \pi_t(\Xi)$

Die (globale) Abbildung κ kann also durch eine zeitlokale Abbildung g_t ausgedrückt werden. Das ergibt sich aus der Eineindeutigkeit der Zuordnung

$$\mu(t) := [\xi]_t \overset{\pi_t}{\mapsto} \xi(t).$$

c) Der Prozess $M = \kappa(\Xi)$ in (2.92) bzw. (2.93) ist ein Markov-Prozess:

$$\mu_1, \mu_2 \in M \wedge (\mu_1(\tau) = \mu_2(\tau)) \Rightarrow \mu_1 \overset{\tau}{\circ} \mu_2 \in M \tag{2.96}$$

für alle $\tau \in D(\mu_{1,2})$. Das verifiziert man wie folgt:

Für die linke Seite $\mathcal{L}$ der Subjunktion (2.96) gilt mit $\xi_i = \kappa^{-1}(\mu_i)$:

$$\mathcal{L} \Rightarrow \xi_i \in \mu_i(\tau) \wedge \bigwedge_t (g_t(\mu_i(t)) = \xi_i(t)) \qquad (i = 1, 2; \ t \in D(\mu_i))$$

und weiter mit (2.87)

$$\mathcal{L} \Rightarrow \xi_1 \overset{\tau}{\circ} \xi_2 \in \mu_i(\tau) \wedge \bigwedge_t \left[(\xi_1 \overset{\tau}{\circ} \xi_2)(t) = g_t((\mu_1 \overset{\tau}{\circ} \mu_2)(t)) \right].$$

Es ist $\xi_1 \overset{\tau}{\circ} \xi_2 \in \Xi$, und somit folgt weiter

$$\mathcal{L} \Rightarrow \bigvee_{\xi \in \Xi} \bigwedge_{t \in D(\xi)} \xi(t) = g_t((\mu_1 \overset{\tau}{\circ} \mu_2)(t)) :\Leftrightarrow \bigvee_{\xi \in \Xi} \kappa(\xi) = \mu_1 \overset{\tau}{\circ} \mu_2$$

oder mit (2.93) $\mathcal{L} \Rightarrow \mu_1 \overset{\tau}{\circ} \mu_2 \in M$, was zu zeigen war.

Wir fassen die vorstehenden Ergebnisse zusammen, wobei wir noch setzen:

$$\kappa^{-1} = G. \tag{2.97}$$

Satz 2.4 -2 Zu jedem Prozess (T, X, Ξ) mit den Realisierungen $\xi : D(\xi) \to X$ existiert mit (2.90) bis (2.93) ein Markov-Prozess (T, Z, M) mit den Realisierungen $\mu : D(\mu) \to Z$ $(D(\mu) = D(\xi))$ und für jedes $t \in D(\mu)$ eine eindeutig bestimmte Abbildung

$$g_t : Z_t \to X_t, \quad g_t(z) = x \tag{2.98}$$

mit folgenden Eigenschaften (Bild 2.4-4):

$$\text{a)} \quad g_t(\mu(t)) = \xi(t) \quad \text{für alle } t \in D(\mu) = D(\xi); \tag{2.99}$$

$$\text{b)} \quad g_t(Z_t) = X_t, \quad \text{bijektiv.} \tag{2.100}$$

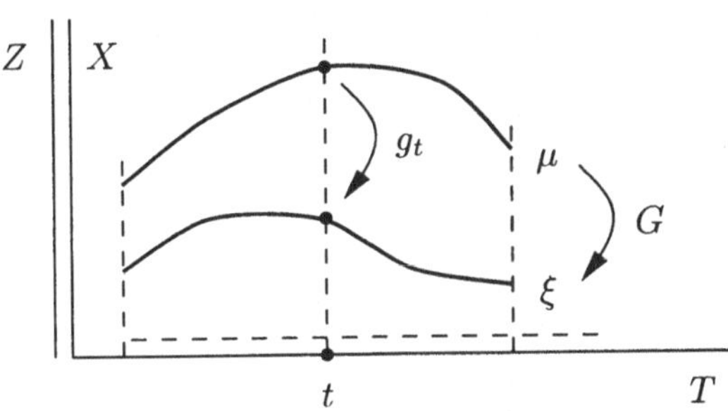

Bild 2.4-4: Ξ-Darstellung durch M (Markov-Prozess).
$G : M \to \Xi$, $G(\mu) = \xi$ bijektiv;
$g_t : \pi_t(M) \to \pi_t(\Xi)$, $g_t(\mu(t)) = \xi(t)$

Die im Folgenden wichtige Bijektivität der Zustandsabbildung g_t ist leicht verifiziert. Mit $\mu(t) = [\xi]_t$ und

$$g_t([\xi]_t) = \xi(t) = \pi_t([\xi]_t)$$

findet man

$$[\xi_1]_t \neq [\xi_2]_t \;\Rightarrow\; \pi_t([\xi_1]_t) \neq \pi_t([\xi_2]_t)$$

oder $\xi_1(t) \neq \xi_2(t)$. g_t ist damit jedenfalls injektiv, außerdem aber auch surjektiv. Mit (2.102) und (2.103), also

$$X_t = \bigcup_{\xi \in \Xi} \xi(t), \qquad Z_t = \bigcup_{\xi \in \Xi} [\xi]_t$$

ergibt sich für $g_t : Z_t \to X_t$

$$x \in X_t \;\Rightarrow\; \bigvee_{\xi \in \Xi} x = \pi_t(\xi) = g_t([\xi]_t) \;\Rightarrow\; \bigvee_{z \in Z_t} g_t(z) = x.$$

Der Markov-Prozess M wird mit (2.85) gebildet von der Menge

$$\kappa(\Xi) = M = \left\{ \mu \middle| \bigvee_\xi \bigwedge_t \mu(t) = [\xi]_t \wedge \xi \in \Xi \wedge t \in D(\xi) \right\} \tag{2.101}$$

mit $\Xi = \kappa^{-1}(M) := G(M)$. Die zugehörigen t-Projektionen lauten:

$$\pi_t(M) := Z_t = \{\mu(t) | \mu \in M \wedge t \in D(\mu)\} \subset Z, \tag{2.102}$$

$$\pi_t(\Xi) := X_t = \{\xi(t) | \xi \in \Xi \wedge t \in D(\xi)\} \subset X. \tag{2.103}$$

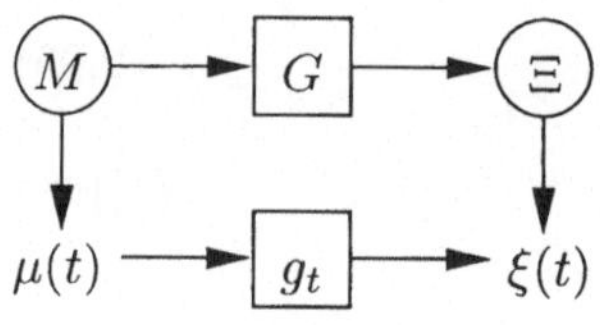

Bild 2.4-5: Prozessdarstellung: $M \mapsto \Xi$. $G(M) = \Xi$, $g_t(\mu(t)) = \xi(t)$ ($\xi \in \Xi, \mu \in M$)

Mit obigem Satz ist die Prozesstheorie im Wesentlichen auf die Theorie der einfacheren Markov-Prozesse zurückführbar:

Jeder Prozess Ξ ist die „statische Transformierte" G seines Markov-Prozesses $M = \kappa(\Xi)$: $\Xi = G(M)$ (Bild 2.4-5).

2.4.2   Zustand, Observable und Invariante

Die dem Prozess Ξ mit (2.92) zugeordneten Zeitfunktionen $\mu = \kappa(\xi)$, $\xi \in \Xi$, werden als *Zustandstrajektorien* des Prozesses Ξ bezeichnet, und $\mu(t) = \kappa_t(\xi) = z \in Z_t$ als *Zustand* von Ξ zur Zeit t. Zu jedem Zeitpunkt t kann sich der Prozess Ξ in einem gewissen Zustand $z = \mu(t)$ aus der Menge $Z_t \subset Z$ der zur Zeit t möglichen Zustände (*Zustandsraum Z_t*) befinden, und $x = g_t(z)$ ergibt den Realisierungswert $x = \xi(t)$ des Prozesses Ξ im Zustand $z = \mu(t)$.

Nach (2.86) und (2.89) ist der Zustand $\mu(t)$ eine Äquivalenzklasse $[\xi]_t$ des Prozesses bezüglich der Markov-Äquivalenz (2.85). Der Zustand $\mu(t) = [\xi]_t$ erfasst damit nach (2.89) zum Zeitpunkt t so viel aus der vollständigen Vergangenheit bzw. Zukunft von Ξ, wie zur Bestimmung von Ξ erforderlich ist.

Dieser Sachverhalt kann anschaulich aus Bild 2.4-1 entnommen werden und ergibt sich formal auch genauer aus der Eigenschaft der Zustandstrajektorien. Wie noch darzulegen sein wird, bestimmt der Zustand $z = \mu(t)$ nur alle künftigen Zustände $\mu(t')$ ($t' > t$).

Ist der Zustand $z = \mu(t)$ zur Zeit t bekannt, so kann daraus $z' = \mu'(t')$ zu einem späteren Zeitpunkt $t' > t$ ermittelt werden, wenn die Prozesstrajetorie ξ im Zeitintervall $[t, t']$ bekannt ist:

$$[\xi]_t, \xi' | T_{t,t'} \mapsto t', [\xi']_{t'}, \quad t' > t, \quad \xi' \in [\xi]_t$$

oder speziell bei Zeitinvarianz einfacher

$$\mu(0), \xi'|T^{t'} \;\mapsto\; \mu'(t') \qquad (t' > 0).$$

Da ξ' nur in der Zukunft von $t = 0$ bekannt sein kann, können auch nur Zustände $\mu'(t') = z'$ in der Prozesszukunft ermittelt werden: die Zustände in der Vergangenheit $t < 0$ sind unbekannt und werden auch gar nicht benötigt.

Vergangenheit und Zukunft der Zustandstrajektorie μ eines (zeitinvarianten) Markov-Prozesses M sind prinzipiell unabhängig von einander. Damit ist auch für einen beliebigen Prozess Ξ jede Trajektorie $\xi(t) = g_t(\mu(t))$ nur für positive Zeiten $t \geq 0$ berechenbar.

Wie die weitere Analyse der Markov-Prozesse zeigt (Teil II), ist jedem Prozess M ein Operator f_t zugeordnet, mit dem die zeitliche Entwicklung der Zustandstrajektorie in der Form

$$\mu(t') = f_t(\mu(0)), \qquad t' \geq t$$

beschrieben werden kann, wobei f_t wieder nur für positive Zeiten definiert ist, was insbesondere zur Folge hat, dass f_t für $t = 0$ nicht differenzierbar ist und die Folge $(f_t)_{t\geq 0}$ nur eine Halbgruppe und im allgemeinen keine Gruppe bildet. Die Evolution eines Markov-Prozesses ist damit generell an eine ausgezeichnete „Zeitrichtung" gebunden.

In Satz 2.4-1 wird der Prozess Ξ als gegeben angesehen und der Markov-Prozess M als der Ξ eindeutig zugeordnete *Zustandsprozess* $M = \kappa(\Xi)$. g_t in (2.98) ist eine bijektive Abbildung, mit der Ξ mittels M lokal dargestellt werden kann:

$$\xi \in \Xi \;\Leftrightarrow\; \bigwedge_{\mu \in M} \bigwedge_{t \in D(\mu)} \xi(t) = g_t(\mu(t)) \;\Leftrightarrow\; \xi \in G(M). \tag{2.104}$$

Jede Darstellung eines Prozesses Ξ durch einen Markov-Prozess M, also jede surjektive (nicht notwendig bijektive) Abbildung $G : M \to \Xi$, $G(\mu) = \xi$, lokal definiert durch eine Abbildung der Form

$$g_t(\mu(t)) = \xi(t), \qquad t \in D(\mu) \tag{2.105}$$

heißt *Zustandsdarstellung*.

Insbesondere ist also die Darstellung (2.104) eine Zustandsdarstellung von Ξ. Sie ist unter anderen Darstellungen dadurch ausgezeichnet, dass die lokale Abbildung (2.105) $g_t : Z_t \to X_t$ ($X_t = g_t(Z_t) \subset X$) bijektiv und demzufolge der Zustandsraum Z_t von *minimaler Mächtigkeit* ist, d.h., die Mächtigkeit $|Z_t|$, die bei jeder Darstellung nicht kleiner sein kann als die von X_t, ist mit $|X_t|$ identisch (Vgl. (2.102) und (2.103)).

Eine nichtminimale Zustandsdarstellung liefert beispielsweise die Äquivalenzrelation $\xi \overset{t}{\sim} \xi' \Leftrightarrow \xi|\overline{T}^t = \xi'|\overline{T}^t$ (Abschnitt 2.1.4).

Die Zustandsminimierung ist in der Technik überall dort von großer Bedeutung, wo nur endliche Prozesse Ξ betrachtet werden müssen (z.B. in der Automatentheorie), da hier der technische Aufwand einer Prozessrealisierung (Prozesssynthese) von der Mächtigkeit des gewählten Zustandsraumes Z_t bzw. $Z_M = \cup_t Z_t$ wesentlich abhängt (vgl. 2.102).

Die *Zustandsdarstellung* von Prozessen zum Zweck der Vereinfachung der Verhaltensbeschreibung ist fast ausschließlich für technische Probleme von Bedeutung, da die Verwirklichung von Prozessen (Maschinen) mit vorgegebenen Eigenschaften mit der Beziehung (2.104) auf die Realisierung von Markov-Prozessen zurückgeführt wird, deren technische Umsetzung sich wesentlich einfacher gestaltet. Hier wird also von *beobachtbaren (messbaren) Größen* ausgegangen und eine vereinfachte Beschreibung durch nicht notwendig beobachtbare (Zustands-) Größen gesucht.

Völlig anders liegen die Dinge in den Naturwissenschaften. Hier wird (in den fundamentalen Theorien) fast immer von (in der Regel zudem sehr speziellen determinierten, glatten und irreversiblen) Markov-Prozessen ausgegangen, wobei für die nun als *Observablen* bezeichneten Abbildungen g_t in (2.105) keine Bijektivität vorausgesetzt wird. Das Problem der Zustandsminimierung tritt hier (Prozessanalyse) gar nicht erst auf. Außerdem ist g_t in der Regel von der Zeit unabhängig (zeitinvarianter Prozess), so dass statt (2.105) nun

$$g: Z \to X, \quad g(\mu(t)) = \xi(t) \tag{2.106}$$

gesetzt werden kann. Insbesondere gilt das für die Grundtheorien der Physik, da es hier keinen ausgezeichneten „Anfangszeitpunkt" gibt.

Unter den *lokalen Observablen* g_t eines Markov-Prozesses M sind die von besonderer Bedeutung, deren Werte $g_t(\mu(t))$ zeitlich unveränderlich sind. Genauer: g_t ist eine *Invariante* des Markov-Prozesses M, wenn für alle $\mu \in M$ gilt

$$\bigvee_{x \in X} \bigwedge_{t \in D(\mu)} g_t(\mu(t)) = x. \tag{2.107}$$

Observable g_t mit dieser Eigenschaft werden (in der Physik) als *lokale Invarianten* des Markov-Prozesses M bezeichnet, insbesondere dann, wenn M zeitinvariant ist ($g_t = g$) und zusätzlich weitere spezielle (physikalische) Eigenschaften besitzt. Auf das Invariantenproblem ist im Zusammenhang mit physikalischen Anwendungen noch genauer einzugehen (Teil II).

Die allgemeingültigen Ausführungen zur Prozessdarstellung in den Abschnitten 2.4.1 und 2.4.2 lassen sich unmittelbar auf speziellere Prozess- und Zustandsklassen Ξ und M übertragen.

Wir betrachten hier etwas genauer nur den zweidimensionalen Fall $\Xi \subset [T, X_1 \times X_2]$, $M \subset [T, Z_1 \times Z_2]$ (vgl. Abschnitt 2.3.1).

In (2.99) ist nun speziell (vgl. Abschnitt 2.3.1)

$$\mu : D(\mu) \to Z_1 \times Z_2, \quad \mu = \langle \mu_1, \mu_2 \rangle \in M, \tag{2.108}$$

$$\xi : D(\xi) \to X_1 \times X_2, \quad \xi = \langle \xi_1, \xi_2 \rangle \in \Xi \tag{2.109}$$

und damit

$$(g_1 \times g_2)_t(\langle \mu_1, \mu_2 \rangle(t)) = \langle \xi_1, \xi_2 \rangle(t). \tag{2.110}$$

Daraus folgt analog zum eindimensionalen Fall

$$\xi_1 = G_1(\mu_1), \qquad \xi_2 = G_2(\mu_2) \tag{2.111}$$

mit der lokalen Darstellung

$$\xi_1(t) = g_t^1(\mu_1(t)), \qquad (\mu_1, \mu_2) \in M' \subset M_1^* \times M_2^* \tag{2.112}$$

$$\xi_2(t) = g_t^2(\mu_2(t)), \qquad (\xi_1, \xi_2) \in \Xi' \subset \Xi_1^* \times \Xi_2^*. \tag{2.113}$$

Wie in Abschnitt 2.3.2 genauer dargelegt, kann jeder binäre Prozess und damit auch der binäre Markov-Prozess M' in zwei kooperierende IO-Prozesse M_1 und M_2 zerlegt werden:

$$\mu_1, \mu_2 \in M' \Leftrightarrow (\mu_2 \in \Phi_1(\mu_1) \wedge \mu_1 \in M_1) \text{ oder } (\mu_1 \in \Phi_2(\mu_2) \wedge \mu_2 \in M_2). \tag{2.114}$$

Zusammen mit (2.111) ergibt sich hieraus die *Zustandsdarstellung* des zweidimensionalen Prozesses Ξ mit der in Bild 2.4-6 angegebenen schematischen Blockdarstellung.

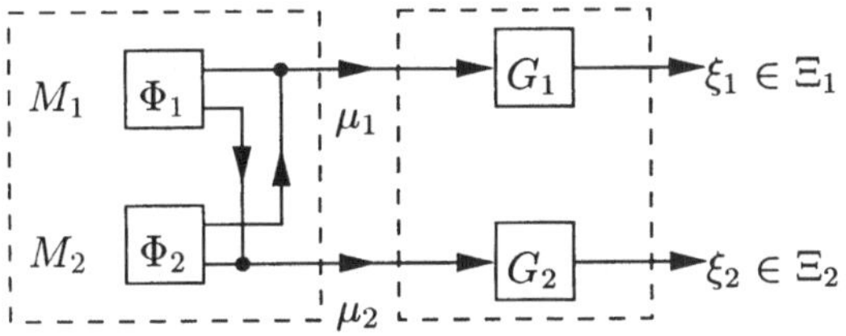

Bild 2.4-6: Zustandsdarstellung von $\Xi \subset \Xi_1 \times \Xi_2$ durch den kooperativen Markov-Prozess $M \subset M_1 \times M_2$

Die Besonderheiten des Markov-Prozesses finden ihren Ausdruck darin, dass in Bild 2.4-6 die zu M_1 und M_2 gehörenden IO-Systeme mit den Operatoren Φ_1 und Φ_2 nun spezieller durch rückgekoppelte (und zugleich wechselwirkende) Generatoren zu ersetzen sind. Das wird in Teil II noch genauer auszuführen sein.

2.4.3   Zusammenfasung (Teil I)

Das Grundproblem der allgemeinen Theorie dynamischer Systeme besteht in der Aufdeckung des Zusammenhanges zwischen dem globalen Gesamtverhalten und den lokalen Strukturen (Relationen) beliebiger Erscheinungen. Hierbei bilden den Ausgangspunkt nicht – wie üblich – die globalen input-output-Begriffe der Technik oder die lokalen Strukturbegriffe der Physik (Fluss, Differenzialgleichung), sondern der einfachere und übergeordnete Begriff des autonomen Systems (*Prozess*)).

Damit wird es möglich, zentrale Theorien aus Naturwissenschaft (Physik) und Technik einheitlich zu beschreiben. Der Zusammenhang zwischen Analyse (Physik) und Synthese (Technik) wird über den Begriff der *Vollständigkeit* (Strukturierbarkeit) bezüglich einer universellen *Relationenstruktur* hergestellt, und für die Prozessklassifizierung sind von zentraler Bedeutung die Begriffe *Wechselwirkung* (*temporale* bzw. *kooperative*) und *Markov-Prozess*.

A) Prozessverhalten

> 1. *Grundmengen* der Prozesstheorie:
>   *Zeitbereich* T, $t \in T$, linear geordnete Menge. $S \subset T$ Intervall aus T; *Phasenraum* X, $x \in X$, Menge.
>
> 2. *Prozess* (global):
>   Menge Ξ von *Signalen* (Zeitfunktionen)
> $$\xi : S \to X.$$
>
> $\Xi = \Xi_S$ heißt (S-) *lokaler Prozess*, wenn
> $$\Xi_S \subset \Xi_S^* := \{\xi | D(\xi) \supset S\}, \qquad (D(\cdot) : \text{ Definitionsbereich}).$$
>
> 3. Menge aller S-Prozesse:
> $\mathcal{X}_S := \mathcal{P}(\Xi_S^*)$, $\mathcal{X}^* = \bigcup \mathcal{X}_S$. Jeder globale Prozess ist die Vereinigung von lokalen S-Prozessen.
>   Das Tripel (T, X, Ξ), $\Xi \in \mathcal{X}^*$ bildet ein *dynamisches System*.

B) Prozessanalyse

> 1. *Grundmengen*
> S^*: Menge aller *Zeittupel* $\underline{t} := (t_1, t_2, \dots, t_n)$, $n \in \mathbb{N}$, $t_i \in S$. Analog zu Ξ_S wird für $\underline{T} \subset S^*$ definiert:
> $$\Xi_{\underline{T}} = \{\xi | \underline{T}_\xi \supset \underline{T}\}, \quad \mathcal{X}_{\underline{T}} = \mathcal{P}(\Xi_{\underline{T}}), \quad \underline{T}_\xi := (D(\xi))^*.$$

2. *Prozessstruktur*

Jedem Prozess $\Xi \in \mathcal{X}_{\underline{T}}$ ist zugeordnet eine Strukturierung durch *Phasenrelationen*:

$$\pi_{\underline{t}}(\Xi): \ \{(\xi(t_1), \xi(t_2), \ldots, \xi(t_n)), \xi \in \Xi, \underline{t} \in \underline{T}\} \subset X^n.$$

Ξ heißt $\underline{T}-vollständig$, wenn er sich durch seine Phasenrelationen darstellen lässt (*Darstellungssatz*):

$$\Xi = \bigcap_{\underline{t} \in \underline{T}} \pi_{\underline{t}}^{-1}(\rho(\underline{t})), \qquad \rho(\underline{t}) := \pi_{\underline{t}}(\Xi).$$

ρ heißt *Phasenstruktur* von Ξ.

Von besonderer Wichtigkeit sind Prozesse Ξ, die bereits dann vollständig sind, wenn alle $\underline{t} \in \underline{T}$ in gleichartig „kleinen" (lokalen) Teilsegmenten $L \subset D(\Xi)$ liegen. Nur „lokal hinreichend vollständige Prozesse" lassen sich mit entsprechend einfachen mehrsortigen (T, X)-Strukturen darstellen.

C) Prozesssynthese

1. *Grundmengen*

$\mathrm{pr}(x_1, x_2, \ldots, x_n)$ bezeichnet ein beliebiges *Teiltupel* $(x_1', x_2', \ldots, x_m')$ aus $\underline{x} := (x_1, x_2, \ldots, x_n) \in X^n$. Analog ist für $\underline{R} \subset X^n$

$$\mathrm{pr}(\underline{R}) := \{\mathrm{pr}(\underline{x}) | \underline{x} \in \underline{R}\} \quad \textit{Teilrelation von } \underline{R} \in \mathcal{R}, \ \mathcal{R} = \bigcup_{n \in \mathbb{N}} \mathcal{P}(X^n).$$

2. *Synthesebedingung*

Erfüllt die Phasenstruktur $\rho \in \mathcal{R}^{\underline{T}}$ die (notwendigen) *Dynamikbedingungen* $(\underline{t}, \mathrm{pr}(\underline{t}) \in \underline{T})$,

$$\rho(\mathrm{pr}(\underline{t})) = \mathrm{pr}(\rho(\underline{t})), \quad \underline{\rho}(\underline{t}) = \underline{R},$$

so definiert

$$\Xi = \chi_{\underline{t}}(\rho) := \bigcap_{\underline{t} \in \underline{T}} \pi_{\underline{t}}^{-1}(\rho(\underline{t}))$$

einen T-vollständigen Prozess (*Fundamentalsatz*).

D) Wechselwirkung

1. *Grundmengen*

$$\overline{D}(\Xi) = \bigcup D(\xi), \quad \xi \in \Xi, \quad \text{äußerer Definitionsbereich von } \Xi,$$

$$\overline{T}^\tau = \{t \in T | t \le \tau\}, \quad T_\tau = \{t \in T | t > \tau\},$$

$$\Xi | \overline{T}^\tau = \bigcup \xi | \overline{T}^\tau, \ \xi \in \Xi : \ \textit{Vergangenheit} \text{ von } \Xi \text{ bezüglich } \tau \in \overline{D}(\xi),$$

$$\Xi | T_\tau = \bigcup \xi | T_\tau, \ \xi \in \Xi : \ \textit{Zukunft} \text{ von } \Xi \text{ bezüglich } \tau \in \overline{D}(\xi).$$

2. *Temporale Kopplung*

Zwischen Vergangenheit und Zukunft eines Prozesses Ξ besteht zu jedem Zeitpunkt τ eine temporale *Wechselwirkung*, charakterisiert durch eine *Wechselwirkungsrelation* $W_\tau = \Xi \times \Xi$,

$$(\xi, \xi') \in W_\tau \ :\Leftrightarrow \ \xi \overset{\tau}{\circ} \xi' \in \Xi, \quad \tau \in D(\xi, \xi').$$

W_τ liegt immer zwischen den Grenzfällen

$$I_\Xi = \{\xi, \xi' | \xi = \xi'\} : \qquad \textit{bifunktionales} \text{ Verhalten}$$

$$\text{(determiniert und reversibel)},$$

$$A_\Xi = \Xi \times \Xi : \qquad \textit{chaotisches} \text{ (gesetzloses) Verhalten}.$$

Vermöge W_τ ist jedem Prozess $\Xi \in \mathcal{X}^*$ bijektiv zugeordnet eine *Kopplungsfunktion* κ:

$$\pi(\Xi) = \kappa, \quad \kappa(\tau) = W_\tau, \quad \tau \in \overline{D}(\Xi),$$

$$\pi(\mathcal{X}^*) = K^*.$$

3. *Verhaltensklassen*

Die Prozesse $\Xi \in \mathcal{X}^*$ lassen sich auf natürliche Weise in *Verhaltensklassen* $\mathcal{X}_\kappa \subset \mathcal{X}^*$ „gleichartiger" Wechselwirkungen mit der Kopplungsfunktion $\kappa \in K^*$ einteilen:

$$\Xi \in \mathcal{X}_\kappa \ :\Leftrightarrow \ \left((\xi, \xi') \in \kappa(\tau) \Rightarrow \xi \overset{\tau}{\circ} \xi' \in \Xi\right), \quad (\xi, \xi' \in \Xi, \ \tau \in \overline{D}(\Xi)).$$

Speziell ist T metrisiert und $\Xi \in \mathcal{X}_L$ (Klasse der *Prozesse mit Gedächtnis der „Dauer L"*) mit der Kopplungsfunktion $\kappa = \kappa_L$, gegeben durch L-Segmente:

$$(\xi, \xi') \in \kappa_L(\tau) : \Leftrightarrow (\xi | L_\tau = \xi' | L_\tau) \qquad (L_\tau \subset D(\xi, \xi')).$$

Insbesondere ist $L_\tau = 0 \ (\xi(\tau) = \xi'(\tau))$. Die zugehörige Klasse $\mathcal{X}_0$ bildet die elementare Klasse der *Markov-Prozesse* (Prozesse ohne Gedächtnis), die für die gesamte Prozesstheorie von grundlegender Bedeutung ist.

E) Funktionale Prozesse

1. *Einteilung*
   Ein Prozess $\Xi \in \mathcal{X}^*$ heißt ($\xi, \xi' \in \Xi$, $\tau \in D(\xi, \xi')$)

   $$determiniert : \Leftrightarrow \; \xi \overset{\tau}{\circ} \xi' \in \Xi \; \Rightarrow \; \xi|T_\tau = \xi'|T_\tau \; :\Leftrightarrow \; \Xi \in \mathcal{X}^>,$$

   $$reversibel : \Leftrightarrow \; \xi \overset{\tau}{\circ} \xi' \in \Xi \; \Rightarrow \; \xi|\overline{T}^\tau = \xi'|\overline{T}^\tau \; :\Leftrightarrow \; \Xi \in \mathcal{X}^<.$$

   Determinierte und zugleich reversible Prozesse werden als *bifunktional* bezeichnet.

2. *Eigenschaften*
   Prozesse sind im Allgemeinen zugleich Elemente bestimmter anderer Verhaltensklassen, z.B. $\mathcal{X}_\kappa$, $\mathcal{X}_L$ oder $\mathcal{X}_0$.
   Determinierte Prozesse (irreversibel oder nicht) sind durch eine mit der Zeit nicht fallende Ordnungsrelation o gekennzeichnet, d.h.:

   $$\Xi \in \mathcal{X}^> \wedge \tau_2 \geq \tau_1 \; \Rightarrow \; o(\tau_2) \supset o(\tau_1).$$

   Diesem Zeitverhalten entspricht eine wachsende Ordnung (Strukturierung) des Prozessverlaufs. Im allgemeinen Fall (nichtdeterminierter Prozess) erfolgt generell eine Abnahme der Ordnungsstrukur („Entropie").

F) Zweidimensionale (kooperative) Prozesse

1. *Definition*
   An die Stelle von X tritt das Produkt $X_1 \times X_2$ (vgl. A):

   $$\xi : \; D(\xi) \subset T \to X_1 \times X_2, \qquad \xi \in \Xi.$$

   Jedem ξ ist zugeordnet ein geordnetes Paar $(\xi_1, \xi_2) := \alpha(\xi)$ mit

   $$\xi_i : \; D(\xi_i) \subset T \to X_1, \qquad i = 1, 2, \qquad \xi_i \in \Xi_i,$$

   und damit jedem zweidimensionalen Prozess Ξ ein *kooperativer Prozess*

   $$\alpha(\Xi) := \Xi' \subset \Xi_1 \times \Xi_2, \qquad \Xi_i = \mathrm{pr}_i \Xi'.$$

2. *Eigenschaften*
   Als Bilder $\alpha(\xi)$ von ξ unterliegen die Elemente (ξ_1, ξ_2) von $\Xi' = \alpha(\Xi)$ einem gewissen Kopplungsgesetz (*Kausalitätsbedingung*):

   $$\Phi_1^\tau(\xi_1)|\overline{T}^\tau = \Phi_1^\tau(\xi_1 \overset{\tau}{\circ} \xi_1')|\overline{T}^\tau, \qquad \Phi_1^\tau = \widehat{\Xi}_\tau', \qquad \Xi_\tau' = \Xi'|\overline{T}^\tau.$$

   Somit ist nicht jede Teilmenge Ξ' ein kooperativer Prozess. Für die temporale Wechselwirkung gilt analog zum eindimensionalen Fall

   $$((\xi_1, \xi_2), (\xi_1', \xi_2')) \in W_\tau :\Leftrightarrow (\xi_1 \overset{\tau}{\circ} \xi_1', \xi_2 \overset{\tau}{\circ} \xi_2') \in \Xi'.$$

G) Zustandsdarstellung

1. *Markov-Prozess*

Zu jedem dynamischen System (T, X, Ξ) existiert ein *Markov-System* (T, Z, M) mit dem *Phasenraum* Z und dem *Markov-Prozess* M mit den Realisierungen

$$\mu : \ D(\mu) \subset T \to Z, \ \ \mu(t) = z \in Z,$$

und für jedes $t \in D(\mu)$ eine Abbildung (*Zustandsdarstellung*)

$$g_t : \ Z \to X, \ \ g_t(\mu(t)) = \xi(t)$$

mit der M bijektiv auf Ξ abgebildet wird:

$$g.(\mu) = \xi, \ \ \ \mu \in M, \ \ \ \xi \in \Xi.$$

2. *Binäre Prozesse*

Für den zweidimensionalen Fall erhält man analog

$$\xi_i(t) = g_t^{(i)}(\mu_1(t), \mu_2(t)), \ \ \ \ \ \ (i = 1, 2),$$

$$(\xi_1, \xi_2) \in \Xi', \ \ \ \ \ (\mu_1, \mu_2) \in M'.$$

Mit diesen Aussagen wird die Prozesstheorie auf die (wesentlich einfachere) Theorie der Markov-Prozesse zurückgeführt.

Teil II

Markov-Prozesse und Anwendungen

3 Markov-Prozesse

3.1 Markovsche Relationenstruktur

3.1.1 Phasenstruktur

In Teil I wurde bereits erwähnt, dass die Markov-Prozesse (Abschnitt 2.1.4) in der allgemeinen Theorie der Prozesse (Systeme) eine besondere Rolle spielen. Insbesondere wurde gezeigt, dass sich jeder Prozess Ξ als Bild eines Markov-Prozesses darstellen lässt (Abschnitt 2.4). Daraus ergibt sich:

Beim Studium fundamentaler Eigenschaften von Prozessen kann man sich im Wesentlichen auf Markov-Prozesse beschränken.

Aus diesem Grund werden wir nun die Markov-Prozesse genauer betrachten. Da nach Abschnitt 1.4.3 zwischen Prozess und (minimaler) Phasenstruktur eine Beziehung besteht, werden wir die Analyse von Markov-Prozessen an den ihnen entsprechenden dynamischen Strukturen (Relationen) vornehmen, und dabei statt Z, M, μ (wie in Abschnitt 2.4) wieder X, Ξ, ξ schreiben. Wir werden zeigen, dass das ($\underline{T}$-vollständige) Markov-System $(T, X, \underline{T}, \rho)$, $\underline{T} \subset T^*$, $\rho = \pi_{\underline{T}}(\Xi)$, $\Xi \in \mathcal{X}_0$ durch ein einfacheres System des Typs $(T, X, \underline{T}', \rho')$, $\rho' = \pi_{\underline{T}'}(\Xi)$, $\underline{T}' \subset T^2$ ersetzt werden kann.

Zu diesem Zweck führen wir die *Verkettung* von (Phasen-) Relationen ein (vgl. (1.33)).

Definition 3.1 - 1 Ist $\underline{x} = (x_1, x_2, \dots, x_n) \in X^n$, $\underline{x}' = (x'_1, x'_2, \dots, x'_m) \in X^m$ $(n, m \in \mathbb{N})$, so heißt $(n, m > 1)$

$$(x_1, x_2, \dots, x_n) \odot (x'_1, x'_2, \dots, x'_m)$$

$$:= \begin{cases} (x_1, x_2, \dots, x_n, x'_2, \dots, x'_m) & \text{für } x_n = x'_1 \\ \text{nicht definiert} & \text{für } x_n \neq x'_1 \end{cases} \tag{3.1}$$

Verkettungsprodukt von $\underline{x}$ und $\underline{x}'$. Das Verkettungsprodukt für Relationen $\underline{R}_1 \subset$

X^n und $\underline{R}_2 \subset X^m$ ist dann definiert durch die $(m + n - 1)$-stellige Relation

$$\underline{R}_1 \odot \underline{R}_2 := \left\{ \underline{x} \;\middle|\; \bigvee_{\underline{x}_1, \underline{x}_2} \underline{x} = \underline{x}_1 \odot \underline{x}_2 \wedge \underline{x}_1 \in \underline{R}_1 \wedge \underline{x}_2 \in \underline{R}_2 \right\}, \qquad (3.2)$$

also durch die Menge aller definierten $\underline{x}_1 \odot \underline{x}_2$ mit $(\underline{x}_1, \underline{x}_2) \in \underline{R}_1 \times \underline{R}_2$.

Die Operation $\odot$ ist – soweit definiert – offensichtlich assoziativ. Ohne Einschränkung der Allgemeinheit wird im weiteren angenommen, dass die Glieder t_i von $\underline{t} = (t_1, t_2, \dots , t_n) \in \underline{T}$ nach wachsender Zeit geordnet sind: $t_1 < t_2 < \dots < t_n$. Wir kennzeichnen diesen Sachverhalt auch durch $\underline{t} \in T^n_<$.

Satz 3.1 - 1 Ist $\rho(\underline{t}) = \pi_{\underline{t}}(\Xi)$ Phasenrelation eines Markov-Prozesses $\Xi \in \mathcal{X}_0$ (Abschnitt 2.1.4), so ist $\rho(\underline{t})$ für alle $\underline{t} \in \underline{T}_\Xi$ mit $|\underline{t}| \geq 2$ (vgl. (1.30)) als Verkettungsprodukt seiner zweistelligen Projektionen $\mathrm{pr}_{(i,i+1)}(\rho(\underline{t})) = \rho(t_i, t_{i+1})$ $(i = 1, 2, \dots , n - 1)$ darstellbar:

$$\rho(\underline{t}) := \rho(t_1, t_2, \dots , t_n) = \rho(t_1, t_2) \odot \rho(t_2, t_3) \odot \dots \odot \rho(t_{n-1}, t_n) \qquad (3.3)$$

mit

$$\rho(t_i, t_{i+1}) = \pi_{(t_i, t_{i+1})}(\Xi) \qquad\qquad (t_i < t_{i+1}). \qquad (3.4)$$

Beweis: Zu zeigen ist: $\rho(\underline{t}_1 \odot \underline{t}_2) = \rho(\underline{t}_1) \odot \rho(\underline{t}_2)$ mit $\underline{t} = \underline{t}_1 \odot \underline{t}_2$, $t_1 < t < t_n$, $\underline{t}_1 := (t_1, \dots , t)$, $\underline{t}_2 := (t, \dots , t_n)$. In dieser zu beweisenden Identität für ρ kann $=$ durch $\subset$ ersetzt werden:

$$\underline{x} \in \rho(\underline{t}_1 \odot \underline{t}_2) \;\Rightarrow\; \bigvee_{\underline{x}_1, \underline{x}_2} \underline{x} = \underline{x}_1 \odot \underline{x}_2 \quad \wedge \quad \underline{x}_1 \in \rho(\underline{t}_1) \wedge \underline{x}_2 \in \rho(\underline{t}_2)$$

$$\Leftrightarrow \quad \underline{x} \in (\rho(\underline{t}_1) \odot \rho(\underline{t}_2)).$$

Wir zeigen die Umkehrung:

$$\underline{x} \in (\rho(\underline{t}_1) \odot \rho(\underline{t}_2)) \Rightarrow \bigvee_{\xi_1} \bigvee_{\xi_2} \underline{x} = \left(\pi_{\underline{t}_1}(\xi_1) \odot \pi_{\underline{t}_2}(\xi_2) \right) \wedge \xi_1, \xi_2 \in \Xi \wedge (\xi_1(t) = \xi_2(t))$$

$$\Rightarrow \bigvee_{\xi_1} \bigvee_{\xi_2} \underline{x} = \pi_{(\underline{t}_1 \odot \underline{t}_2)}(\xi_1 \overset{t}{\circ} \xi_2) \wedge \xi_1 \overset{t}{\circ} \xi_2 \in \Xi$$

$$\Rightarrow \bigvee_{\xi} \underline{x} = \pi_{(\underline{t}_1 \odot \underline{t}_2)}(\xi) \wedge \xi \in \Xi$$

oder

$$\underline{x} \in (\rho(\underline{t}_1) \odot \rho(\underline{t}_2)) \;\Rightarrow\; \underline{x} \in \rho(\underline{t}_1 \odot \underline{t}_2).$$

3.1.2 Prozessdarstellung

Zur Herleitung einer vereinfachten Prozessdarstellung mit Hilfe der Projektionen $\rho(t_1, t_2)$ führen wir die *geordnete Paarzerlegung* $\mathbf{z}(\underline{t})$ von $\underline{t} \in \underline{T}$ bzw. die *Zerlegungsmenge* $\mathbf{z}(\underline{T})$ wie folgt ein. Für $n \geq 2$ und $\underline{t} = (t_1, \dots, t_n)$ sei

$$\mathbf{z}(\underline{t}) := \{(t_1, t_2), (t_2, t_3), \dots, (t_{n-1}, t_n)\} \tag{3.5}$$

und für $n = 1$ $(\underline{t} = t)$

$$\mathbf{z}(\underline{t}) = t. \tag{3.6}$$

Weiter sei

$$\mathbf{z}(\underline{T}) := \bigcup_{\underline{t} \in \underline{T}} \mathbf{z}(\underline{t}) \tag{3.7}$$

die Gesamtheit aller dieser Paare aus $\underline{T}$. Jedem $\underline{T} \subset T^*$ wird auf diese Weise eine Menge $\mathbf{z}(\underline{T})$ von geordneten *Zeitpaaren* (t_1, t_2) oder Zeitpunkten t zugeordnet:

$$\mathbf{z}(\underline{T}) \subset T_<^2 \cup T := \overline{T}^2. \tag{3.8}$$

Mit (1.45) erhält man den

Satz 3.1 -2 (Darstellungssatz): Es bezeichne

$$\mathcal{V}_{\underline{T}'} \subset \mathcal{X}_0, \qquad \underline{T}' \subset \overline{T}^2 \tag{3.9}$$

die Menge aller $\underline{T}'$-vollständigen Markov-Prozesse mit $\underline{T}' \subset \overline{T}^2$. Ist Ξ ein beliebiger $\underline{T}$-vollständiger Markov-Prozess mit $\underline{T} \subset T^*$, so ist er auch für alle $\underline{T}' \supset \mathbf{z}(\underline{T})$ (vgl. (1.46)) $\underline{T}'$-vollständig und damit durch seine Phasenstruktur ρ' mit den zweistelligen Relationen $\rho'(\underline{t}') = \pi_{\underline{t}'}(\Xi)$ darstellbar:

$$(\Xi \in \mathcal{V}_{\underline{T}} \wedge \underline{T}' \supset \mathbf{z}(\underline{T})) \Rightarrow \Xi \in \mathcal{V}_{\underline{T}'} \qquad (\underline{T} \subset T^*), \tag{3.10}$$

$$\bigwedge_{\Xi \in \mathcal{V}_{\underline{T}'}} (\pi_{\underline{T}'}(\Xi) = \rho' \Rightarrow \Xi = \chi_{\underline{T}'}(\rho')) \qquad (\underline{T}' \subset \overline{T}^2). \tag{3.11}$$

Beweis: Für einen Markov-Prozess $\Xi \in \mathcal{X}_T \subset \mathcal{X}_0$ ist nach Satz 3.1-1 und (3.5) für alle $\underline{t} \in \underline{T}$

$$\pi_{\underline{t}}(\xi) \in \pi_{\underline{t}}(\Xi) \Leftrightarrow \bigwedge_{\underline{t}' \in \mathbf{z}(\underline{t})} \pi_{\underline{t}'}(\xi) \in \pi_{\underline{t}'}(\Xi).$$

Ist Ξ $\underline{T}$-vollständig ($\Xi \in \mathcal{V}_{\underline{T}}$), so folgt mit (1.35) und (1.37) hieraus

$$\xi \in \Xi \;\Leftrightarrow\; \bigwedge_{\underline{t}\in\underline{T}} \; \bigwedge_{\underline{t}'\in\mathbf{z}(\underline{t})} \pi_{\underline{t}'}(\xi) \in \pi_{\underline{t}'}(\Xi)$$

und nach logischer Umformung mit (3.6)

$$\xi \in \Xi \;\Leftrightarrow\; \bigwedge_{\underline{t}'\in\mathbf{z}(\underline{T})} \pi_{\underline{t}'}(\xi) \in \pi_{\underline{t}'}(\Xi), \qquad\qquad \mathbf{z}(\underline{T}) = \bigcup_{\underline{t}\in\underline{T}} \mathbf{z}(\underline{t}).$$

Es gilt also jedenfalls

$$\Xi \in \mathcal{V}_{\underline{T}} \;\Rightarrow\; \Xi \in \mathcal{V}_{\mathbf{z}(\underline{T})}$$

und damit (3.10) auch für $\overline{T}^2 \supset \underline{T}' \supset \mathbf{z}(\underline{T})$ (Abschnitt 1.3.3). Der zweite Teil (3.11) des Satzes ist eine Folge von (3.10). Auf die *Prozessdarstellung* (3.9) bis (3.11) werden wir in Abschnitt 3.1.4 noch einmal zurückkommen. ■

Bemerkung: Die Äquivalenzrelation $\xi \overset{t}{\sim} \xi' \Leftrightarrow \xi|\overline{T}^t = \xi'|\overline{T}^t$ ($\xi, \xi' \in \Xi$) zerlegt den Markov-Prozess Ξ für jedes $t \in D(\Xi)$ in disjunkte Teilprozesse $[\xi]_t \in \Xi/\underset{\sim}{t}$ (Äquivalenzklassen), die selbst wieder Markov-Prozesse darstellen.

Wie dargelegt (vgl. (3.9) bis (3.11)), lässt sich jeder $\underline{T}$-vollständige Markov-Prozess durch seine ein- und zweistelligen Phasenrelationen $\rho'(t) = \pi_t(\Xi)$ bzw. $\rho'(t_1, t_2) = \pi_{(t_1, t_2)}(\Xi)$ darstellen, sofern $\underline{T}'$ geeignet gewählt wird ($\underline{T}' \supset \mathbf{z}(\underline{T})$). Es gilt also anstelle von (3.10) sogar die Äquivalenz

$$\Xi \in \mathcal{V} :\Leftrightarrow \bigvee_{\underline{T}\subset T^*} \Xi \in \mathcal{V}_{\underline{T}} \;\Leftrightarrow\; \bigvee_{\underline{T}'\subset\overline{T}^2} \Xi \in \mathcal{V}_{\underline{T}'} \qquad (\mathcal{V} \subset \mathcal{X}_0). \tag{3.12}$$

Somit kann man sich bei der Betrachtung von vollständigen Markov-Prozessen auf das Studium von $\underline{T}'$-vollständigen Markov-Prozessen mit einem Zeittupelbereich $\underline{T}' \subset \overline{T}^2$ beschränken (im Weiteren schreiben wir daher $\underline{T}$ statt $\underline{T}'$).

3.1.3 Prozesssynthese

Nach Satz 3.1-2 wird jeder Prozess $\Xi \in \mathcal{V}_{\underline{T}}$ durch seine Phasenstruktur $\rho = \pi_{\underline{T}}(\Xi)$ dargestellt (Prozess $\mapsto$ Struktur):

$$(\Xi \mapsto \rho) \;\Rightarrow\; (\Xi = \chi_{\underline{T}}(\rho)), \qquad \underline{T} \subset \overline{T}^2.$$

Wir betrachten nun die Umkehrung $\rho \mapsto \Xi$ (*Struktur $\mapsto$ Prozess*), wobei wir an die allgemeinen Dynamikbedingungen (1.83) sinngemäß anknüpfen können.

An die Stelle der allgemeinen Struktur tritt mit (3.8) nun die speziellere *Relationenstruktur* $(T, X, \underline{T}, \rho)$ mit

$$\rho : \underline{T} \to \mathcal{R}, \qquad \underline{T} \subset T \cup T^2_<, \qquad \mathcal{R} = \mathcal{P}(X \cup X^2), \qquad (3.13)$$

$$\rho(t_1, t_2) \subset X^2, \qquad \rho(t) \subset X$$

mit folgenden notwendigen *Dynamikbedingungen* $(\rho(\underline{t}) = \pi_{\underline{t}}(\Xi),\ \Xi \in \mathcal{V}_{\underline{T}})$:

a) *Projektionsbedingungen:*

$$t_1, t_2, (t_1, t_2) \in \underline{T} \Rightarrow \mathrm{pr}_1(\rho(t_1, t_2)) = \rho(t_1),\ \mathrm{pr}_2(\rho(t_1, t_2)) = \rho(t_2); \quad (3.14)$$

b) *Kompositions- oder Markov-Bedingung:*

$$(t_1, t_2), (t_2, t_3), (t_1, t_3) \in \underline{T} \Rightarrow \rho(t_1, t_3) = \rho(t_1, t_2) \circ \rho(t_2, t_3). \qquad (3.15)$$

Die Bedingung a) folgt aus (1.83), und auf die Bedingung (3.15) schließt man wie folgt:

Nach Voraussetzung ist $(t_1, t_2, t_3) \in \underline{T}_{\Xi}$ $(t_1 < t_2 < t_3)$ und nach Satz 3.1-1 daher

$$(x_1, x_2, x_3) \in \rho(t_1, t_2, t_3) \ \Leftrightarrow\ (x_1, x_2) \in \rho(t_1, t_2) \wedge (x_2, x_3) \in \rho(t_2, t_3).$$

Daraus folgt weiter

$$\bigvee_{x_2} (x_1, x_2, x_3) \in \rho(t_1, t_2, t_3) \quad \Leftrightarrow \quad (x_1, x_3) \in \rho(t_1, t_2) \circ \rho(t_2, t_3)$$

$$\Leftrightarrow \quad (x_1, x_3) \in \rho(t_1, t_3).$$

Satz 3.1 -3 (Fundamentalsatz): Die Relationenstruktur (3.13) definiert einen $\underline{T}$-vollständigen Markov-Prozeß $\Xi \in \chi_{\underline{T}}(\rho)$, falls sie die Dynamikbedingungen (3.14) und (3.15) erfüllt.

Beweis: Genügt ρ aus (3.13) den Bedingungen (3.14), ist also $\rho \in P_{\underline{T}}$ eine *dynamische $\underline{T}$-Struktur*, so ist $\Xi = \chi_{\underline{T}}(\rho)$ nach dem allgemeinen Fundamentalsatz 1.4-2 ein $\underline{T}$-vollständiger Prozeß $(\Xi \in \mathcal{V}_{\underline{T}})$. Ist auch die Markov-Bedingung (3.15) erfüllt, so ist Ξ außerdem ein Markov-Prozeß $(\Xi \in \mathcal{X}_0)$, wie nachstehend gezeigt.

Es sei $\Xi = \chi_{\underline{T}}(\rho)$, also $\rho = \pi_{\underline{T}}(\Xi)$. Dann gilt mit $\rho(t_1, t_2) := \pi_{(t_1, t_2)}(\Xi)$ und $\tau, (t_1, t_2) \in \underline{T}$:

$$(\xi, \xi' \in \Xi \wedge \xi(\tau) = \xi'(\tau)) \ \Rightarrow$$

$$\begin{cases} \pi_{(t_1,t_2)}(\xi \overset{\tau}{\circ} \xi') \in \rho(t_1,t_2) \ \text{ für } \ (t_1,t_2 \le \tau) \vee (\tau \le t_1,t_2), \\ \pi_{(t_1,\tau)}(\xi \overset{\tau}{\circ} \xi') \in \rho(t_1,\tau) \wedge \pi_{(\tau,t_2)}(\xi \overset{\tau}{\circ} \xi') \in \rho(\tau,t_2) \ \text{ für } \ t_1 < \tau < t_2. \end{cases}$$

Aus dem letzten Ausdruck folgt weiter

$$\pi_{(t_1,t_2)}(\xi \overset{\tau}{\circ} \xi') \in \rho(t_1,\tau) \circ \rho(\tau,t_2) = \rho(t_1,t_2).$$

Zusammengefasst erhält man

$$(\xi, \xi' \in \Xi \wedge \xi(\tau) = \xi'(\tau)) \quad \Rightarrow \quad \bigwedge_{(t_1,t_2) \in \underline{T}} (\xi \overset{\tau}{\circ} \xi') \in \rho(t_1,t_2)$$

$$\Rightarrow \quad \xi \overset{\tau}{\circ} \xi' \in \Xi.$$

Es ist also $\Xi \in \mathcal{X}_0$ und nach Vorstehendem außerdem $\Xi \in \mathcal{V}_{\underline{T}}$, d.h. $\Xi = \chi_{\underline{T}}(\rho)$ ist ein $\underline{T}$-vollständiger Markov-Prozess. $\blacksquare$

3.1.4 Markov-Struktur

Nach den obigen Überlegungen erzeugt die Relationenstruktur (3.13) den Markov-Prozess $\Xi = \chi_{\underline{T}}(\rho)$ ($\Xi \in \mathcal{V}_{\underline{T}}$), sofern ρ die Dynamikbedingungen (3.14) und (3.15) erfüllt.

Dieser Zusammenhang zwischen Struktur und Prozess lässt sich nun einfacher formulieren, wenn man von dem Zeittupelbereich $\underline{T} \subset T \cup T_<^2$ zum *Zeitpaarbereich*

$$\underline{T}' \subset T_+^2 = \{(t_1,t_2) \in T^2 | t_1 \le t_2\} \tag{3.16}$$

und zugleich zu dem ebenfalls einfacheren Phasenraum X^2 mit geeignet gewählten Transformationen ψ_1 bzw. ψ_2 übergeht.

Wir definieren dazu eine Abbildung ψ_1 mit der Eigenschaft

$$\psi_1 : \underline{T} \to \underline{T}' \subset T_+^2, \quad \psi_1(\underline{t}) = \underline{t}' := \begin{cases} \underline{t} & \text{für } \underline{t} \in \underline{T} \subset T_<^2 \\ (t,t) & \text{für } \underline{t} \in \underline{T} \subset T. \end{cases} \tag{3.17}$$

Um wieder eine den gleichen Prozess erzeugende Struktur $(T, X, \underline{T}, \rho')$, $\rho' : \underline{T}' \to \mathcal{R}'$ zu erhalten, ist $\mathcal{R}$ so zu transformieren (notwendige Bedingung), dass mit

$$\psi_2 : \mathcal{R} \to \mathcal{R}' \subset \mathcal{P}(X^2), \qquad \mathcal{R} = \mathcal{P}(X \cup X^2) \tag{3.18}$$

das Diagramm Bild 3.1-1 kommutativ wird (Abschnitt 2.2.4). In diesem Fall bildet $\psi_1 \times \psi_2$ einen *Homomorphismus* von $(T, X, \underline{T}, \rho)$ auf $(T, X, \underline{T}', \rho')$.

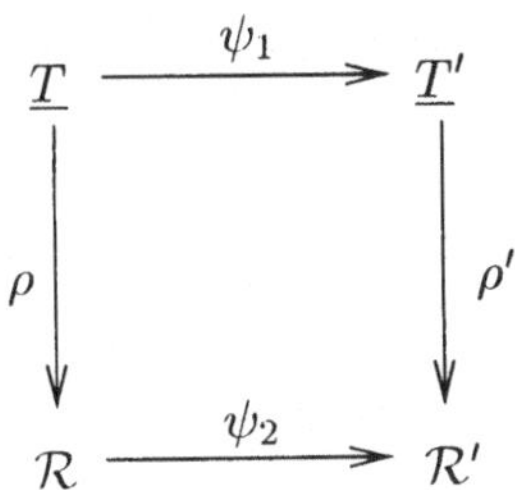

Bild 3.1-1: Kommutatives Diagramm für homomorphe Markov-Strukturen: $(T, X, \underline{T}, \rho) \simeq (T, X, \underline{T}', \rho')$, $\psi_2(\rho(\underline{t})) = \rho'(\psi_1(\underline{t}))$.

Wir wählen speziell

$$\psi_2(\underline{R}) = \underline{R}' = \begin{cases} \underline{R} & \text{für } \underline{R} \in X^2 \\ I_R = \{(x,x)|x \in R\} & \text{für } \underline{R} = R \subset X. \end{cases} \tag{3.19}$$

Aus der *Homomorphiebedingung*

$$\psi_2(\rho(\underline{t})) = \rho'(\psi_1(\underline{t})) \tag{3.20}$$

folgt mit (3.17) und (3.18) das Transformationsgesetz $\widetilde{\psi}$ für $\rho \mapsto \rho'$ (Bild 3.1-1):

$$\begin{aligned} \rho'(\underline{t}) &= \rho(\underline{t}) & \text{für } & \underline{t} \in T^2_<, \\ \rho'(t,t) &= I_{\rho(t)} := \{(x,x)|x \in \rho(t)\} & \text{für } & \underline{t} = t \in T. \end{aligned} \tag{3.21}$$

$\widetilde{\psi}$ lässt den Prozess $\Xi = \psi_{\underline{T}}(\rho)$ ungeändert, d.h., es ist

$$\chi_{\underline{T}}(\rho) = \chi_{\underline{T}'}(\rho'), \tag{3.22}$$

was durch direktes Nachrechnen elementar bestätigt werden kann.

Bemerkung: Ist $\psi_1 \times \psi_2$ ein Isomorphismus von $(T, X, \underline{T}, \rho)$ auf $(T, X, \underline{T}', \rho')$, also $\rho' = \psi_2 \circ \rho \circ \psi_1^{-1} = \widetilde{\psi}(\rho)$, so sind die zugehörigen Prozesse Ξ' und Ξ einander bijektiv zugeordnet, insbesondere identisch. Die Umkehrung gilt nicht: Ξ' und Ξ können identisch sein, auch wenn $\psi_1 \times \psi_2$ keine Bijektion ist. Der $\underline{T}$-vollständige Markov-Prozess Ξ ist damit zugleich auch $\underline{T}'$-vollständig.

Die Dynamikbedingungen für die transformierte Struktur ρ' ergeben sich aus (3.14), (3.15) und (3.20) wie folgt.

Für alle $\underline{t} \in \underline{T}'$ gilt:

$$1) \quad \mathrm{pr}_1(\rho'(t_1, t_2)) = \mathrm{pr}_1(\rho'(t_1, t_1)) := \rho(t_1), \tag{3.23}$$

$$2) \quad \mathrm{pr}_2(\rho'(t_1, t_2)) = \mathrm{pr}_2(\rho'(t_2, t_2)) := \rho(t_2), \tag{3.24}$$

$$3) \quad \rho'(t_1, t_3) = \rho'(t_1, t_2) \circ \rho'(t_2, t_3), \tag{3.25}$$

$$4) \quad \rho'(t, t) = e_t \subset \underline{I}_d = \{(x, x) | x \subset X\} \qquad (e_t := I_{\rho(t)}). \tag{3.26}$$

Dabei ist $\rho(t) = \mathrm{pr}_1(\rho'(t, t)) \subset X$.

Mit (3.26) gilt nun (3.25) für $t_1 \leq t_2 \leq t_3$.

Man kann auch leicht nachprüfen, dass die Bedingungen (3.23) und (3.24) noch die Bedingung

$$\mathrm{pr}_2(\rho'(t_1, t_2)) = \mathrm{pr}_1(\rho'(t_2, t_3)) \tag{3.27}$$

implizieren und dass nach (3.23) und (3.24) der Vorbereich $\mathrm{pr}_1(\rho')$ (Nachbereich $\mathrm{pr}_2(\rho')$) von $\rho'(t_1, t_2)$ von t_2 (t_1) unabhängig ist.

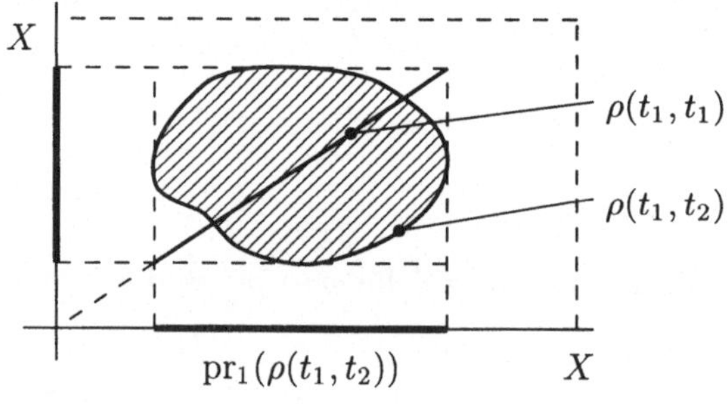

Bild 3.1-2:
Relationenstruktur $\rho(t_1, t_2) \subset X^2$.
$\mathrm{pr}_1(\rho(t_1, t_2)) = \mathrm{pr}_1(\rho(t_1, t_1))$.
$\rho(t_1, t_1)$: Identische Relation

Für die neue, aus der Relationenstruktur (3.13) abgeleitete Struktur $(T, X, \underline{T}', \rho')$ erhält man zusammengefasst (mit $\underline{T}, \rho$ statt $\underline{T}', \rho'$) folgende Definition:

Definition 3.1 - 2 Die Relationenstruktur (Bild 3.1-2)

$$\rho \Leftrightarrow (T, X, \underline{T}, \rho) \tag{3.28}$$

mit

$$\underline{T} \subset T_+^2, \qquad \rho \in \mathcal{R}^{\underline{T}}, \qquad \mathcal{R} = \mathcal{P}(X^2), \tag{3.29}$$

heißt *Markov-Struktur*, wenn sie folgende Dynamikbedingungen erfüllt: Für alle $\underline{t}_1$, $\underline{t}_2$ und $\underline{t}_1 \bullet \underline{t}_2$ gilt:

$$1) \quad \mathrm{pr}_i(\underline{t}_1) = \mathrm{pr}_i(\underline{t}_2) \;\Rightarrow\; \mathrm{pr}_i(\rho(\underline{t}_1)) = \mathrm{pr}_i(\rho(\underline{t}_2)), \qquad (i = 1, 2) \tag{3.30}$$

$$2) \quad \rho(\underline{t}_1 \bullet \underline{t}_2) = \rho(\underline{t}_1) \circ \rho(\underline{t}_2), \tag{3.31}$$

$$3) \quad \rho(t, t) := e_t \subset \{(x, x) | x \subset X\}. \tag{3.32}$$

Bei dieser Notation wurde noch die (partielle) *Multiplikation* für Zeitpaare $\underline{t} \in \underline{T}$ eingeführt:

$$(t_1, t_2) \bullet (t_1', t_2') := \begin{cases} (t_1, t_2') & \text{für } t_2 = t_1' \\ \text{nicht definiert} & \text{für } t_2 \neq t_1'. \end{cases} \tag{3.33}$$

In (3.29) kann immer angenommen werden, dass $\underline{T} = \overline{T}$ 1-abgeschlossen ist, d.h. es gilt :

$$(t_1, t_2) \in \underline{T} \;\Rightarrow\; (t_1, t_1) \in \underline{T} \;\wedge\; (t_2, t_2) \in \underline{T}. \tag{3.34}$$

Man überprüft leicht:

$$\chi_{\underline{T}}(\rho) = \chi_{\overline{T}}(\rho) \;\text{ oder }\; \Xi \in \mathcal{V}_{\underline{T}} \;\Leftrightarrow\; \Xi \in \mathcal{V}_{\overline{T}}.$$

Mit dem Übergang von $\underline{T}$ zu

$$\overline{T} = \underline{T} \cup \underline{T}_0, \qquad \underline{T}_0 = \left\{ (t,t) \;\middle|\; \bigvee_{\underline{t} \in \underline{T}} t = \mathrm{pr}(\underline{t}) \right\}$$

wird wird also kein neuer Prozess Ξ definiert, und Ξ ist damit zugleich $\underline{T}$- und $\overline{T}$-vollständig.

Ebenso bleibt $\chi_{\underline{T}}(\rho)$ ungeändert, wenn $\underline{T}$ zu einer *produktabgeschlossenen Menge* $\widetilde{T}$ erweitert wird:

$$(t_1, t_2) \in \underline{T} \;\wedge\; (t_2, t_3) \in \underline{T} \;\Rightarrow\; (t_1, t_2) \bullet (t_2, t_3) \in \underline{T}. \tag{3.35}$$

Ersichtlich ist ρ stärker strukturiert, als es das Struktursymbol (3.28) zum Ausdruck bringt. Hierauf wird noch zurückzukommen sein.

$P_{\underline{T}}$ bezeichne die Menge aller Markov-Strukturen, also alle dynamischen ρ aus $\mathcal{R}^{\underline{T}}$. Wegen (3.22) ist der durch $\rho \in P_{\underline{T}}$ definierte Prozess ein $\underline{T}$-vollständiger Markov-Prozess. Genauer gilt damit zusammengefasst nachstehender Satz.

Satz 3.1 -4 Ist die Phasenstruktur $\rho \in \mathcal{R}^{\underline{T}}$ eine Markov-Struktur, so definiert sie den $\underline{T}$-vollständigen Markov-Prozess $\Xi = \chi_{\underline{T}}(\rho)$. Umgekehrt ist die Phasenstruktur $\rho = \pi_{\underline{T}}(\Xi)$ eines $\underline{T}$-vollständigen Markov-Prozesses Ξ eine Markov-Struktur $\rho \in P_{\underline{T}}$:

$$\bigwedge_{\Xi \in \mathcal{V}_{\underline{T}}} \left[\pi_{\underline{T}}(\Xi) = \rho \;\Rightarrow\; \rho \in P_{\underline{T}} \wedge \chi_{\underline{T}}(\rho) = \Xi \right], \tag{3.36}$$

$$\bigwedge_{\rho \in P_{\underline{T}}} \left[\Xi = \chi_{\underline{T}}(\rho) \;\Rightarrow\; \pi_{\underline{T}}(\Xi) \in P_{\underline{T}} \wedge \Xi \in \mathcal{V}_{\underline{T}} \right], \qquad (\Xi \in \mathcal{X}_0). \tag{3.37}$$

Ist insbesondere ρ minimal ($\rho \in P_{\underline{T}}'$), so gilt in (3.37) sogar $\pi_{\underline{T}}(\Xi) = \rho$.

Damit ist gezeigt, dass die Gesamtheit aller $\underline{T}$-vollständigen Markov-Prozesse der Gesamtheit der Markov-Strukturen $\rho \in P_{\underline{T}}$ äquivalent ist.

3.2 Markovsche Operatorstrukturen

3.2.1 Phasenoperatoren

Es ist naheliegend, die Frage nach den zur Markov-Struktur (Definition 3.1-2) isomorphen und zugleich formal einfacheren Strukturen aufzuwerfen, bei denen an die Stelle der Relationen ρ nun Operatoren treten.

Im Hinblick auf Anwendungen in Naturwissenschaft und Technik (determinierte und stochastische Prozesse) ist es zweckmäßig, die Markov-Struktur $\rho \in \mathcal{R}^{\underline{T}}$ in (3.28) als ($\underline{t}$-parametrisierte) Familie (Abbildung)

$$f := (f(\underline{t}))_{\underline{t} \in \underline{T}} \tag{3.38}$$

von Mengenabbildungen

$$f(\underline{t}): \; f(t_1) \to \mathcal{P}(X), \qquad f(t_1) = \mathrm{pr}_1(\rho(\underline{t})), \qquad (\underline{t} = (t_1, t_2)) \tag{3.39}$$

aufzufassen, indem man die Strukturrelationen $\underline{R} = \rho(\underline{t})$ durch die ihnen zugeordneten Operatoren $\varphi := \hat{\underline{R}}$ ersetzt, wie nachstehend genauer ausgeführt.

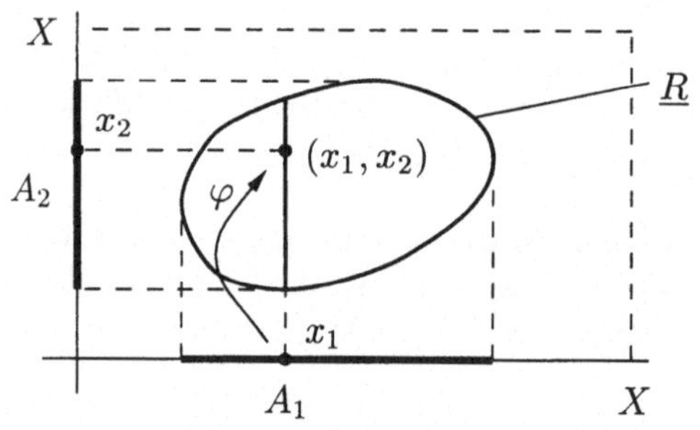

Bild 3.2-1: Phasenoperator $\varphi = \lambda(\underline{R})$.
$\varphi: \; A_1 \to \mathcal{P}(X), \varphi(x_1) \subset A_2,$
$\varphi(A_1) = A_2, A_{1,2} = \mathrm{pr}_{1,2}(\underline{R}).$

Es sei zunächst allgemein $\underline{R} \subset X^2$ und $\varphi: A_1 \to \mathcal{P}(X)$, $A_1 = \mathrm{pr}_1(\underline{R}) \subset X$, definiert für alle $x_1, x_2 \in X$ durch

$$x_2 \in \varphi(x_1) :\Leftrightarrow (x_1, x_2) \in \underline{R}, \qquad (:\Leftrightarrow x_1 \underline{R} x_2) \tag{3.40}$$

der der Phasenrelation $\underline{R}$ zugeordnete *Phasenoperator* φ (Bild 3.2-1).

Jeder Relation $\underline{R} \subset X^2$ ist mit Vorstehendem ein Operator $\varphi : A \subset X \to \mathcal{P}(X)$ $(\varphi = \hat{R}, A = \mathrm{pr}_1(\underline{R}))$ zugeordnet. Umgekehrt gehört zu jedem $\varphi \in \mathcal{P}(X)^A$ $(A \subset X)$ ein $\underline{R} \subset X^2$, gegeben durch

$$\underline{R} = \bigcup_{x \in A} (\{x\} \times \varphi(x)) \quad \text{mit} \quad \mathrm{pr}_1(\underline{R}) = A.$$

Dabei gilt für alle $A' \subset A$:

$$A' \mapsto \bigcup_{x \in A'} \varphi(x).$$

Wir setzen für die Menge aller Operatoren φ mit $D(\varphi) = A \subset X$

$$\Phi_A := \{\varphi \,|\, \varphi : A \subset X \to \mathcal{P}(X)\} = \mathcal{P}(X)^A. \tag{3.41}$$

Man kann – wie üblich – die auf $A \subset X$ gegebene Abbildung φ auf $\mathcal{P}(A)$ erweitern, indem man für $A' \subset A$ definiert

$$\varphi(A') = \bigcup_{x \in A'} \varphi(x).$$

Für diese Abbildungserweiterung von φ werden wir im Folgenden zunächst immer $\underline{\varphi}$ statt φ schreiben.

Jedem Operator $\varphi \in \Phi_A$ ist damit zugeordnet ein neuer Operator (Abbildung) $\underline{\varphi} :$ $\mathcal{P}(A) \to \mathcal{P}(X)$, definiert durch

$$\underline{\varphi}(A') = \bigcup_{x \in A'} \varphi(x)$$

für alle $A' \subset A$.

Bezeichnet γ diese Zuordnung, so gilt also

$$\Phi_A \overset{\gamma}{\mapsto} \underline{\Phi}_A := \left\{ \underline{\varphi} \,\Big|\, \underline{\varphi} : \mathcal{P}(A) \to \mathcal{P}(X) \,\wedge\, \bigwedge_{A' \subset A} \underline{\varphi}(A') = \bigcup_{x \in A'} \varphi(x) \right\}. \tag{3.42}$$

Wegen $\underline{\varphi}\{x\} = \varphi(x)$ $(A' = \{x\})$ ist

$$\gamma : \Phi_A \to \underline{\Phi}_A, \quad \gamma(\varphi) = \underline{\varphi} \tag{3.43}$$

bijektiv, wie leicht nachzuprüfen. Mit (3.42) erhält man daher $\varphi \in \Phi_A \Leftrightarrow \underline{\varphi} \in \underline{\Phi}_A$ für jedes $A \subset X$ und damit auch

$$\varphi \in \Phi \Leftrightarrow \underline{\varphi} \in \underline{\Phi}, \qquad \gamma(\varphi) = \underline{\varphi}, \tag{3.44}$$

$$\Phi = \bigcup_{A \subset X} \Phi_A, \qquad \underline{\Phi} = \bigcup_{A \subset X} \underline{\Phi}_A. \tag{3.45}$$

Für die Bijektion γ kann gesetzt werden:

$$\varphi :\ A \to \mathcal{P}(X) \ :\Leftrightarrow\ \underline{\varphi} :\ \mathcal{P}(A) \to \mathcal{P}(\underline{\varphi}(A)), \tag{3.46}$$

$$\underline{\varphi}(A') = \bigcup_{x \in A'} \varphi(x) \subset \underline{\varphi}(A), \qquad (A' \subset A),$$

da der Bildbereich $\mathcal{P}(X)$ von $\underline{\varphi}$ wegen (3.46) durch $\mathcal{P}(\underline{\varphi}(A))$ ersetzt werden kann.

3.2.2 Strukturrelationen

Es wurde gezeigt, dass die Struktur eines Markov-Prozesses durch eine spezielle Familie von Relationen $\underline{R} \subset X^2$ ($\underline{R} \in \mathcal{R}$) beschrieben werden kann und dass diesen Relationen Phasenoperatoren $\varphi :\ \mathrm{pr}_1(\underline{R}) \to \mathcal{P}(X)$ ($\varphi \in \Phi$) bzw. ein erweiterter Operator $\underline{\varphi} :\ \mathcal{P}(\mathrm{pr}_1(\underline{R})) \to \mathcal{P}(X)$ ($\underline{\varphi} \in \underline{\Phi}$) entsprechen. Zwischen diesen Strukturgrößen bestehen natürlich gewisse Zusammenhänge, die sich auf Abbildungen $\rho :\ \underline{T} \to \mathcal{R}$ und $f :\ \underline{T} \to \Phi$ bzw. $\underline{f} :\ \underline{T} \to \underline{\Phi}$ übertragen. Hierauf soll noch ergänzend eingegangen werden.

Für die Menge $\underline{\Phi}$ aller *Phasenoperatoren* $\underline{\varphi}$ erhält man mit (3.42) und (3.44) bis (3.46)

$$\underline{\Phi} := \left\{ \underline{\varphi} \ \Big|\ \bigvee_{A \subset X} \underline{\varphi} \in \underline{\Phi}_A \subset \mathcal{P}(X)^{\mathcal{P}(A)} \right\}. \tag{3.47}$$

$\underline{\Phi}$ bildet bezüglich der $\underline{\varphi}$-Komposition eine Operatorstruktur, enthalten in der *symmetrischen Halbgruppe* $S(\mathcal{P}(X))$ der Potenzmenge $\mathcal{P}(X)$.

Es sei bemerkt, dass $\underline{\Phi}$ durch X vollständig bestimmt ist:

$$\underline{\Phi} := \vartheta(X) \subset S(\mathcal{P}(X)). \tag{3.48}$$

Nach (3.40) und (3.44) bis (3.46) ist jedem $\underline{R} \in \mathcal{R} := \mathcal{P}(X^2)$ ein $\underline{\varphi} \in \underline{\Phi}$ zugeordnet. Wir bezeichnen diese Zuordnung mit λ:

$$\lambda :\ \mathcal{R} \to \underline{\Phi}, \qquad \lambda(\underline{R}) = \underline{\varphi}_{\underline{R}}. \tag{3.49}$$

λ ist eine bijektive Abbildung des *Relationenraumes* $\mathcal{R}$ in den *Operatorraum* $\underline{\Phi}$, denn aus

$$\underline{R} \neq \underline{R}' \ \Rightarrow\ \bigvee_{x_1} \varphi_{\underline{R}}(x_1) \neq \varphi'_{\underline{R}}(x_1),$$

und λ ist definitionsgemäß surjektiv.

Jedem $\underline{R} \in \mathcal{R}$ entspricht also genau ein $\varphi \in \Phi$ und ein $\underline{\varphi} = \gamma(\varphi) \in \underline{\Phi}$ (Bild 3.2-2).

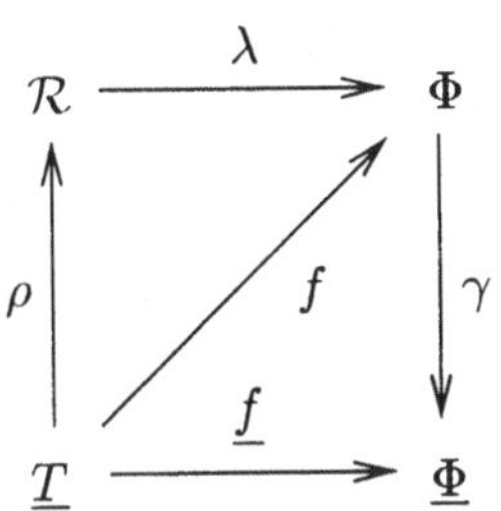

Bild 3.2-2: Strukturrelationen.
$\rho : \underline{T} \to \mathcal{R}$, Relationenstruktur ρ, $\rho(\underline{t}) = \underline{R} \subset X^2$;
$f : \underline{T} \to \Phi$, Operatorstruktur f, $f(\underline{t}) = \varphi$;
$\lambda : \mathcal{R} \to \Phi$, $\lambda(\underline{R}) = \varphi$ bijektiv;
$\underline{\lambda} := \gamma \circ \lambda : \mathcal{R} \to \underline{\Phi}$, $\underline{\lambda}(\underline{R}) = \underline{\varphi}$, bijektiv;
$\gamma : \Phi \to \underline{\Phi}$, $\gamma(\varphi) = \underline{\varphi}$;
$\underline{f} : \underline{T} \to \underline{\Phi}$, (erweiterte) Operatorstruktur $\underline{f}$, $\underline{f}(\underline{t}) = \underline{\varphi}$

Es sei nun speziell $\underline{R} \subset X^2$ der Wert einer $\underline{T}$-Struktur ρ,

$$\bigvee_{\underline{t} \in \underline{T}} \underline{R} = \rho(\underline{t}), \qquad \rho \in \mathcal{R}^{\underline{T}}, \qquad \underline{T} \subset T_+^2; \tag{3.50}$$

dann ergibt sich mit (3.49)

$$\bigvee_{\underline{t} \in \underline{T}} (\lambda \circ \rho)(\underline{t}) = \varphi_{\rho(\underline{t})} \in \Phi. \tag{3.51}$$

Hierin ist

$$\lambda \circ \rho := f : \underline{T} \to \Phi, \qquad f(\underline{t}) = \varphi_{\rho(\underline{t})} = \lambda(\rho(\underline{t})). \tag{3.52}$$

f ist eine Operatorstruktur aus der Menge $\Phi^{\underline{T}}$, die wegen der Bijektivität von λ der Menge $\mathcal{R}^{\underline{T}}$ bijektiv zugeordnet werden kann (Bild 3.2-2):

$$\Lambda : \mathcal{R}^{\underline{T}} \to \Phi^{\underline{T}}, \qquad \Lambda(\rho) = f, \qquad \Lambda(\rho) := \lambda \circ \rho; \tag{3.53}$$

denn aus $\rho_1 \neq \rho_2$ folgt $\bigvee_t \rho_1(\underline{t}) \neq \rho_2(\underline{t})$ und damit auch $f_1(\underline{t}) \neq f_2(\underline{t})$ ($f_i = \lambda \circ \rho_i, i = 1, 2$) für ein bestimmtes $\underline{t}$, d.h. $f_1 \neq f_2$.

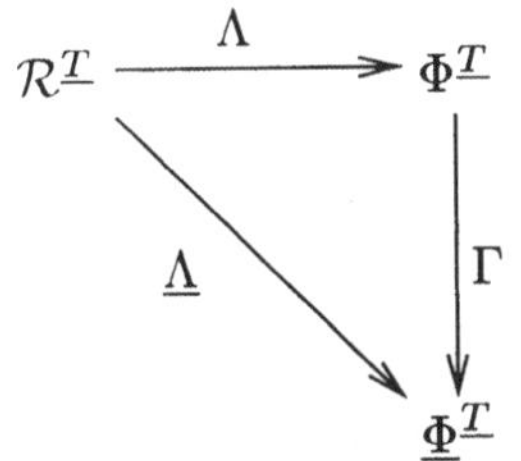

Bild 3.2-3: Strukturen $(T, X, \underline{T}, \rho) \cong (T, X, \underline{T}, \underline{f})$.
$\Lambda : \mathcal{R}^{\underline{T}} \to \Phi^{\underline{T}}$, $\Lambda(\rho) = f$, bijektiv;
$\underline{\Lambda} : \mathcal{R}^{\underline{T}} \to \underline{\Phi}^{\underline{T}}$, $\underline{\Lambda}(\rho) = \underline{f}$, bijektiv;
$\Gamma : \Phi^{\underline{T}} \to \underline{\Phi}^{\underline{T}}$, $\Gamma(f) = \underline{f}$, bijektiv;
$\underline{f}(\underline{t}) = \underline{\varphi} : \mathcal{P}(A) \to \mathcal{P}(\underline{\varphi}(A)) \subset \mathcal{P}(X)$.

Jedem $\rho \in \mathcal{R}^{\underline{T}}$ entspricht also umkehrbar eindeutig ein $f \in \Phi^{\underline{T}}$, und somit auch ein

$$\underline{f} = \underline{\Lambda}(\rho) \in \underline{\Phi}^{\underline{T}}, \quad \underline{\Lambda} = \Gamma \circ \Lambda, \qquad \Gamma : \Phi^{\underline{T}} \to \underline{\Phi}^{\underline{T}}. \tag{3.54}$$

$\underline{f}$ wird als (erweiterte) *Operatorstruktur* bezeichnet.

Die Strukturen $(T, X, \underline{T}, \rho)$ und $(T, X, \underline{T}, \underline{f})$ sind isomorph mit dem Isomorphismus $\underline{\lambda} := \gamma \circ \lambda : \mathcal{R} \to \underline{\Phi}$, d.h. es ist $\underline{\lambda} \circ \rho = \underline{f}$ oder $\underline{R} = \rho(\underline{t}) \Leftrightarrow \underline{\lambda}(\overline{R}) = \underline{f}(\underline{t})$ (Bild 3.2-3). Dabei kann wegen $f(\underline{t}) = \varphi_{\rho(\underline{t})} : \mathrm{pr}_1(\rho(\underline{t})) \to \mathcal{P}[\mathrm{pr}_2(\rho(\underline{t}))]$, worin $\mathrm{pr}_i(\rho(\underline{t})) := \rho(t_i)$ nur von $\mathrm{pr}_i(\underline{t}) = t_i$ abhängt $(i = 1, 2)$, gesetzt werden:

$$f(t_1, t_2) : \; \rho(t_1) \to \mathcal{P}(\rho(t_2))$$

oder mit (3.46) und Bild 3.2-4

$$\underline{f}(t_1, t_2) : \; \mathcal{P}(\rho(t_1)) \to \mathcal{P}(\rho(t_2)). \tag{3.55}$$

$\underline{f}(t_1, t_2)$ vermittelt damit die Abbildung

$$\underline{f}(t_1, t_2) : \; \underline{f}(t_1) \to \underline{f}(t_2), \qquad \underline{f}(t_1, t_2)(A_{t_1}) = \bigcup_{x \in A_{t_1}} f(t_1, t_2)(x) \tag{3.56}$$

mit (vgl. (3.6) und Bild 3.2-4)

$$\underline{f}(t_1) := \mathcal{P}(\rho(t_1)), \qquad \rho(t_1) \subset X, \tag{3.57}$$

$$\underline{f}(t_2) := \mathcal{P}(\rho(t_2)), \qquad \rho(t_2) \subset X.$$

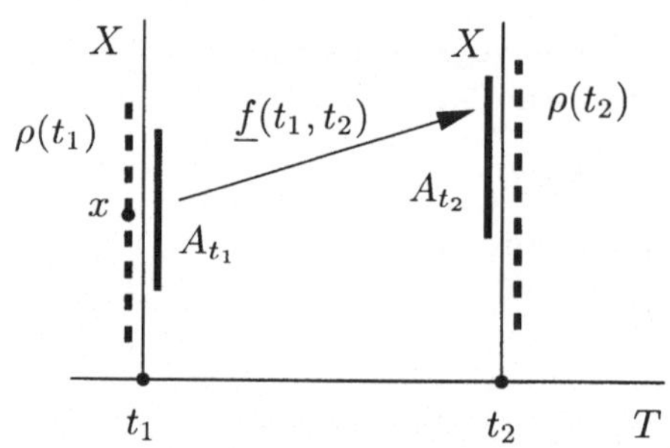

Bild 3.2-4: Operatorstruktur $\underline{f} \in \underline{\Phi}^{\underline{T}}$.
$\underline{f}(t_1, t_2) = \varphi : \; \underline{f}(t_1) \to \underline{f}(t_2)$,
$\underline{f}(t_1, t_2)(A_{t_1}) = \bigcup_{x \in A_{t_1}} \underline{f}(t_1, t_2)(\{x\}) = A_{t_2}$,
$A_{t_i} \in \underline{f}(t_i) = \mathcal{P}(\rho(t_i)), i = 1, 2$.

Die inhaltliche Interpretation von (3.56) kann wie folgt gefasst werden.

$\underline{f}(t_i) = \mathcal{P}(\pi_{t_i}(\Xi))$ bezeichnet die Potenzmenge der zur Zeit t_i möglichen Menge $\pi_{t_i}(\Xi)$ der Phasen $\pi_{t_i}(\xi)$ des Prozesses Ξ mit den Realisierungen ξ, und $\underline{f}(t_1, t_2)$ beschreibt die „Überführung" der Teilphasenmenge $A_{t_1} \in \underline{f}(t_1)$ in die Teilmenge $A_{t_2} \in \underline{f}(t_2)$. Dabei besteht A_{t_2} aus der Vereinigung aller Bilder $\underline{f}(\{x\})$, $x \in A_{t_1}$.

Man beachte die unterschiedliche Bedeutung von $f(\underline{t})$ und $\underline{f}(t)$. $f(\underline{t})$ ist der Wert der Abbildung f in $\underline{t}$, $\underline{f}(t_1)$ der Definitionsbereich von $\varphi = \underline{f}(\underline{t})$ (der nur von $\underline{f}$ und $t_1 = \mathrm{pr}_1(\underline{t})$ abhängt).

3.2.3 Übergangsstruktur

Es sei nun speziell $\rho \in P_{\underline{T}} \subset \mathcal{R}^{\underline{T}}$ als Markov-Struktur vorausgesetzt. λ in (3.53) bildet diese Menge $P_{\underline{T}}$ der Markov-Strukturen ρ injektiv in $\Phi^{\underline{T}}$ ab, und die Eigenschaften von $\rho \in P_{\underline{T}}$ (Dynamikbedingungen) führen zu notwendigen Bedingungen für $\underline{f} \in \underline{\Phi}^{\underline{T}}$.

Aus (3.30) bis (3.32) und (3.53) bis (3.57) folgert man leicht die *Dynamikbedingungen* der $\underline{T}$-Struktur $\lambda \circ \rho = f : \underline{T} \to \Phi$,

$$\underline{f}(\underline{t}) = \varphi_{\rho(\underline{t})} : \underline{f}(t_1) \to \underline{f}(t_2), \qquad \underline{f}(\underline{t}) = \underline{\lambda}(\rho(\underline{t})). \tag{3.58}$$

Man erhält mit den durch

$$\bigvee_{x_1 \in A_{t_1}} (x_1, x_2) \in \rho(\underline{t}) \Leftrightarrow x_2 \in \underline{f}(\underline{t})(A_{t_1})$$

gegebenen Transformationsschritten:

$$\text{a)} \quad \underline{f}(\underline{t}_1 \bullet \underline{t}_2) = \underline{f}(\underline{t}_1) \circ \underline{f}(\underline{t}_2) = \underline{\lambda}(\rho(\underline{t}_1 \bullet \underline{t}_2)); \tag{3.59}$$

$$\text{b)} \quad \underline{f}(t,t) = \underline{\lambda}(\rho(t,t)) = \underline{\lambda}(e_t) := \varepsilon_t. \tag{3.60}$$

Dabei ist definitionsgemäß

$$\varepsilon_t : \underline{f}(t) \to \underline{f}(t), \quad \varepsilon_t(A_t) = A_t, \qquad A_t \in \underline{f}(t) \tag{3.61}$$

die identische Abbildung.

Die Projektionsbedingungen (3.30),

$$\mathrm{pr}_i(\underline{t}_1) = \mathrm{pr}_i(\underline{t}_2) \Rightarrow D(\underline{f}(\underline{t}_1)) = D(\underline{f}(\underline{t}_2)) \qquad (i = 1) \quad \text{bzw.}$$

$$W(\underline{f}(\underline{t}_1)) = W(\underline{f}(\underline{t}_2)) \qquad (i = 2)$$

wurden bereits durch die Schreibweise in (3.56) berücksichtigt:

$$D(\underline{f}(t_1, t_2)) = \mathcal{P}(\rho(t_1)) = \underline{f}(\underline{t}_1), \qquad \underline{f}(t_1, t_2) = \mathcal{P}(\rho(t_2)) = \underline{f}(\underline{t}_2).$$

Die Zusammenfassung vorstehender Begriffe führt zu folgender Definition der Übergangsstruktur.

Definition 3.2 - 1 Die Operatorstruktur

$$\underline{f} \Leftrightarrow (T, X, \underline{T}, \underline{f})$$

mit

$$\underline{T} \subset T_+^2, \qquad \underline{f} \in \underline{\Phi}^{\underline{T}}, \qquad \underline{\Phi} = \vartheta(X) \subset S(\mathcal{P}(X)), \qquad \underline{f}(\underline{t}) = \underline{\varphi}$$

und (3.47) heißt *Übergangsstruktur*, wenn sie folgende *Dynamikbedingungen* erfüllt:
Für alle (t, t), $\underline{t}_1, \underline{t}_2$ und $\underline{t}_1 \bullet \underline{t}_2$ gilt:

1. $\underline{f}(\underline{t}_1 \bullet \underline{t}_2) = \underline{f}(\underline{t}_1) \circ \underline{f}(\underline{t}_2)$;

2. $\underline{f}(t, t) := \varepsilon_t : \underline{f}(t) \to \underline{f}(t) \qquad (\varepsilon_t \Leftrightarrow \varepsilon : \mathcal{P}(X) \to \mathcal{P}(X))$.

Die Werte

$$\underline{\varphi} = \underline{f}(t_1, t_2) : \underline{f}(t_1) \to \underline{f}(t_2), \qquad (\underline{f}(t_1) := D(\underline{f}(t_1, t_2)) \subset \mathcal{P}(X)),$$

$$\underline{f}(t_1, t_2)(A_{t_1}) = A_{t_2} := \bigcup_{x \in A_{t_1}} \underline{f}(t_1, t_2)(x)$$

von $\underline{f}$ werden als *Übergangsoperatoren* $\varphi \in \underline{\Phi}$ bezeichnet (Bild 3.2-4).

Für die Markov-Struktur $(T, X, \underline{T}, \rho)$ (Definition 3.1-2) und die Übergangsstruktur $(T, X, \underline{T}, \underline{f})$ (Definition 3.2-1) ist $\underline{\lambda} : \mathcal{R} \to \underline{\Phi}, \underline{\lambda}(\underline{R}) = \varphi$ ein Isomorphismus, wie leicht zu verifizieren. Es gilt also:

$$\underline{\rho}(\underline{t}) \in \mathcal{R} \Leftrightarrow \underline{\lambda}(\rho(t)) = \underline{f}(\underline{t}) \in \underline{\Phi}, \tag{3.62}$$

$$\underline{\lambda}(\rho(\underline{t}_1) \circ \rho(\underline{t}_2)) = \underline{\lambda}(\rho(\underline{t}_1)) \circ \underline{\lambda}(\rho(\underline{t}_2)) = \underline{f}(\underline{t}_1) \circ \underline{f}(\underline{t}_2), \tag{3.63}$$

$$\lambda(\rho(t, t)) = \underline{\lambda}(e_t) = \underline{f}(t, t) = \varepsilon_t. \tag{3.64}$$

Es bezeichne $\underline{\Phi}_{\underline{T}} \subset \underline{\Phi}^{\underline{T}}$ die Menge aller Übergangsstrukturen:

$$\underline{f} \in \underline{\Phi}_{\underline{T}} \Leftrightarrow \left(\underline{f} : \underline{T} \to \underline{\Phi} \wedge \underline{f} \text{ erfüllt Dynamikbedingungen } (3.59),(3.60) \right).$$
$$\tag{3.65}$$

Satz 3.2 -1 Der Bereich $\underline{\Phi}_{\underline{T}}$ der Übergangsstrukturen $\underline{f}$ kann durch die Abbildung $\underline{\Lambda}$ in (3.54) dem Bereich $P_{\underline{T}}$ der Markov-Strukturen ρ bijektiv zugeordnet werden.

Beweis: Nach Vorstehendem (Bild 3.2-3) sind $\underline{\lambda}$ ($\underline{\lambda}(\rho(\underline{t})) = \underline{\varphi}(\underline{t})$) und $\underline{\Lambda} : \mathcal{R}^{\underline{T}} \to$ $\underline{\Phi}^{\underline{T}}$, $\underline{\Lambda}(\rho) = \underline{\varphi}$ bijektiv. Erfüllt ρ die Dynamikbedingungen (3.30) bis (3.32),so sind mit (3.62) bis (3.64) auch die entsprechenden Bedingungen für φ erfüllt, d.h.: $\rho \in P_{\underline{T}} \Leftrightarrow \underline{\varphi} \in \underline{\Phi}_{\underline{T}}$ oder $\underline{\Lambda}(P_{\underline{T}}) = \underline{\Phi}_{\underline{T}}$, $\underline{\Lambda} = \underline{\lambda} \circ \rho$ bijektiv (Bild 3.2-5). ∎

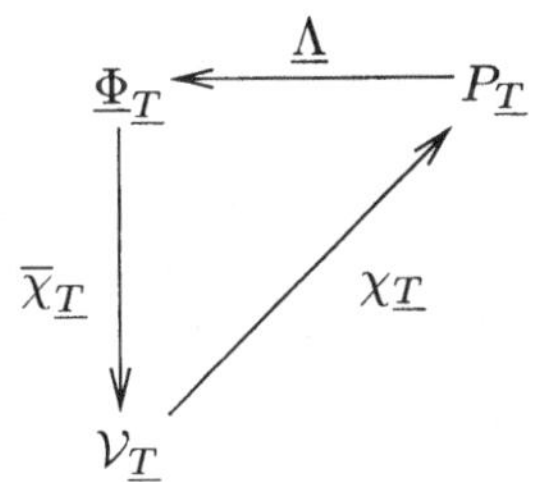

Bild 3.2-5: Markov-Prozess $\Xi \in \mathcal{V}_{\underline{T}} \subset \mathcal{X}_0$, Übergangsstruktur $\underline{f} \in \underline{\Phi}_{\underline{T}}$ und Markov-Struktur $\rho \in \overline{P}_{\underline{T}}$.
$\underline{\Lambda} : P_{\underline{T}} \to \underline{\Phi}_{\underline{T}}$ bijektiv, $\underline{\Lambda}(\rho) = \underline{f}$;
$\chi_{\underline{T}}, \overline{\chi}_{\underline{T}} = \chi_{\underline{T}} \circ \Lambda^{-1}$ surjektiv.

Es entspricht damit jeder Markov-Struktur $\rho \in P_{\underline{T}}$ genau eine Übergangsstruktur $\underline{f} \in \underline{\Phi}_{\underline{T}}$ bzw. eine Familie $\underline{f} = (\underline{f}(\underline{t}))_{\underline{t}\in\underline{T}}$ von Übergangsoperatoren

$$\underline{f}(\underline{t}) = \underline{\lambda}(\rho(\underline{t})) \in \underline{\Phi}.$$

An die Stelle der Markovschen Relationenstruktur (Markov-Struktur) $(T, X, \underline{T}, \rho)$ *kann die Markovsche Operatorstruktur (Übergangsstruktur)* $(T, X, \underline{T}, \underline{f})$ *treten, so dass* $\underline{f} = \underline{\Lambda}(\rho) \in \underline{\Phi}_{\underline{T}} :\Leftrightarrow \rho \in P_{\underline{T}}$.

Darstellungs- und Fundamentalsatz nehmen nun mit (3.36) und (3.37) folgende Formen an (Bild 3.2-5):

$$\Xi \in \mathcal{V}_{\underline{T}} \subset \mathcal{X}_0 : \quad \pi_{\underline{T}}(\Xi) = \underline{f} \Rightarrow \overline{\chi}_{\underline{T}}(\underline{f}) = \Xi \qquad (\underline{f} \in \underline{\Phi}_{\underline{T}}) \tag{3.66}$$

und

$$\underline{f} \in \underline{\Phi}_{\underline{T}} : \quad \overline{\chi}_{\underline{T}}(\underline{f}) = \Xi \Rightarrow \pi_{\underline{T}}(\Xi) \in \underline{\Phi}_{\underline{T}} \qquad (\Xi \in \mathcal{V}_{\underline{T}}) \tag{3.67}$$

mit $\overline{\pi}_{\underline{T}} = \underline{\Lambda} \circ \pi_{\underline{T}}$ und $\overline{\chi}_{\underline{T}} = \chi_{\underline{T}} \circ \Lambda^{-1}$.

Ausführlicher notiert erhält man für die kompakten Ausdrücke $\overline{\chi}_{\underline{T}}$ und $\overline{\pi}_{\underline{T}}$ in (3.66) und (3.67):

$$\Xi = \overline{\chi}_{\underline{T}}(\underline{f}) \Leftrightarrow \bigwedge_{\xi}\left(\xi \in \Xi \Leftrightarrow \bigwedge_{(t_1,t_2)\in\underline{T}} \bigwedge_{\Xi'\subset\Xi} \xi(t_2) \in \underline{f}(t_1,t_2)(\pi_{t_1}(\Xi'))\right)$$

$$\tag{3.68}$$

und

$$\underline{f} = \overline{\pi}_{\underline{T}}(\Xi) \Leftrightarrow \bigwedge_{(t_1,t_2)\in\underline{T}} (\underline{f}(t_1,t_2) : \mathcal{P}(\pi_{t_1}(\Xi)) \to \mathcal{P}(\pi_{t_2}(\Xi))) \tag{3.69}$$

Bemerkung: Aus Vorstehendem entnimmt man, dass die Übergangsoperatoren $\underline{f}(t_1, t_2)$ den Übergangswahrscheinlichkeiten (den bedingten Wahrscheinlichkeiten) $p(\cdot, t_2|\cdot, t_1)$ der stochastischen Markov-Prozesse entsprechen:

$$(f((t_1, t_2))(x_1) = x_2) \,\widehat{=}\, p(x_2, t_2|x_1, t_1).$$

Die Dynamikbedingungen (Markov-Bedingung) (3.59), notiert in der Form

$$f(t_1, t_3)(x_1) = \bigcup_{x_2 \in f(t_1, t_2)(x_1)} f(t_2, t_3)(x_2), \qquad (f(\underline{t})(x) = \underline{f}(\underline{t})\{(x)\}).$$

kann als verallgemeinertes Gegenstück zur Chapman-Kolmogorovschen Gleichung interpretiert werden.

3.2.4 Zeitstruktur, Homomorphiesatz

Das Verhalten eines $\underline{T}$-vollständigen Markov-Prozesses $\Xi \in \mathcal{V}_{\underline{T}}$ kann – wie gezeigt – durch seine Übergangstruktur $\underline{f} = \overline{\pi}_{\underline{T}}(\Xi)$ vollständig beschrieben werden (vgl. (3.68) und (3.69)). Die Strukturwerte $\underline{f}(\underline{t}) = \underline{\varphi}$ (Übergangsoperatoren) liegen im Operatorraum $\underline{\Phi}$.

Sowohl der Definitionsbereich $\underline{T}$ als auch der Operatorenraum $\underline{\Phi}$ sind Träger gewisser mathematischer Strukturen. Auf diese strukturellen Eigenschaften des Raumes $\underline{\Phi}$ und des $\underline{T}$-Bereichs sei im Folgenden genauer eingegangen.

Der Zeitpaarbereich $\underline{T}$ bildet zusammen mit der in (3.33) definierten *Produktoperation* • eine gewisse mathematische Struktur (universelle Algebra).

Definition 3.2 - 2 Das 4-Tupel

$$\mathcal{T} = (T, \underline{T}, \bullet, \underline{E}) \tag{3.70}$$

heißt $\mathcal{T}$-*Algebra* (Zeitstruktur), wenn gilt:

a) $T = (T, \leq)$ ist eine linear geordnete Menge $(T \neq \emptyset)$ mit den Elementen (Zeitpunkten) t. T heißt *Grundmenge* der Struktur.

b)

$$\underline{T} \subset T_+^2 := \left\{ (t_1, t_2) | (t_1, t_2) \in T^2 \wedge t_1 \leq t_2 \right\} \subset T^2 \tag{3.71}$$

ist der *Träger* der Struktur, der als *vollständig* vorausgesetzt wird (vgl. (3.35)):

$$\alpha) \quad (t_1, t_2) \in \underline{T} \wedge (t_2, t_3) \in \underline{T} \Rightarrow (t_1, t_3) \in \underline{T}, \tag{3.72}$$

$$\beta) \quad (t_1, t_2) \in \underline{T} \Rightarrow (t_1, t_1) \in \underline{T} \wedge (t_2, t_2) \in \underline{T}.$$

c) $\underline{E} \subset T$ ist Teilmenge von $\underline{T}$ mit den *Einselementen* (unäre Operation)

$$\underline{e} = \underline{e}_t := (t, t), \qquad \underline{E} = \{\underline{e}_t | (t, t) \in \underline{T}\}. \tag{3.73}$$

d) $\bullet \subset \underline{T}^2 \times \underline{T}$ ist eine rechtseindeutige ternäre Relation:

$$((\underline{t}_1, \underline{t}_2), \underline{t}) \in \bullet \; :\Leftrightarrow \; \underline{t}_1 \bullet \underline{t}_2 = \underline{t}, \tag{3.74}$$

wenn $\underline{t}_1 \bullet \underline{t}_2$ definiert ist.

Insbesondere folgert man noch aus der Definition der Einselelemente (mit der Vereinbarung (3.74) die Identitäten

$$\underline{t}_1 \bullet \underline{e} = \underline{t}_1, \qquad \underline{e} \bullet \underline{t}_2 = \underline{t}_2 \tag{3.75}$$

und die Assoziativität für die Multiplikation der Zeitpaare:

$$(\underline{t}_1 \bullet \underline{t}_2) \bullet \underline{t}_3 = \underline{t}_1 \bullet (\underline{t}_2 \bullet \underline{t}_3). \tag{3.76}$$

Bemerkung: Die $\mathcal{T}$-Algebra (3.70) kann als „verallgemeinerte Halbgruppe" bzw. Kategorie angesehen werden: sie geht in wichtigen Sonderfällen in eine Halbgruppe über.

Dieser $\mathcal{T}$-Algebra (3.70) stellen wir die homologe Struktur

$$\mathcal{H} = (X, H, \circ, \varepsilon), \qquad H = S(\mathcal{P}(X)) \tag{3.77}$$

gegenüber. H enthält insbesondere auch das Einselelement (neutrale Element)

$$\underline{\varphi} := \varepsilon, \qquad \varepsilon(A) = A, \qquad (A \subset X). \tag{3.78}$$

Die Elemente $\varphi \in H$ des Trägers der Struktur (3.77) bilden damit bezüglich der Komposition $\circ$ eine Halbgruppe mit neutralem Element $\varepsilon \in H$: die *Transformationshalbgruppe $\mathcal{H}$ des Phasenraumes X*. H und $\underline{\Phi} \subset H$ sind durch X vollständig bestimmt: $\underline{\Phi} = \vartheta(X) \subset H$.

Wie man den Dynamikbedingungen (3.59) bzw. (3.60) und Definition 3.2-1 entnimmt, ist mit der Übergangsstruktur $\underline{T} \to \underline{\Phi}$ zugleich die Abbildung $T' \subset T \to \mathcal{P}(X)$ gegeben; die beide mit $\underline{f}$ bezeichnet werden (unterschieden durch die Argumente t bzw. $\underline{t}$). Eine Homomorphie $\mathcal{T} \to \mathcal{H}$ ist damit wie folgt zu definieren (Homomorphie von Relationenstrukturen).

Definition 3.2 - 3 $\sigma : \underline{T} \to H$ ist ein Homomorphismus von $\mathcal{T}$ in $\mathcal{H}$, wenn folgende Bedingungen erfüllt sind (vgl. (3.74):

a) $\underline{t}_1 \bullet \underline{t}_2 = \underline{t} \;\Rightarrow\; \sigma(\underline{t}_1) \circ \sigma(\underline{t}_2) = \sigma(\underline{t})$,

b) $\underline{e}_t \in \underline{E} \;\Rightarrow\; \sigma(\underline{e}_t) = \varepsilon$.

Mit Definition 3.2-1 erhält man unmittelbar folgenden fundamentalen Homomorphiesatz:

Satz 3.2 -2 (Homomorphiesatz): Die Übergangsstruktur $\underline{f} \in \underline{\Phi}_T$ ist ein Homomorphismus von der $\mathcal{T}$-Algebra $(T, \underline{T}, \bullet, \underline{E})$ des Zeitbereichs T in die Transformationshalbgruppe $\mathcal{H} = (X, H, \circ, \varepsilon)$ des Phasenraumes X und umgekehrt: Homomorphismus $\mathcal{T} \to \mathcal{H} \Leftrightarrow \underline{f} \in \underline{\Phi}_T \subset \underline{\Phi}^T$ (Bild 3.2-6).

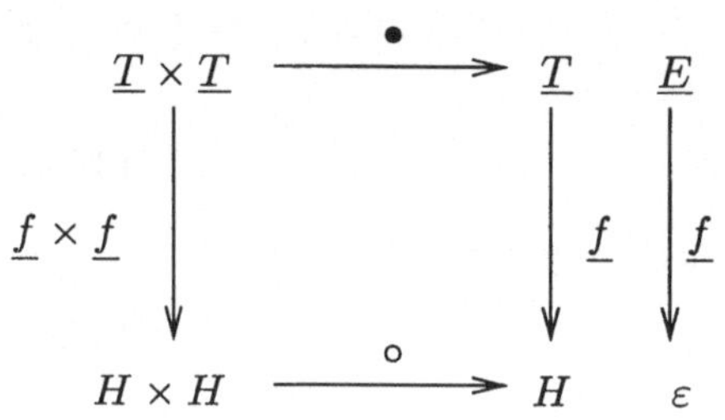

Bild 3.2-6: Homomorphismus $\underline{f} : \underline{T} \to H$,
$\underline{f}(\underline{t}) = \varphi : \underline{f}(t_1) \to \underline{f}(t_2) \in \underline{\Phi}, \underline{t} = (t_1, t_2)$.
$\underline{f}(\underline{e}) = \varepsilon, \varepsilon(\overline{A}) = A, \underline{e} = (t, t)$.

Die Menge aller $\underline{T}$-vollständigen Markov-Prozesse wird repräsentiert durch die Menge aller Homomorphismen von $\mathcal{T}$ in $\mathcal{H}$.

Alle folgenden Untersuchungen werden nun noch sehr deutlich erkennen lassen:

Die Übergangsstruktur $\underline{f} \in \underline{\Phi}_T$ kann in dem Sinne als eine universelle Verhaltensstruktur angesehen werden, als sich in ihr eine ganz elementare Gesetzmäßigkeit widerspiegelt, die allen speziellen Formen des Wandels (Veränderung, Bewegung) zugrunde liegt.

Während z.B. in den fundamentalen Theorien der Technik, Biologie, Ökologie u.a. Einzelwissenschaften Verhaltensweisen auftreten, die zur Beschreibung den allgemeinen Fall $\underline{f} \in \underline{\Phi}_T$ in der Tat benötigen, bilden z.B. in den Grundtheorien der Physik die Übergangsoperatoren $\underline{f}(\underline{t})$ einen relativ speziellen Fall. Hierauf wird noch ausführlich einzugehen sein.

Bemerkung: Ergänzend sei noch erwähnt, dass der Operator $\underline{f}$ auch als Funktion einer Kategorienabbildung $\mathcal{T} \to \mathcal{H}$ angesehen werden kann:

Kategorie	Objekte	Morphismen
$\mathcal{T}$	$t, t' \in T$	$\alpha \in \underline{T} = [t, t']$
$\mathcal{H}$	$A, A' \in \mathcal{P}(X)$	$\varphi \in \underline{\Phi} = [A, A']$

Bild 3.2-7 veranschaulicht das zugehörige Abbildungsdiagramm.

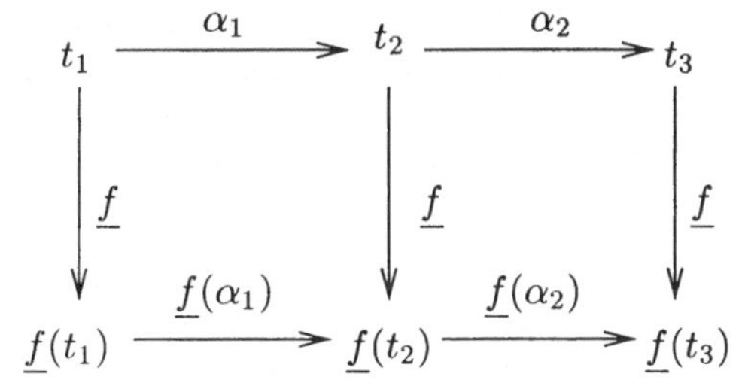

$$t_1 \xrightarrow{\ \alpha_1\ } t_2 \xrightarrow{\ \alpha_2\ } t_3$$

$$\underline{f}(t_1) \xrightarrow{\ \underline{f}(\alpha_1)\ } \underline{f}(t_2) \xrightarrow{\ \underline{f}(\alpha_2)\ } \underline{f}(t_3)$$

Bild 3.2-7: Strukturdiagramm des Markov-Prozesses:

$$\text{Funktor } \underline{f}\colon \begin{cases} t \mapsto \underline{f}(t) = A_t \subset X, \\ \alpha \mapsto \underline{f}(\alpha) = \underline{\varphi} \in \underline{\Phi}, \end{cases}$$

$t \in T, \alpha \in \underline{T}.$

3.2.5 Wirkungsoperator

In diesem letzten Abschnitt zur allgemeinen Theorie der Markov-Prozesse soll noch auf Verallgemeinerungen und alternative Prozessdarstellungen eingegangen werden, die sowohl in der allgemeinen Systemtheorie als auch in naturwissenschaftlichen Anwendungen Verwendung finden [19].

Wie dargelegt, kann jede Übergangsstruktur $\underline{f} : \underline{T} \to \underline{\Phi}$ eines Markov-Prozesses durch einen Homomorphismus $\underline{T} \to H$ von $\mathcal{T}$ in $\mathcal{H}$ definiert werden.

Mittels $\underline{f}$ wird nun bestimmten Paaren $((t_1, t_2), A)$ aus $T^2 \times \mathcal{P}(X)$ ein Element B aus $\mathcal{P}(\overline{X})$ zugeordnet. Diese Zuordnung

$$\underline{F} : \ U \subset T^2 \times \mathcal{P}(X) \to \mathcal{P}(X), \qquad \underline{F}(\underline{t}, A) = B \tag{3.79}$$

ist gegeben durch

$$\underline{F}(\underline{t}, A) := \underline{f}(\underline{t})(A) \tag{3.80}$$

und

$$(\underline{t}, A) \in U \ \Leftrightarrow\ \underline{t} \in \underline{T} \wedge A \in \underline{f}(t_1) = U_{t_1} \ \Leftrightarrow\ \bigvee_{t_2}(\underline{t}, A) \in U, \qquad ((t_1, t_2) = \underline{t}). \tag{3.81}$$

Definitionsgemäß ist

$$\underline{F}(\underline{t}, A) = \bigcup_{x \in A} \underline{F}(\underline{t}, \{x\}) \qquad (\underline{t} = (t_1, t_2)) \tag{3.82}$$

und

$$((t, t), A) \in U, \qquad B \in U_{t_2} \ \Leftrightarrow\ \bigvee_{t_1}(\underline{t}, B) \in U.$$

Diese durch die Übergangsstruktur $\underline{f}$ festgelegte Abbildung $\underline{F}$ wird als *Wirkung*
der Zeitstruktur $\mathcal{T}$ des Zeitbereichs T auf den *Erscheinungs-* oder *Phasenraum*
$\mathcal{P}(X)$ bezeichnet. Jeder Abbildung $\underline{f} \in \underline{\Phi}_T$ entspricht eine Abbildung $\underline{F}$ und umgekehrt. $\underline{\Phi}_T$ definiert damit die Menge $\mathcal{F}$ aller Wirkungen $\underline{F}$, und $\underline{\Phi}_T$ und $\mathcal{F}$ lassen
sich einander bijektiv zuordnen.

Vermöge der Wirkung $\underline{F}$ (bzw. der Übergangsstruktur $\underline{f}$) wird die zur Zeit t_1
eintretende Phase $x_1 \in A$ in die „unbestimmte Phase" x_2 aus der Phasenmenge

$$\underline{F}(t_2, t_1, x_1) :\Leftrightarrow \underline{F}((t_1, t_2), \{x_1\}) \tag{3.83}$$

transformiert, wie in Bild 3.2-8 veranschaulicht.

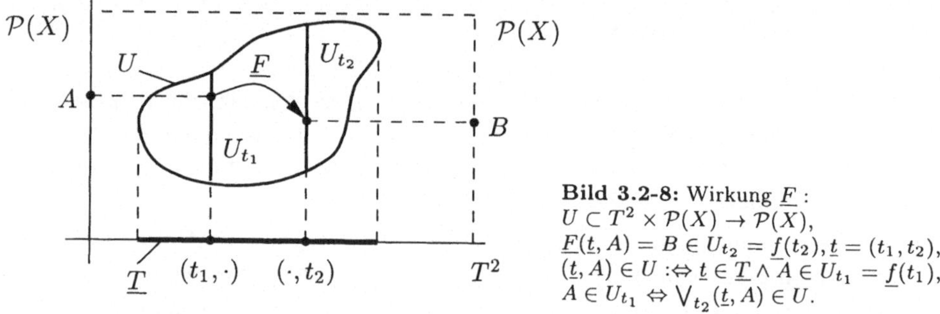

Bild 3.2-8: Wirkung $\underline{F}$:
$U \subset T^2 \times \mathcal{P}(X) \to \mathcal{P}(X)$,
$\underline{F}(\underline{t}, A) = B \in U_{t_2} = \underline{f}(t_2), \underline{t} = (t_1, t_2)$,
$(\underline{t}, A) \in U :\Leftrightarrow \underline{t} \in \underline{T} \wedge A \in U_{t_1} = \underline{f}(t_1)$,
$A \in U_{t_1} \Leftrightarrow \bigvee_{t_2}(\underline{t}, A) \in U$.

Die *Dynamikbedingungen* für $\underline{F}$ ergeben sich mit (3.82) unmittelbar aus den entsprechenden Bedingungen für $\underline{f}$ aus Definition 3.2-1.

Ferner entnimmt man (3.82), dass die (globale) Wirkung $\underline{F}$ gemäß (3.79) auf die
(lokale, bedingte) Wirkung

$$F : U \subset T^2 \times X \to \mathcal{P}(X) \tag{3.84}$$

zurückgeführt werden kann (was übrigens auch bereits für die Operatoren $\underline{f}$ und
f zutrifft):

$$\underline{F}(t_2, t_1, A) = \bigcup_{x \in A} F(t_2, t_1, x). \tag{3.85}$$

Ohne Missverständnisse befürchten zu müssen, soll deshalb von nun an auf eine
besondere Unterscheidung zwischen $\underline{F}$ und F bzw. $\underline{f}$ und f verzichtet werden, in
dem wir definieren:

$$F(\underline{t}, A) := \bigcup_{x \in A} F(\underline{t}, x), \qquad f(\underline{t})(A) := \bigcup_{x \in A} f(\underline{t})(x). \tag{3.86}$$

Damit erhält man zusammengefasst folgende Definition für die Wirkung F, die
nun als Grundlage für alle weiteren Untersuchungen dienen wird.

Definition 3.2 - 4 Die Abbildung (Bild 3.2-8)

$$F : U \subset T^2 \times X \to \mathcal{P}(X), \qquad F(t_2, t_1, x) \subset X \tag{3.87}$$

mit $\mathcal{P}(X) = X$ und

$$(t_2, t_1, x) \in U \;\Leftrightarrow\; (t_1, t_2) \in \underline{T} \wedge \left(x \in U_{t_1} \Leftrightarrow \bigvee_{t_2} (t_1, t_2, x) \in U \right) \tag{3.88}$$

heißt (bedingte) *Wirkung der Zeitstruktur* $\mathcal{T}$ *auf den Phasenraum* $\mathcal{P}(X)$, wenn gilt (*Dynamikbedingungen*):

a) $\quad F(t_3, t_2, F(t_2, t_1, x)) = F(t_3, t_1, x),$ \hfill (3.89)

b) $\quad F(t, t, x) = x,$ \hfill (3.90)

c) $\quad x_1 \in U_{t_1} \Leftrightarrow F(t_2, t_1, x_1) \in U_{t_2}, \qquad U_{t_2} = F(t_2, t_1, U_{t_1}).$ \hfill (3.91)

für alle Argumentetripel aus $D(F) = U$.

F in (3.84) stellt den universellen systemtheoretischen Wirkungsbegriff dar, so dass sich im konkreten Einzelfall immer einfachere Ausdrücke ergeben werden, bei denen die aus dem Zeitbereich T und dem Phasenraum X konstruierten Mengen (im allgemeinen Fall $\underline{T}$ und $\mathcal{P}(X)$ in der Regel wesentlich einfacher gewählt werden können: der allgemeine Ausdruck für die Wirkung F in (3.87) bleibt aber erhalten. Insbesondere ist in der klassischen Physik die Zeitstruktur $\mathcal{T}$ in der Regel eine Gruppe oder (irrversible Prozesse) eine Halbgruppe.

3.2.6   Zusammenfassung (Abschnitt 3)

A) Jede *Phasenrelation* $\rho(t_1, t_2, \ldots, t_n) = \pi_{(t_1, t_2, \ldots, t_n)}(\Xi)$ $(n \geq 2, t_1 < t_2 < \ldots < t_n)$ eines Markov-Prozesses Ξ ist bereits durch ihre zweistelligen Teilrelationen $\rho(t_i, t_{i+1})$ $(i = 1, \ldots, n - 1)$ bestimmt. Zu jedem n-Tupel $\underline{t}_n = (t_1, t_2, \ldots, t_n)$ $(n \in \mathbb{N})$ gehört eine „Zerlegungsmenge" $\mathbf{z}(\underline{t}_n) = \{(t_1, t_2), \ldots (t_{n-1}, t_n)\}$ von $\underline{t}_1$- bzw. $\underline{t}_2$-Tupeln; zum gesamten „Abtastbereich" $\underline{T} \subset T^*$ von $\Xi = (T, X, \underline{T}, \Xi)$ gehört damit die Menge

$$\mathbf{z}(\underline{T}) = \bigcup_{\underline{t} \in \underline{T}} \mathbf{z}(\underline{t})$$

von höchstens zweistelligen $\underline{t}$-Tupeln aus $\underline{T}$. Es gilt der *Darstellungssatz*:

Ein $\underline{T}$-vollständiger Prozess Ξ ist auch immer $\underline{T}'$-vollständig für alle $\underline{T}' \supset \mathbf{z}(\underline{T})$ (d.h. $\Xi \in \mathcal{V}_{\underline{T}'}$):

$$\xi \in \Xi \;\Leftrightarrow\; \bigwedge_{\underline{t}\in\underline{T}'} \pi_{\underline{t}}(\xi) \in \rho(\underline{t}), \quad \rho(\underline{t}) = \pi_{\underline{t}}(\Xi), \quad \Xi \in \mathcal{X}_0, \quad \rho = \pi_{\underline{T}'}(\Xi).$$

B) Jeder Jeder $\underline{T}$-vollständige Markov-Prozess $\Xi \in \mathcal{V}_{\underline{T}}$ wird nach A) mit $\underline{T}' = \underline{T}$ dargestellt durch seine *Phasenstruktur (Relationenstruktur)* $\rho = \pi_{\underline{T}}(\Xi)$. Dabei ist nach A)

$$\underline{T} \subset \overline{T}^2 = \{\underline{t}\,|\,\underline{t} = (t) \vee \underline{t} = (t_1, t_2)\} \qquad (t_1 < t_2)$$

und

$$\rho : \underline{T} \to \mathcal{R} = \mathcal{P}(X \cup X^2), \qquad \begin{cases} \rho(t_1, t_2) \subset X^2, \;\; (t_1 < t_2), \\[4pt] \rho(t) \subset X. \end{cases}$$

Die Umkehrung des Darstellungssatzes führt auf den *Fundamentalsatz*:

Die Relationenstruktur $\rho : \underline{T} \to \mathcal{R}$ *definiert einen $\underline{T}$-vollständigen Markov-Prozess* $\chi_{\underline{T}}(\rho) = \Xi$, *sofern die Relationenstruktur* ρ *noch gewisse „Verträglichkeitsbedingungen" (Dynamikbedingungen) erfüllt* $(\rho \in P_{\underline{T}} \subset \mathcal{R}^{\underline{T}})$:

$$\chi_{\underline{T}}(\rho) = \Xi \;\Rightarrow\; \pi_{\underline{T}}(\Xi) \in \mathcal{V}_{\underline{T}} \qquad (\mathcal{V}_{\underline{T}} \subset \mathcal{X}_{\underline{T}}), \qquad \Xi \in \mathcal{X}_0.$$

C) Formale Vereinfachungen ergeben sich, wenn man (t) mit (t,t) identifiziert. Das führt auf die Zuordnungen (siehe B):

$$\underline{T} \mapsto \underline{T}' \subset T_+^2 = \{\underline{t}\,|\,\underline{t} = (t_1, t_2) \wedge t_1 \leq t_2\},$$

$$\rho \mapsto \rho' : \underline{T} \to \mathcal{P}(X^2), \quad \rho'(t_1, t_2) = \begin{cases} \rho(t_1, t_2), & (t_1 < t_2), \\[4pt] \{(x, x)\,|\,x \in \rho(t_1)\}, & (t_1 = t_2). \end{cases}$$

Bei dieser Transformation bleibt der Prozess ungeändert:

$$\chi_{\underline{T}}(\rho) = \chi_{\underline{T}'}(\rho').$$

Zusammengestellt ergibt sich (mit $\underline{T}, \rho$ statt $\underline{T}', \rho'$) die Definition (*Markov-Struktur*):

$\rho = (T, X, \underline{T}, \rho)$ mit $\underline{T} \subset T_+^2$, $\rho \in \mathcal{R}^{\underline{T}}, \mathcal{R} = \mathcal{P}(X^2)$ heißt $\underline{T}$-*Markov-Struktur*, wenn sie die folgenden *Dynamikbedingungen* erfüllt:

$$\left.\begin{array}{l} \text{a)} \;\; \mathrm{pr}_1(\rho(t_1, t_2)) \\[10pt] \phantom{\text{a)} \;\;} \mathrm{pr}_2(\rho(t_1, t_2)) \end{array}\right\} \;\text{ist von}\; \begin{cases} t_2 \\[10pt] t_1 \end{cases} \text{unabhängig,}$$

$$\text{b) } \rho(t_1, t_3) = \rho(t_1, t_2) \circ \rho(t_2, t_3) \qquad (t_1 \leq t_2 \leq t_3),$$

$$\text{c) } \rho(t,t) = e_t \subset \{(x,x) | x \subset X\}.$$

Jeder $\underline{T}$-vollständige Markov-Prozess Ξ ($\Xi \in \mathcal{V}_{\underline{T}} \subset \mathcal{X}_{\underline{T}}$) definiert eine $\underline{T}$-Markov-Struktur ρ ($\rho \in P_{\underline{T}} \subset \mathcal{R}^{\underline{T}}$) und umgekehrt:

$$\Xi \in \mathcal{V}_{\underline{T}} \Leftrightarrow \rho \in P_{\underline{T}}, \qquad (\Xi = \chi_{\underline{T}}(\rho), \quad \rho = \pi_{\underline{T}}(\Xi)).$$

D) Jeder Relation $\underline{R} \subset X^2$ ist zugeordnet ein *Phasenoperator* $\varphi = \hat{\underline{R}}$, definiert durch $(x_1, x_2) \in \underline{R} \Leftrightarrow x_2 \in \varphi(x_1)$,

$$\lambda(\underline{R}) = \varphi : \ A \subset X \to \mathcal{P}(X) \qquad (A = \mathrm{pr}_1(\underline{R})).$$

Daraus folgen die Bijektionen λ und Λ:

$$\lambda(\mathcal{R}) = \Phi = \{\varphi | \varphi = \lambda(\underline{R}), \ \underline{R} \in \mathcal{R}\} \qquad (\textit{Operatorraum}),$$

$$\Lambda(\mathcal{R}^{\underline{T}}) = \Phi^{\underline{T}} = \{f | f : \underline{T} \to \Phi\} \qquad (\textit{Strukturraum}).$$

Jeder Relationenstruktur $\rho \in \mathcal{R}^{\underline{T}}$ ist damit eine Operatorstruktur $f \in \Phi^{\underline{T}}$ bijektiv zugeordnet: $\Lambda(\rho) = f$.

Liegt speziell ρ in $P_{\underline{T}} \subset \mathcal{R}^{\underline{T}}$ (erfüllt ρ die Dynamikbedingungen), so liegt f in $\Lambda(P_{\underline{T}}) = \Phi_{\underline{T}} \subset \Phi^{\underline{T}}$, d.h. in einer Teilmenge von $\Phi^{\underline{T}}$. Die *Übergangsstrukturen* $f \in \Phi_{\underline{T}}$ genügen *Dynamikbedingungen*, die denen von $\rho \in P_{\underline{T}}$ ($f(\underline{t}) = \lambda(\rho(t))$) sinngemäß entsprechen.

Zusammengefasst gilt also:

$$f = (T, X, \underline{T}, f), \qquad \underline{T} \subset T_+^2, \qquad f \in \Phi^{\underline{T}}$$

heißt *Übergangsstruktur* eines $\underline{T}$-vollständigen Markov-Prozesses, wenn f folgende *Dynamikbedingungen* erfüllt ($f \in \Phi_{\underline{T}}$):

$$\text{a) } f(t_1, t_3) = f(t_3, t_2) \circ f(t_2, t_1) \qquad (t_1 \leq t_2 \leq t_3),$$

$$\text{b) } f(t,t) : \ f(t,t)(x) = x.$$

Für die $\Xi \in \mathcal{V}_{\underline{T}}$ und $f \in \Phi_{\underline{T}}$ erhält man:

$$\Xi \in \mathcal{V}_{\underline{T}} \Leftrightarrow f \in \Phi_{\underline{T}}$$

mit (Darstellungssatz):

$$\Xi \in \mathcal{V}_{\underline{T}} \;\Rightarrow\; \left[\xi \in \Xi \Leftrightarrow \bigwedge_{\underline{t}\in\underline{T}} \xi(t_2) \in (\overline{\pi}_{\underline{t}}(\Xi))(\xi(t_1))\right],$$

$$f(\underline{t}) = \overline{\pi}_{\underline{t}}(\Xi)), \qquad \overline{\pi}_{\underline{t}} = \lambda \circ \pi_{\underline{t}}$$

und (Fundamentalsatz):

$$f \in \mathcal{F}_{\underline{T}} \;\Rightarrow\; \left[\xi \in \Xi \Leftrightarrow \bigwedge_{\underline{t}\in\underline{T}} \xi(t_2) \in f(\underline{t})(\xi(t_1))\right], \qquad (\underline{t} = (t_1, t_2)).$$

Für die *Übergangsoperatoren* $\varphi = f(\underline{t}) \in \Phi$ kann gesetzt werden

$$f(t_1, t_2) = \varphi : \; f(t_1) \to \mathcal{P}(f(t_2)), \qquad f(t_1) \subset X$$

$$[\text{wegen} \quad D(f) = \mathrm{pr}_1(\rho(\underline{t})), \qquad W(f) = \mathrm{pr}_2(\rho(\underline{t}))].$$

Der Definitionsbereich $f(t_1)$ von φ kann auf $\mathcal{P}(f(t_1))$ erweitert werden, wobei zu definieren ist :

$$\varphi(A) = \bigcup_{x\in A} \varphi(x), \qquad A \subset f(t_1),$$

$$\varphi : \; f(t_1) \to \mathcal{P}(f(t_2)).$$

E) Jeder Übergangsstruktur $f \in \Phi_{\underline{T}}$ kann eine *Wirkungsstruktur* F umkehrbar eindeutig zugeordnet werden:

$$F : \; U \subset T^2 \times X \to \mathcal{P}(X), \qquad F(\underline{t}, x) = F(t_2, t_1, x) = f(\underline{t})(x)$$

mit

$$(\underline{t}, x) \in U \;\Leftrightarrow\; \underline{t} \in \underline{T} \wedge x \in U_{t_1}, \qquad (\underline{t} = (t_1, t_2), \; U_{t_1} = f(t_1)),$$

$$x \in U_{t_1} \;\Leftrightarrow\; \bigvee_{t_2} (\underline{t}, x) \in U$$

und den *Dynamikbedingungen*

$$\begin{aligned}
F(t_3, t_1, x) &= F(t_3, t_2, F(t_2, t_1, x)), \qquad (t_1 \le t_2 \le t_3), \\
F(t, t, x) &= x.
\end{aligned}$$

Die Erweiterung auf Mengenargumente entsprechend φ lautet

$$F(t_2, t_1, A) = \bigcup_{x \in A} F(t_2, t_1, x), \qquad A \subseteq U_{t_1},$$

$$F : U \subset T^2 \times \mathcal{P}(X) \to \mathcal{P}(X), \qquad F(t_2, t_1, A_1) = A_2.$$

4 Anwendungen

4.1 Elementare Markov-Prozesse I

4.1.1 Klassifizierung, Invarianz

Wir betrachten weiterhin die Beschreibung von Markov-Prozessen durch die ihnen zugeordneten *Wirkungen*

$$F : U \subset \begin{cases} T \times T \times X \to \mathcal{P}(X), & F(t_2, t_1, x_1) \subset X \\ \underline{T} \times X \to \mathcal{P}(X), & F(\underline{t}, x_1) \subset X \end{cases} \tag{4.1}$$

mit dem Definitionsbereich $D(F) = U$ gemäß Definition 3.2-4: $\underline{t} = (t_1, t_2) \in \underline{T}$, $x_1 \in U_{t_1}$. Die zugehörige Markovsche *Wirkungsstruktur* bezeichnen wir mit $(T, X, \underline{T}, F)$, worin F (4.1) und den Dynamikbedingungen aus Definition 3.2-4 genügen muss. Für die *Zustandsmenge* $A \subset U_{t_1}$ aus dem *Zustandsraum* $U_{t_1} \in \mathcal{P}(X)$ ist zu definieren:

$$F(t_1, t_2, A) = \bigcup_{x_1 \in A} F(t_1, t_2, x_1), \tag{4.2}$$

wobei für die Zeitpunkte t_1, t_2 wieder gelten muss

$$\underline{t} = (t_1, t_2) \in \underline{T} \subset T_+^2.$$

Die Struktur $(T, X, \underline{T}, F)$ definiert den $\underline{T}$-vollständigen Markov-Prozess Ξ mit den *Zustandstrajektorien* ξ und den *ξ-Zuständen* $\xi(t)$ *in* t:

$$\xi \in \Xi \quad \Leftrightarrow \quad \bigwedge_{(t_1, t_2) \in \underline{T}} \xi(t_2) \in F(t_2, t_1, \xi(t_1))$$

$$:\Leftrightarrow \quad \xi \in \widetilde{\chi}_{\underline{T}}(F). \tag{4.3}$$

Der Markov-Prozess Ξ der Verhaltensklasse $\mathcal{X}_0$ ist zugleich ein Element der *Relationenklasse* $\mathcal{X}_{\underline{T}}$, d.h., für alle $\underline{t} \in \underline{T}$ „fällt $\underline{t}$ in $D(\xi)$, $\xi \in \Xi$":

$$(t_1, t_2) \in \underline{T} \quad \Leftrightarrow \quad \bigwedge_{\xi \in \Xi} t_1, t_2 \in D(\xi). \tag{4.4}$$

Die Klassifizierung der Gesamtheit der verschiedenartigen Markov-Prozesse Ξ bzw. der dynamischen (Markov-) Strukturen $(T, X, \underline{T}, F)$ wird man natürlicherweise nach den Eigenschaften der *Strukturträger* T, X und der *Strukturrelationen* $\underline{T}, F$ des Viertupels $(T, X, \underline{T}, F)$ vornehmen.

Wichtige Prozessklassen erhält man z.B. bei folgender Spezialisierung:

a) Zeitbereich T:

$$t \in \mathbb{Z}, \ \mathbb{R}, \ \{t_1, t_2, \ldots, t_n | n \in \mathbb{N}\}, \ j\mathbb{R}, \ (T_0, +, 0) \ \text{(Gruppe)}$$

$$(T \Leftrightarrow (T, \leq), \ t \in T).$$

b) Phasenraum X:

$$x \in \mathbb{R}^n, \ \mathbb{Z}^2, \ \mathcal{P}(\mathbb{R}), \ (R, d) \ \text{(metrischer Raum)}$$

$$X : \mathbb{R}^3 \to \mathbb{R} \ \text{(Feld)}; \ x : \mathcal{A} \subset \mathcal{P}(X) \to \mathbb{R}_+ \ \text{(Maß)}.$$

c) Zeittupelbereich $\underline{T}$:

$$\underline{T} \subset T_+^2, \ \underline{T} = (S_n \times S_n)_+ \ (S_n = \{t_1, t_2, \ldots, t_n\}),$$

$$\underline{T} = (S \times S)_+ \ (S = [t_1, t_2], \ t_i \in T).$$

d) Wirkung F:

$$F \ \text{determiniert, reversibel, linear, zeitinvariant, differenzierbar.}$$

Alle diese Sonderfälle des Trägers (T, X) und der Struktur $(\underline{T}, F)$ können natürlich kombiniert auftreten, insbesondere werden in der Regel den Grundmengen X und T zusätzlich (wie z.B. $\mathbb{R}, \mathbb{Z}$) noch Eigenstrukturen aufgeprägt sein; in den wichtigsten Fällen geometrisch-topologische (Banach-Raum, Hilbert-Raum), algebraische (Halbgruppe, Gruppe) oder differenzierbare Strukturen.

Den weiteren Untersuchungen stellen wir zunächst die wichtigsten und einfachsten *Wirkungsklassen* voran. Um den stofflichen Rahmen in Grenzen zu halten, werden wir den zeitinvarianten und zugleich autonomen Fall vorrangig behandeln. Für physikalische Belange ist dieser Sonderfall ohnehin fast allein von Bedeutung. Nichtautonome und zeitvariable Prozesse – wie sie häufiger bei technischen Problemen auftreten – werden als ergänzende Erweiterung vom eindimensionalen Fall zum zweidimensionalen bzw. vom zeitinvarianten zum zeitvariablen aufgefasst.

F heißt *zeitinvariant*, wenn $T = (T, +, 0)$ eine Gruppe (mit dem neutralem Element 0) bildet und Ξ gegenüber einer „Zeitverschiebung" durch den Operator $\mathcal{T}^t$ „forminvariant" bleibt (Abschnitt 2.2.3):

$$\mathcal{T}^t \circ \xi = \xi', \qquad \xi'(\tau) = \xi(t + \tau), \qquad \xi \in \Xi, \ \xi' \in \Xi'. \tag{4.5}$$

Mit $t = t_1 \in \mathrm{pr}(\underline{T})$ und $(t_2 - t_1) = \tau$ erhält man aus (4.2)

$$F'(\tau, 0, x) = F(t + \tau, t, x) := F(\tau, x) \qquad (\tau \geq 0). \tag{4.6}$$

Die Zeitpunkte τ des zugehörigen Zeitbereichs

$$T_0 := \left\{ \tau \,\bigg|\, \bigvee_{(t_1, t_2) \in \underline{T}} \tau = (t_2 - t_1) \right\} \subset T_+, \qquad T_+ \supset D(\Xi) \supset T_0 \tag{4.7}$$

liegen nun in der Halbgruppe $(T_+, +, 0)$ der nichtnegativen Elemente der Gruppe $(T, +, 0)$.

Wir werden in den weiteren Ausführungen annehmen, dass $T_0 = D(\Xi)$ erfüllt ist und zudem manchmal voraussetzen, dass T_0 selbst eine Halbgruppe bildet. Insbesondere kann T_0 eine der Halbgruppen $\mathbb{R}_+, \mathbb{Z}_+$ bezeichnen.

In dem einfachen aber wichtigen Sonderfall

$$F : T_0 \times U \to \mathcal{P}(U), \qquad F(\tau, x) \subset U, \qquad T_0 \ \text{Halbgruppe,} \tag{4.8}$$

bilden die *Übergangsoperatoren* (Definition 3.2.4)

$$F(\tau, \cdot) := f(\tau) : \ U \to \mathcal{P}(U), \tag{4.9}$$

bezüglich der Abbildungskomposition $\circ$ ebenfalls eine Halbgruppe mit neutralem Element: die (zeitinvariante) *Markov-Halbgruppe der Übergangsoperatoren* $f(\tau)$, $\tau \in T_0$,

$$f(\tau_2) \circ f(\tau_1) = f(\tau_1 + \tau_2), \qquad f(0) : \ f(0)(x) = x, \tag{4.10}$$

allerdings nur für den Fall, dass auch T_0 eine Halbgruppe bildet (z.B. $T_0 = \mathbb{R}_+, \mathbb{Z}_+$). Allgemein aber ist T_0 eine partielle Halbgruppe, d.h., aus $\tau_1, \tau_2 \in T_0$ folgt nicht generell $\tau_1 + \tau_2 \in T_0$.

Bild 4.1-1 veranschaulicht die speziell für den Sonderfall $\mathcal{P}(X) = X$ definierten Begriffe. Zu jedem Zeitpunkt $t \in T_0$ gehört ein *lokaler Zustandsraum* $\pi_t(\Xi) = U_t$. Die Vereinigung dieser U_t ergibt den *globalen Zustandsraum* $U = U(T_0) := \bigcup_{t \in T_0} U_t$. Dann gilt (Bild 4.1-1):

$$x \in U :\Leftrightarrow \bigvee_{x_0} \bigvee_t f(t)(x_0) = x,$$

$$f(s): \ U \to U, \ f(s)(x) \in U \ \Leftrightarrow \ \bigvee_{x_0 \in U_0} \bigvee_{t \in T_s} (f(s)(x) = f(s+t)(x_0)),$$

$$(t + s) \in T_0 \ :\Leftrightarrow \ t \in T_s. \tag{4.11}$$

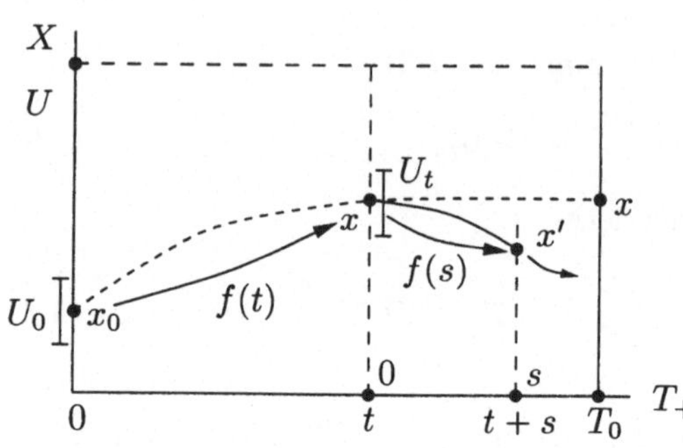

Bild 4.1-1: Markov-Halbgruppe $f(t)$. $(f(t))_{t \in T_0}$, $f(t): U \to U$, $U = \bigcup_{t \in T_0} U_t$, $U_t = \pi_t(\Xi)$. $x \in U :\Leftrightarrow \bigvee_{x_0 \in U_0} \bigvee_{t \in T_0} f(t)(x_0) = x$, $f(s)(x) \in U \Leftrightarrow \bigvee_{x_0 \in U_0} \bigvee_{t \in T_0} f(t + s)(x_0) = f(s)(x)$, $(t + s \in T_0)$.

Aus (4.11) folgt die Verhaltensgleichung

$$\bigwedge_{t \in T_s} (x_{t+s} = f(s)(x_t)) \tag{4.12}$$

und damit nachstehende Zustandsklassifizierung: $x \in U$ heißt:

a) G-Zustand: $\bigwedge_s f(s)(x) \neq x$ (x nicht periodisch, Grenzmenge);

b) P-Zustand: $\bigvee_s f(s)(x) = x$ (x periodisch);

c) K-Zustand: $\bigwedge_s f(s)(x) = x$ (x konstant, Fixpunkt);

d) T-Zustand: $\bigvee_s f(s)(x) = \bigotimes$ ($\bigwedge_s f(s)(\bigotimes) = \emptyset$) (leerer Zustand).

Ein T-Zustand ist ein (irregulärer) Zustand („Totzustand"): Von ihm geht keine Entwicklung aus, er bestimmt nur das Ende einer Entwicklung. G-Zustände laufen im Allgemeinen in einen solchen T-Zustand oder eine *Grenzmenge* ein (Abschnitt 4.1.2).

Diese Begriffe lassen sich leicht sinngemäß auf den nichtdeterminierten Fall erweitern, indem man in (4.11) formal U durch $\mathcal{P}(U)$ ersetzt.

Zu den genannten vier Zuständen treten nun noch *Verzweigungszustände* hinzu (Abschnitt 4.1-3); in (4.12) ist nun $f(s)(x_t)$ mehrelementig.

F erzeugt den *irreversiblen, nichtdeterminierten* und T_0-*vollständigen* Markov-Prozess Ξ:

$$\xi \in \Xi \ \Leftrightarrow \ \bigwedge_{\tau \in T_0} \xi(\tau) \in F(\tau, \xi(0)) \qquad (\tau \geq 0) \tag{4.13}$$

mit einem Definitionsbereich $S = D(\Xi) \supset T_0$. Die Bedingung $\tau \in T_0$ in (4.13) ist gekoppelt an alle irreversiblen Prozesse.

Das Prozessgesetz $F(\tau, x) \subset X$ eines zeitinvarianten (und determinierten) Markov-Prozesses ist (bei Irreversibilität) generell nur für positive Zeiten τ definiert und nicht invariant gegenüber einer Zeitspiegelung $\tau \to -\tau$, die immer die Existenz eines Zeitbereiches mit Gruppenstruktur zur Voraussetzung hat.

Ξ heißt *determiniert*, wenn $F(\tau, x)$ in (4.8) speziell einelementig ($F(\cdot, x)$ eindeutig) ist:

$$\xi(\tau) = F(\tau, \xi(0)) = f(\tau)(\xi(0)) = f_\tau(\xi(0)). \tag{4.14}$$

Im Allgemeinen ist aber das Urbild

$$f^{-1}(\tau)(x') := \{x | f(\tau)(x) = x'\} \tag{4.15}$$

mehrelementig. F heißt *reversibel*, wenn auch $f^{-1}(\tau)(x')$ eine einelementige Zustandsmenge darstellt:

$$\xi(0) = (f^{-1}(\tau))(\xi(\tau)). \tag{4.16}$$

Im einfachsten Fall ist Ξ sowohl determiniert als auch reversibel, zu jedem Zustand $\xi(0)$ gehört dann genau ein Zustand $\xi(\tau)$ ($\tau \geq 0$) und umgekehrt:

$$\xi(\tau) = f(\tau)(\xi(0)) \;\Leftrightarrow\; \xi(0) = f^{-1}(\tau)(\xi(\tau)). \tag{4.17}$$

Bei determinierten Prozessen kann aus dem Gegenwartszustand $\xi(0)$ (*Anfangszustand*) die Prozesszukunft, bei reversiblen Prozessen die Prozessvergangenheit (für $\tau < 0$) aus dem gegenwärtigen Zustand $\xi(\tau)$ berechnet werden.

4.1.2 Determinierte Prozesse

Ein zeitinvarianter Markov-Prozess Ξ ist ein *autonomer Prozess*, wenn seine Realisierungen ξ nicht von den Realisierungen ξ' eines anderen Prozesses Ξ' abhängen:

$$\xi(t') \in F(\tau, \xi(t)). \tag{4.18}$$

Man spricht dann auch von einem *abgeschlossenen* oder auch (von seiner „Umwelt") *isolierten* Prozess. Bei einem *nichtautonomen*, gesteuerten oder *kooperativen* Prozess tritt an die Stelle von (4.18)

$$\xi(t') \in F'(\tau, \xi(t), \mu(t)), \qquad \xi \in \Xi, \qquad \mu \in M. \tag{4.19}$$

Prozesse der klassischen Mechanik z.B. sind vom Strukturtyp (4.18), Prozesse der Regelungstechnik werden beschrieben durch Ausdrücke der Form (4.19).

Zunächst werden wir nur zeitdiskrete determinierte autonome Systeme (*Halbautomaten*) betrachten. Vorangestellt sei in Zusammenfassung der Aussagen in (4.10) bis (4.12) ein Übersichtsschema der wesentlichen Grundbegriffe der Theorie autonomer, determinierter und zeitinvarianten Markov-Prozesse mit $T_0 = T_s = T_+$ als Halbgruppe:

$$
\begin{array}{c}
(f,s) \;\; \rightarrow \;\; h(s) \\
\nwarrow \qquad\quad \swarrow \\
x_{t+s} \;=\; h(s)(x_t)
\end{array}
\qquad\qquad f(ns) = h^n(s), \quad n \cdot s = t. \tag{4.20}
$$

Zu jeder Prozessstruktur f (Halbgruppe f_s) mit der Schrittweite s gehört ein *Prozessgenerator* $h(s)$ (Vektorfeld). Er definiert eine *Evolutionsgleichung*, deren Lösung $f(t)$ wieder auf die Struktur f des Prozesses Ξ zurückführt. Als Sonderfälle ordnen sich hier unmittelbar alle Evolutionsprozesse ein, z. B.

$$s = 1 \quad (T_0 = \mathbb{Z}_+) : \quad \text{Halbautomaten, determiniertes Chaos;}$$

$$s \to 0 \quad (T_0 = \mathbb{R}_+) : \quad \text{Stetige Evolution (Abschnitt 4.2).}$$

Im einfachsten Fall ist die Zeit *diskret*, d.h. T_0 bezeichnet die Halbgruppe $\mathbb{Z}_+ = \{0, 1, 2, \dots\}$. Für (4.18) erhält man (Bilder 4.1-1 und 4.1-5)

$$
\begin{aligned}
x' \in F(\tau, x) &= [F(1, \cdot) \circ F(1, \cdot) \circ \dots \circ F(1, \cdot)](x) \qquad (s = 1) \\
&= h^\tau(x), \quad h := F(1, \cdot) = f(1), \\
&\tau \in \mathbb{Z}_+, \quad x \in U \subset X, \quad U(T_1) = U.
\end{aligned}
\tag{4.21}
$$

Der *Prozessgenerator* (Zustandsoperator) ist hier eine Abbildung der Form (vgl. (4.11))

$$h : U \to \mathcal{P}(U), \qquad x' \in h(x), \tag{4.22}$$

und der von h dargestellte Prozess kann beschrieben werden durch die *nichtdeterminierte Differenzengleichung*

$$\xi(\tau + 1) \in h(\xi(\tau)), \qquad (\tau \in \mathbb{Z}_+). \tag{4.23}$$

Ist der Prozess Ξ determiniert, so genügt er der *determinierten Differenzengleichung*

$$\xi(\tau + 1) = h(\xi(\tau)), \qquad h : U \to U. \tag{4.24}$$

Ersichtlich bildet der Generator (Vektorfeld) h eine vollständige Beschreibung des zugehörigen Prozesses.

Im Weiteren untersuchen wir die technische Modellierung von (4.24). h beschreibt das Verhalten eines *statischen Systems* S_t, das jedem *Eingabewert* x (input) einen *Ausgabewert* $h(x) = x'$ (output) zuordnet. Weiter bezeichne

$$\sigma : \Xi \to \Xi, \quad \sigma(\xi) = \xi', \quad \sigma(\xi)(\tau) = \xi(\tau - 1) = \xi'(\tau) \tag{4.25}$$

einen *Verzögerungsoperator* auf Ξ, realisiert durch einen *Speicher* S, der jeden input $\xi(\tau)$ um einen Arbeitstakt verzögert wieder ausgibt (Bild 4.1-2). Durch eine geeignete Zusammenschaltung dieser Prozessmodelle S_t und S erhält man die *technische Realisierung* des determinierten Markov-Prozesses (4.24), dargestellt in Bild 4.1-2. Enthält der Speicher S zur Zeit $\tau = -1$ den Wert $\xi(-1)$, so verwirklicht das Gesamtsystem M die Folge $(\xi(0), \xi(1), \xi(2), \dots, \xi(n), \dots)$ von Signalwerten $\xi(\tau) = h(\xi(\tau - 1))$, $\tau = 0, 1, 2, \dots$ gemäß (4.24).

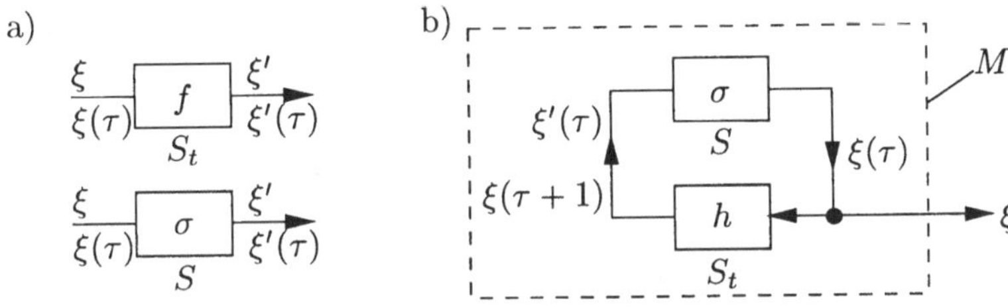

Bild 4.1-2: a) Elementarsysteme: Statisches System S_t, $f : U \to U$, $f(x) = x'$ und Speicher S, $\sigma : \Xi \to \Xi$, $\sigma(\xi)(\tau) = \xi(\tau - 1) = \xi'(\tau)$. b) Prozessgenerator M, Rückkopplungsschaltung (S_t, S), ξ: Trajektorie eines Markov-Prozesses (determiniert, zeitdiskret).

Das Prozessverhalten lässt sich – außer durch das *Trajektorienporträt* $\Xi = \{\xi | \xi = F(\cdot, x_0), x_0 \in U\}$ – oft besser durch ein *Phasenporträt* Z, definiert durch

$$Z = \bigcup_{x_0 \in U} \zeta_{x_0}, \qquad \zeta_{x_0} = \bigcup_{\tau \in \mathbb{Z}} h^\tau(x_0) \subset U, \qquad (x_0 = \xi(0)) \tag{4.26}$$

veranschaulichen. Die Elemente von Z heißen *Orbit* und sind die Projektionen von ξ auf U. Mit dieser Begriffsbildung lässt sich nun eine allgemeine Aussage über das Prozessverhalten formulieren:

Die topologische Struktur der Orbits eines zeitdiskreten, zeitinvarianten und determinierten Markov-Prozesses mit endlichem Phasenraum U ist stets von der in Bild 4.1-3a angegebenen Form.

Dieser Sachverhalt ergibt sich einfach daraus, dass in einem endlichen Phasenraum eine in x_0 startende Trajektorie ξ ($\xi(0) = x_0$) nach Ablauf einer endlichen Zeit zu einem bereits angenommenen Wert $\xi(\tau)$ zurückkehren muss: Für alle $\xi \in \Xi$ gilt

$$\bigvee_{\tau} \bigvee_{n} h^{\tau} = h^{n} \circ h^{\tau}, \qquad n \in \mathbb{N}, \quad x = \xi(\tau). \tag{4.27}$$

Die Trajektorie ξ setzt sich von einem bestimmten Zeitpunkt τ^* an in Intervallen der Länge n (*Periodendauer*) *periodisch* fort. Für den (lokalen) *Generator* h des Prozesses Ξ kann man also immer setzen (Bild 4.1-3)

$$h^{kn} \circ h^{\tau^*} = h^{\tau^*} \qquad (k = 1, 2, 3, \dots). \tag{4.28}$$

Dabei gilt ersichtlich für das periodische *Langzeitverhalten* $(\tau \geq \tau^*)$

$$h^{kn}(x^*) = x^*, \qquad x^* = h^{\tau^*}(x_0) = \xi(\tau^*), \quad k \in \mathbb{N}. \tag{4.29}$$

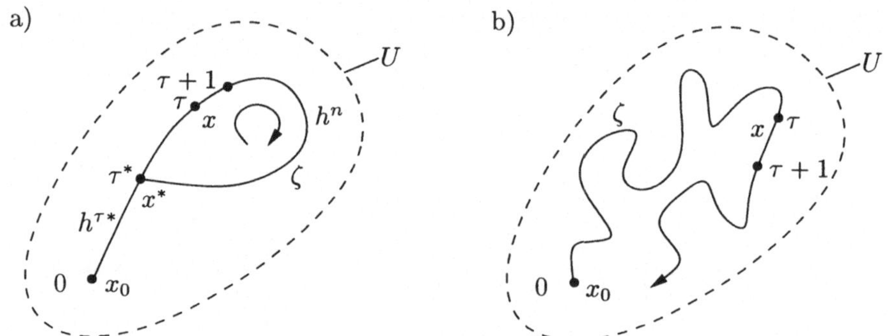

Bild 4.1-3: Orbit $\zeta \subset U$ eines Markov-Prozesses (determiniert, zeitinvariant)
a) Phasenraum U endlich:

$$h^n(x^*) = x^*, \; x^* = h^{\tau^*}(x_0), \; \zeta = h^{\cdot}(x_0), \; x_0 \in U. \; \xi: \left\{ \begin{array}{l} \text{unperiodisch für } \tau < \tau^* \\ \text{periodisch für } \tau \geq \tau^* \end{array} \right\} \text{Typ I}$$

b) Phasenraum U unendlich: ξ: Typ I oder unperiodisch $(\tau \geq 0,$ Typ II)

Ist der Phasenraum endlich, so gibt es nur Orbits des Typs (4.27), veranschaulicht in Bild 4.1-3a:

$$\zeta_{x_0} \in Z \iff \bigvee_{\tau} \bigvee_{\tau' > \tau} h^{\tau}(x_0) = h^{\tau'}(x_0) \qquad (\tau' = \tau + n). \tag{4.30}$$

Im Fall einer unendlichen Menge U kommt noch ein weiterer Orbittyp (die Negation von (4.30)) hinzu, und es gilt dann allgemein (Bild 4.1-3b)

$$\zeta_{x_0} \in Z \iff \bigvee_{\tau} \bigvee_{\tau' > \tau} h^{\tau}(x_0) = h^{\tau'}(x_0) \; \vee$$

$$\bigwedge_{\tau} \bigwedge_{\tau' > \tau} h^{\tau}(x_0) \neq h^{\tau'}(x_0). \tag{4.31}$$

Nun existieren (abhängig vom *Startpunkt* x_0) auch Orbits, die jedes einmal angenommene $x = \xi(\tau)$ nicht ein zweites Mal annehmen und somit vollständig *unperiodisch* verlaufen. Ein Orbit ξ hat also (im unendlichen Phasenraum) nur zwei zeitliche Entwicklungsmöglichkeiten: Entweder ξ wechselt von einer unperiodischen Anfangsphase in eine periodische Endphase über oder ξ ist im gesamten Verlauf unperiodisch. Ein Überwechseln von einer periodischen Phase in eine unperiodische ist mit (4.31) (rein formallogisch) ausgeschlossen (Bild 4.1-3). Nur zwei Orbittypen sind also für $T_0 = \mathbb{Z}_+$ möglich:

$$\text{Typ I:} \quad \bigvee_n \bigvee_{x \in \xi} h^n(x) = x \quad \text{(Zyklen der Periode } n, \ n = 0 \text{: Fixpunkt);}$$

$$(4.32)$$

$$\text{Typ II:} \quad \bigwedge_n \bigwedge_{x \in \xi} h^n(x) \neq x \quad \text{(„Periode } \infty\text{“, Grenzmenge).} \qquad (4.33)$$

Nur für $T_1 \subset T_0 = \mathbb{Z}_+$ können noch Orbits endlicher Dauer (T-Zustand) auftreten.

Wegen $x = h^\tau(x_0) = x_\tau$ sind generell alle Orbits $\xi = \xi_{x_0}$ Funktionen des Startpunktes x_0 (vgl. (4.32), (4.33)) und natürlich des Generators h. Diese Sensibilität bezüglich x_0 und h kann natürlich sehr unterschiedlich ausfallen und somit zu einer Fülle schwer überblickbarer Phasenporträts Z führen. Eine gewisse Übersicht kann man aber gewinnen, wenn man sich auf die Untersuchung des Langzeitverhaltens von $\xi \in \Xi$ beschränkt, d.h. auf das Verhalten von $h^\tau(t_0) = \xi(\tau)$ für große $\tau \in \mathbb{Z}_+$ und $X = \mathbb{R}^n$.

Ist speziell U ein Intervall aus $\mathbb{R}^n$, so gilt: Für gewisse Teilfolgen $\underline{\tau} = (\tau_0, \tau_1, \tau_2, \dots)$ aus $\mathbb{Z}_+$ liegen alle Grenzwerte $x = \lim_{\tau_i} h^{\tau_i}(x_0)$ in einer (von x_0 abhängigen) *Grenzmenge* $G_{x_0} \subset U$ (Bild 4.1.-4):

$$x \in G_{x_0} :\Leftrightarrow \bigvee_{\underline{\tau}} \bigwedge_{\tau_i \in \underline{\tau}} h^{\tau_i}(x_0) \to x, \qquad G_{x_0} \subset U. \qquad (4.34)$$

Ist z.B. U endlich, so gilt mit Vorstehendem einfacher

$$x \in G_{x_0} \Leftrightarrow \bigvee_{\tau \geq \tau^*} h^\tau(x_0) = x. \qquad (4.35)$$

Jedem $x_0 \in U \subset \mathbb{R}$ ist auf diese Weise vermöge des Generators h eine Grenzmenge G_{x_0} zugeordnet und jedem Prozess eine *Prozessgrenzmenge*

$$G_h = \bigcup_{x_0 \in U_0} G_{x_0}. \qquad (4.36)$$

In Bild 4.1-4 ist zur Veranschaulichung die Grenzmenge eines Prozesses angegeben, dessen Orbits eine Topologie besitzen, wie etwa der Prozess (in Polarkoordinaten (r, φ))

$$f(r, \varphi) = \begin{cases} h_1(r, \varphi) = \dfrac{r+1}{r+2} \\ h_2(r, \varphi) = \varphi + \omega, \end{cases}$$

dessen Grenzmenge $G_{(r_0, \varphi_0)}(r_0 = 1, \varphi_0 = 0)$ durch einen Kreis mit dem Radius $R = \frac{1}{2}$ gebildet wird.

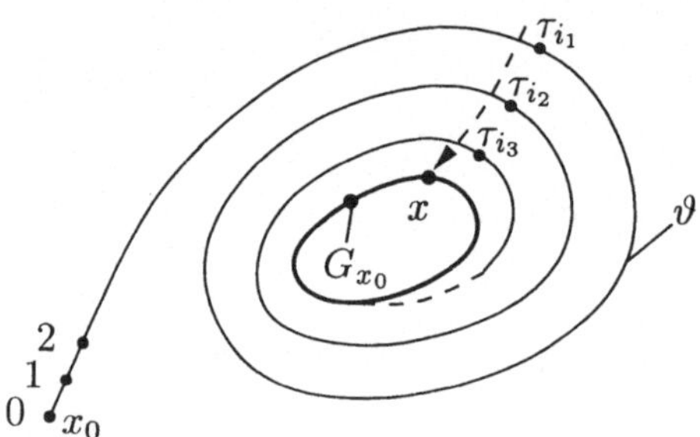

Bild 4.1-4: Grenzmenge $G_{x_0} \subset U$, $x = \lim_{\tau_i} h^{\tau_i}(x_0)$, $\underline{\tau} = (\tau_1, \tau_2, \dots)$, $\underline{\tau}$: Teilfolge aus $\mathbb{Z}_+$, $\tau_i \in \mathbb{Z}_+$.

Diese Grenzmengen G_{x_0} bzw. G_h sind bei „gutartigen" Prozessen (Ljapunov-Exponent $\lambda < 1$, Abschnitt 4.3.5) endliche Mengen, in der Regel aber Mengen höherer Mächtigkeit bis zur Mächtigkeit von U, wobei die Abhängigkeit von x_0 und auch von h (in Sonderfällen) mehr oder weniger schwach ausfallen kann.

So ergeben sich z.B. bei der bekannten und viel zitierten Folge f_r, definiert durch die *logistische Gleichung*

$$h(x) = f_r(x) = 1 - rx^2, \qquad x \in [-1, +1] = U, \qquad r \in \mathbb{R}_+,$$

folgende Prozessgrenzmengen [36]:

$$G_{f_r} = \begin{cases} \text{einelementig für } 0 < r < 0,75 \\[2mm] \text{zweielementig für } 0,75 \leq r < 1,25 \\[2mm] \text{vierelementig für } 1,25 \leq r < 1,475 \\[2mm] \text{endlich oder unendlich für } r \geq 1,4011 \dots = r_c. \end{cases}$$

Alle Grenzmengen G_{x_0} sind bei diesem elementaren Beispiel von x_0 unabhängig, und die Prozesstrajektorien $\xi = f_r^*(x_0)$ verlaufen für kleine r ($r < r_c$) periodisch; nur für $r \geq r_c$ können auch nichtperiodische Trajektorien auftreten (vgl. Bild 4.1-3). Es ist üblich geworden, das Verhalten dieser Prozessfolge f_r für $r > r_c$

irreführend als *chaotisch* zu bezeichnen, obwohl die Trajektorien streng nach einem determinierten Gesetz f – periodisch oder unperiodisch – verlaufen.

Bemerkung: Unter dem Begriff *determiniertes Chaos* werden in der Literatur (an Hand von Einzelfällen) sehr verschiedenartige Prozessphänomene studiert (autonome und nichtautonome Zeitentwicklungen, Differenzialprozesse, expansive, konservative und dissipative Generatoren usw.), ohne dabei die Entwicklung einer hinreichend streng definierten und eigenständigen Theorie im Auge zu haben. Was man als „Chaostheorie" bezeichnet, gleicht derzeit eher einer Beispielsammlung von Entwicklungsprozessen, die oft nur dadurch so „chaotisch" erscheinen, weil man der Tradition entsprechend in einzelwissenschaftlichen Disziplinen wenig Mühe darauf verwendet, die angewandte theoretische Basis klar abzustecken und auszuschöpfen bzw. ihre Adäquatheit sorgfältig zu überprüfen. Alle „chaotischen Prozesse" sind Markov-Prozesse – mehr oder weniger kompliziert bzw. in Unterklassen spezialisiert.

4.1.3   Nichtdeterminierte Prozesse, Chaos

Wie dargelegt, kann die gesamte Dynamik eines autonomen und determinierten Markov-Prozesses mit diskreter Zeit ($T_0 = \mathbb{Z}_+$) durch einen Generator h (Abbildung $h\colon U \to U$, definiert auf dem globalen Zustandsraum $U \subset X$) beschrieben werden. Dabei ist (h, U) gegeben durch den Übergangsoperator f_τ mit dem Definitionsbereich (Anfangswerte) $U \subset X$. Bei nichtdeterminierten Prozessen tritt an die Stelle der Generatorfunktion h eine Generatorrelation $\underline{G}$.

Bei den Darlegungen werden wir wieder $T_+ = \mathbb{Z}_+ = T_0$ mit der Schrittweite $s = 1$ voraussetzen $(h(1) = h)$.

Ein autonomer und nichtdeterminierter Markov-Prozess wird (bei Zeitinvarianz) ebenfalls durch einen Generator beschrieben (vgl. (4.23)). Zunächst gilt wieder (vgl. (4.22))

$$A' = h(A) = \bigcup_{x \in A} h(x), \qquad A \subset U \subset X, \qquad A' \subset U. \tag{4.37}$$

Im Gegensatz zum determinierten Fall ist jetzt h nichtdeterminiert, d.h. $h(x)$ ist mehrelementig:

$$h(x) \subset X' = U.$$

An die Stelle von $h : U \to U$ tritt also jetzt $h : \mathcal{P}(U) \to \mathcal{P}(U)$, alle Markov-Eigenschaften bleiben dabei erhalten (vgl. Abschnitt 3.2.5, Bild 4.1-1):

$$\text{a)} \quad (h^{\tau_1} \circ h^{\tau_2})(A) = h^{\tau_1 + \tau_2}(A), \tag{4.38}$$

b) $h(A) = A'$ $(\tau_i \in \mathbb{Z}_+ = Z_0)$.

Autonome nichtdeterminierte Markov-Prozesse lassen sich auf gesteuerte determinierte Prozesse zurückführen, wie nachstehend gezeigt.

Wir gehen aus von der *Generatorrelation* $\underline{G}$, der Menge aller Phasenpunktpaare, definiert durch

$$x', x \in \underline{G} \;:\Leftrightarrow\; x' \in h(x), \qquad h := \widehat{\underline{G}}, \tag{4.39}$$

wie im Strukturdiagramm Bild 4.1-5 verdeutlicht. $\mathcal{G}$ sei eine Menge von determinierten Operatoren $\underline{g} : U \to U$, die $\underline{G}$ überdecken, d.h., es gelte

$$\mathcal{G} \subset \mathcal{P}(\underline{G}) \;\wedge\; \bigcup_{\underline{g} \in \mathcal{G}} = \underline{G}. \tag{4.40}$$

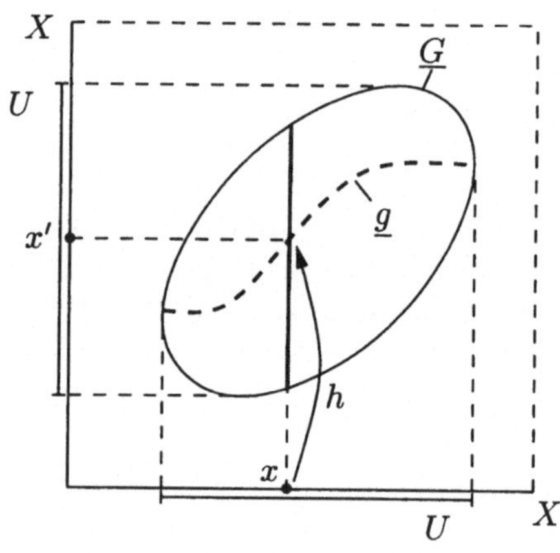

Bild 4.1-5: Generatorrelation (nichtdeterminierter Markov-Prozess) $f(1) = h : U \to \mathcal{P}(U)$, $h(x)$: Verzweigungspunkte;
$x' \in h(x) \Leftrightarrow \bigvee_{c \in C} \overline{h}(x,c) = x' = \underline{g}(x)$,
$\bigcup \underline{g} = \underline{G} \subset U \times U$, $U = U(T_0)$.

Hierbei ist $\underline{g} \in \mathcal{G}$ funktional und $D(\underline{g}) = U$. $\underline{G}$ heißt *Generatorrelation* des Prozesses Ξ.

Ferner sei jedes Element $\underline{g}$ aus $\mathcal{G}$ surjektives Bild einer *Parametermenge* C:

$$p : C \to \mathcal{G}, \; p(c) = \underline{g} \qquad (p \text{ surjektiv}). \tag{4.41}$$

Mit $\underline{g}(x) = x' = p(c)(x) := \overline{h}(x,c)$ erhält man schließlich mit (4.39)

$$x' \in h(x) \;\Leftrightarrow\; \bigvee_{c \in C} \overline{h}(x,c) = x', \qquad \overline{h} : U \times C \to U \tag{4.42}$$

oder mit $c = \gamma(\tau)$

$$\bigwedge_\tau \xi(\tau + 1) \in h(\xi(\tau)) \;\Leftrightarrow\; \bigvee_{\gamma \in \Gamma} \bigwedge_\tau \overline{h}(\xi(\tau), \gamma(\tau)) = \xi(\tau + 1).$$

Damit kann kürzer gesetzt werden

$$\xi \in \Xi \;\Leftrightarrow\; \bigvee_{\gamma \in \Gamma} \xi \in \Xi_\gamma \;\Leftrightarrow\; \xi \in \Xi_\Gamma \qquad\qquad (4.43)$$

mit

$$\xi \in \Xi_\Gamma \;\Leftrightarrow\; \bigwedge_{\tau \in T_0} \overline{h}(\xi(\tau),\gamma(\tau)) = \xi(\tau+1) \qquad\qquad (4.44)$$

und dem *chaotischen Prozess* $\Gamma_C = \Gamma$, gegeben durch

$$\Gamma := C^{T_0}, \quad \gamma(\tau) = c. \qquad\qquad (4.45)$$

h bezeichnet den Generator eines gesteuerten Markov-Prozesses, gesteuert durch den *chaotischen Markov-Prozess* Γ_C. Die Markov-Eigenschaft von Γ_C ergibt sich aus der allgemeinen Definitionsgleichung (Abschnitt 2.1.4)

$$\gamma_1, \gamma_2 \in \Gamma_C \;\Rightarrow\; \gamma_1 \overset{\tau}{\circ} \gamma_2 \in \Gamma_C, \qquad \tau \in \mathbb{Z}_+.$$

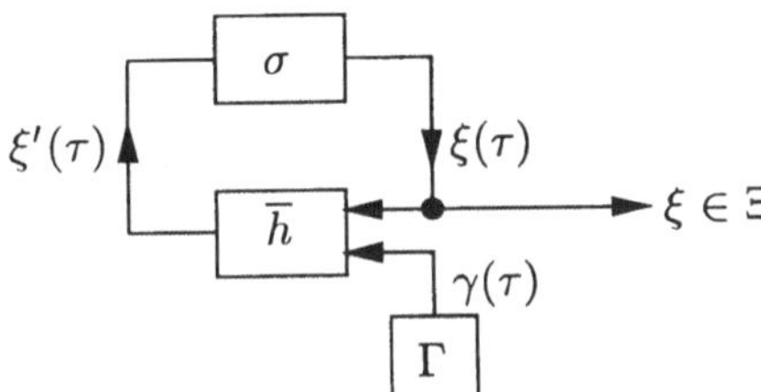

Bild 4.1-6: Prozessmodell (nichtdeterminierter Markov-Prozess) $\xi(\tau+1) = \overline{h}(\xi(\tau),\gamma(\tau))$, $\gamma(\tau) \in \pi_\tau(\Gamma)$, h: statisches System, σ: Speicher, Γ: chaotischer Prozess, $\Xi = \Xi_\Gamma = \bigcup_{\gamma \in \Gamma} \Xi_\gamma = \Xi$: Markov-Prozess.

In Bild 4.1-6 wurde das zugehörige Prozessmodell angegeben. Durch das Zusammenwirken eines determinierten (maximale Gesetzmäßigkeit) und eines chaotischen Prozesses (maximale Gesetzlosigkeit) kann ein nichtdeterminierter Markov-Prozess erzeugt werden. Jedem h kann man eine Abbildung $\overline{h}$ und eine Menge C so zuordnen, dass gilt (vgl. (4.42))

$$h(x) = \bigcup_{c \in C} \overline{h}(x,c), \qquad x \in U.$$

Wie man dem Strukturdiagramm Bild 4.1-5 entnimmt, besteht das Trajektorienporträt nun im allgemeinen Fall aus einem System sich ständig verzweigender Trojektorien.

Ist z.B. in einem einfachen Fall $h(x)$ nur für zwei Werte $x = a_1$ und $x = a_2$ mehrelementig, z.B. $h(a_i) = X_i'$, $X_1' = \{b_1, b_2, b_3\}$, $X_2' = \{b_4, b_5\}$ (Bild 4.1-7a), so hat das Trajektorienporträt möglicherweise auch nur diese zwei Verzweigungspunkte

a_1, a_2 zu den Zeitpunkten τ_1, τ_2. Der veranschaulichte Prozess verläuft bis $\tau = \tau_1$ determiniert, danach ändert er sich nichtdeterminiert bis zum nächsten Verzweigungspunkt a_2, an dem die Trajektorie sich erneut verzweigt (Bild 4.1-7b).

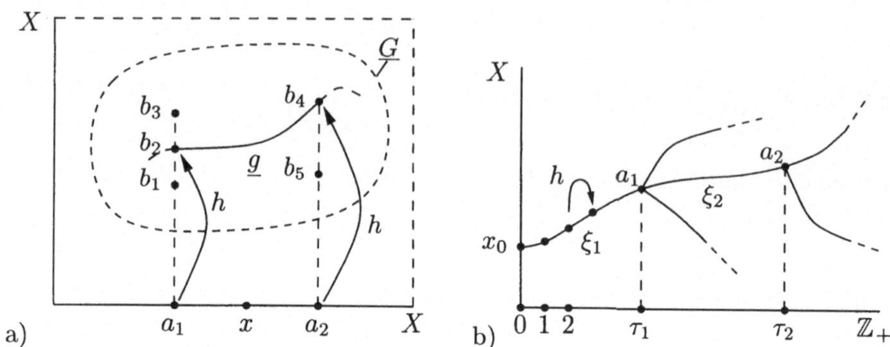

Bild 4.1-7: a) Generatorrelation $\underline{G} = \bigcup \underline{g}$, $h(a_1) = \{b_1, b_2, b_3\}$, $h(a_2) = \{b_4, b_5\}$: Verzweigungsmengen, U_0 endlich, $\underline{g} \in \underline{G}$. b) Trajektorie zum Diagramm in a) a_1, a_2: Verzweigungspunkte von ξ_1, ξ_2, h: Generator der Trajektorie: $\xi(\tau + 1) = h(\xi(\tau))$.

Die in den letzten beiden Abschnitten erzielten Einsichten in das Verhalten zeitdiskreter und zeitinvarianter Markov-Prozesse können wir wie folgt zusammenfassen:

a) Autonome Prozesse sind immer auch determiniert und umgekehrt. Ihr Grundverhalten ist durch die Halbgruppe h^τ (mit dem Generator h) der Übergangsoperatoren $h^\tau(x), x \in U \subset X$ gegeben, wobei (für $X = \mathbb{R}^n$) eine Klassifizierung von h nach den Werten der Divergenz von h (Phasenvolumen, Abschnitt 4.3.4) zweckmäßig ist (vgl. hierzu Bild 4.1-3).

b) Nichtdeterminierte Prozesse können nicht autonom sein; ihr Verhalten ist immer durch Kopplungen (Kooperation) mit der „Umwelt" bedingt. Mit dem Generator $\overline{h}$ gilt die zu (4.23) alternative Darstellung

$$\Xi: \quad \xi(\tau + 1) = \overline{h}(\xi(\tau), \gamma(\tau)), \qquad h: U \times C \to U, \qquad \gamma \in \Gamma, \qquad (4.46)$$

wobei Γ einen chaotischen Markov-Prozess bildet.

Die Generatorrelation $\underline{G} \subset U \times U$ ist ein Charakteristikum für die Stärke eines *Prozessgesetzes*: Ist $\underline{G}_1 \subset \underline{G}_2$, so kann man davon sprechen, dass zu $\underline{G}_1$ bzw. f_1 ein von stärkeren Gesetzen beherrschter Prozess Ξ_1 gehört als zu $\underline{G}_2$. In diesem Sinne bedeutet $\underline{G} = U^2$ Gesetzlosigkeit und $\underline{G} = \underline{g}$ ($\Leftrightarrow$ links- und rechtseindeutig) maximal mögliche Gesetzmäßigkeit (Bild 4.1-5). Die durch $\underline{G}$ qualitativ kennzeichenbare Stärke eines Gesetzes liegt somit immer zwischen den *Grenzrelationen* $\underline{g} \subset U^2$ (bifunktional) und U^2.

Bemerkung: Bei den gesteuerten bzw. parameterabhängigen Prozessen ist zu unterscheiden zwischen den Verzweigungen der Trajektorien, bedingt durch die „zufällige" Wahl von γ aus dem Prozess Γ und den „Verzweigungen", die von der Parameteränderung in einem Ausdruck des Typs: $f_r(x) = f(x,r)$ (mit dem Parameter r) herrühren.

Z.B. gehören zu

$$f_r(x) = x + (x - r)x$$

die Trajektorien $f_0(x) = x + x^2$ für $r = 0$ und $f_1(x) = x + (x - 1)x$ für $r = 1$. Für den Startwert $x = 1$ gibt es zwei im Zeitpunkt $\tau = 0$ „verzweigende" Trajektorien ξ_0, ξ_1 mit $\xi_{0,1}(0) = 1$, die aber zwei verschiedenen Prozessen f_0 und f_1 zuzurechnen sind. Es liegt hier also nicht eine Besonderheit ein und desselben autonomen Prozesses f_r vor, sondern der einfache Sachverhalt, dass sich Trajektorien verschiedener Prozesse mit gleichem Startpunkt notwendigerweise „verzweigen" müssen.

Es ist zweckmäßig und natürlich, gesteuerte Prozesse Ξ (*offene dynamische Systeme*) als Spezialfall kooperierender Prozesse (Ξ_1, Ξ_2) aufzufassen.

Die Zusammenhänge führen im determinierten Fall zu den Formulierungen

a) Wechselwirkung

$$\begin{aligned}
\xi_1(\tau + 1) &= \overline{h}_1(\xi_1(\tau), \xi_2(\tau)) \\
\xi_2(\tau + 1) &= \overline{h}_2(\xi_1(\tau), \xi_2(\tau)),
\end{aligned}$$
(4.47)

b) Steuerung

$$\xi_2(\tau + 1) = \overline{h}_2(\xi_1(\tau), \xi_2(\tau)).$$
(4.48)

Hierbei kann $\xi_1(\tau)$ wieder Trajektorie eines „freien" Markov-Prozesses sein.

Die obigen Gleichungen zusammen mit der Prozessdarstellung

$$\begin{aligned}
\text{Markov-Prozess } M &\overset{g}{\mapsto} \text{ Prozess } \Xi \\
g(\mu(\tau)) &= \xi(\tau)
\end{aligned}$$
(4.49)

bilden die Grundlage der Automatentheorie, die nachstehend skizziert werden soll.

4.1.4 Zustandsbeschreibung, Automaten

Wie im letzten Abschnitt gezeigt wurde, kann man einen autonomen nichtdeterminierten Markov-Prozess durch chaosgesteuerte (determinierte) Prozesse äquivalent ersetzen: $\Xi \mapsto \overline{h}$,

$$\xi \in \Xi_\gamma \;\Leftrightarrow\; \xi(\tau + 1) = \overline{h}(\xi(\tau), \gamma(\tau)), \qquad \overline{h} : U \times C \to U. \tag{4.50}$$

ξ gehört, wie gezeigt, aber nur zum gegebenen Markov-Prozess Ξ, wenn γ eine chaotische Trajektorie (aus $\Gamma = C^{\mathbb{Z}+}$) bezeichnet.

Im allgemeinen Fall der Steuerung eines Markov-Prozesses $M \neq \Gamma$ sind Prozessabbildungen des Typs (vgl. (4.48))

$$\mu(\tau + 1) = w(\mu(\tau), \xi_1(\tau)), \qquad w : Z \times U_1 \to Z \tag{4.51}$$

zu betrachten. w in (4.51) beschreibt den Prozess M mit den Trajektorien μ, gesteuert (definiert) durch den Prozess Ξ_1 mit den Trajektorien ξ_1.

Solche gesteuerten Prozesse (Systeme) bilden den zentralen Gegenstand der Regelungs- und Automatentheorie [1]. Der Begriff „dynamisches System" wird hier aber ad hoc und axiomatisch ohne nähere inhaltliche Motivation eingeführt. Man betrachtet damit Prozessabbildungen $\Xi_1 \to \Xi_2$, die mittels der *Zustandsform* (4.51) beschrieben werden können und lässt die Frage offen, ob für alle Abbildungen $\Xi_1 \to \Xi_2$ eine solche *Zustandsbeschreibung* existiert. Die Antwort ergibt sich durch Einbettung der Prozesssteuerung in die Prozesskooperation binärer autonomer Prozesse.

Im Folgenden werden wir zeigen, dass jede *input-output-Abbildung*

$$\eta : \Xi_1 \to \Xi_2, \; \eta(\xi_1) = \xi_2 \tag{4.52}$$

mittels der Zustandstransformation (4.51) dargestellt werden kann. Hierbei beschränken wir uns zunächst weiter auf den zeitinvarianten und zeitdiskreten Fall $(T_0 = \mathbb{Z}_+)$.

In Abschnitt 2.4.2 wurde gezeigt, dass sich jeder Prozess Ξ oder $\Xi_1 \times \Xi_2$ durch einen Markov-Prozess $M_1 \times M_2$ darstellen lässt. Zu jedem $\Xi_1 \times \Xi_2$ existiert ein $M_1 \times M_2$ und eine bijektive Abbildung $g = g_1 \times g_2 : M_1 \times M_2 \to U_1 \times U_2$, so dass für alle $\tau \in T_0$ gilt

$$\begin{aligned}
g_1 : &\quad Z_1 \to U_1, \; g_1(\mu_1(\tau)) = \xi_1(\tau) \\
g_2 : &\quad Z_2 \to U_2, \; g_2(\mu_2(\tau)) = \xi_2(\tau)
\end{aligned} \tag{4.53}$$

mit

$$z_{1,2} = \mu_{1,2}(\tau), \qquad x_{1,2} = \xi_{1,2}(\tau), \qquad \tau \in T_0. \tag{4.54}$$

Weiter seien h_1 und h_2 die zu M_1 und M_2 bzw. μ_1 und μ_2 gehörenden Generatoren und $\langle \overline{h}_1, \overline{h}_2 \rangle$ das Verbindungsprodukt von $\overline{h}_1$ und $\overline{h}_2$, definiert durch

$$\langle \overline{h}_1, \overline{h}_2 \rangle = h_1 \times h_2,$$

$$\langle \overline{h}_1, \overline{h}_2 \rangle (z_1, z_2) := (\overline{h}_1(z_1, z_2), \overline{h}_2(z_1, z_2)) = (h_1(z_1), h_2(z_2)). \quad (4.55)$$

Mit (4.54) findet man folgende Zusammenhänge (Bild 4.1-8):

$$\begin{aligned}
\langle \overline{h}_1, \overline{h}_2 \rangle (\mu_1(\tau), \mu_2(\tau)) &= (\mu_1(\tau+1), \mu_2(\tau+1)), \\
h_1(\mu_1(\tau)) = \mu_1(\tau+1) &= \overline{h}_1(\mu_1(\tau), \mu_2(\tau)), \\
h_2(\mu_2(\tau)) = \mu_2(\tau+1) &= \overline{h}_2(\mu_1(\tau), \mu_2(\tau)).
\end{aligned} \qquad (4.56)$$

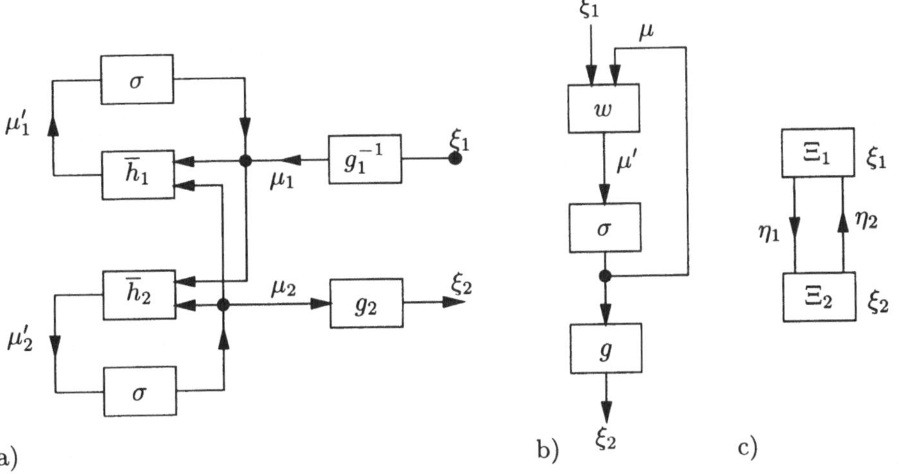

Bild 4.1-8: Automatenmodell ($z = \mu(\tau)$, $x = \xi(\tau)$): a) $x_1 = g_1(z_1)$, $x_2 = g_2(z_2)$, $z'_1 = h_1(z_1)$, $z'_2 = h_2(z_2)$, $h_1 \times h_2 = \langle \overline{h}_1, \overline{h}_2 \rangle$; $z'_1 = \overline{h}_1(z_1, z_2)$, $z'_2 = \overline{h}_2(z_1, z_2)$ b) input-output-Modell zu a): $\xi_2 = \eta(\xi_1) \Leftrightarrow \xi_2 = g \circ \mu$, $\mu' = w(\langle \mu, \xi_1 \rangle)$; c) Kooperative Wechselwirkung $\xi_2 = \eta_1(\xi_1)$, $\xi_1 = \eta_2(\xi_2)$.

Für die Abbildung η in (4.52) erhält man damit schließlich mit (4.53) die *Moore-Darstellung*: $\xi_2 = \eta(\xi_1) \Leftrightarrow$ für alle $\tau \in T_0$:

$$\begin{aligned}
\xi_2(\tau) &= g_2(\mu_2(\tau)) \\
\mu_2(\tau+1) &= \overline{h}_2(\mu_1(\tau), \mu_2(\tau)) \\
\mu_1(\tau) &= g_1^{-1}(\xi_1(\tau)).
\end{aligned} \qquad (4.57)$$

Mit Substitution der dritten Zeile aus (4.58) ergibt sich eine alternative und übliche Beschreibungsform zur oben angegebenen:

$$\begin{aligned}
\xi_2(\tau) &= g(\mu(\tau)) \qquad (\tau \in T_0) \\
\mu(\tau+1) &= w(\mu(\tau), \xi_1(\tau)).
\end{aligned} \qquad (4.58)$$

Man bezeichnet in der Regel g als *Ausgangsfunktion* und w als *Überführungsfunktion* des *dynamischen Systems* $\mathcal{A} = (Z, U_1, U_2, w, g)$,

$$w : \quad Z \times U_1 \to Z, \ w(z, x_1) = z',$$
$$g : \quad Z \to U_2, \ g(z) = x_2. \tag{4.59}$$

Sind die Mengen Z, U_1 und U_2 (*Alphabete*) endlich, so wird das zeitdiskrete System $\mathcal{A}$ als *Automat* bezeichnet. Statt (4.59) schreibt man dann immer vereinfacht

$$x_2 = g(z), \qquad z' = w(z, x_1). \tag{4.60}$$

z' bezeichnet den auf z (im nächsten Arbeitsschritt) folgenden Wert aus Z, und eine besondere Zeitskala wird somit überflüssig.

Die Werte $z \in Z$, die bei der Eingabe eines *Wortes* $(x_1, x_2, \dots, x_n)$ vom Automaten durchlaufen werden, bezeichnet man als *Zustände* des Automaten. Es ist also

$$z_i = w(z_0, x_1, x_2, \dots, x_i) = w(\dots w(w(w(z_0, x_1), x_2), x_3) \dots, x_i)$$

der *Automatenzustand* im i-ten *Takt* nach Eingabe des Wortes $(x_1, x_2, \dots, x_i)$ für einen *Anfangszustand* z_0. Die Folge $(z_0, z_1, z_2, \dots)$ bildet nun aber eine Markov-Folge, die nicht allein durch z_i bestimmt ist.

Der beschriebene Automat kann als „gerichtete Wechselwirkung" zwischen zwei Prozessen Ξ_1, Ξ_2 aufgefasst werden, da die Automatengleichungen (4.58) als Sonderfall aus den symmetrischen Gleichungen

$$\begin{aligned}
\xi_1(\tau) &= g_1(\mu_1(\tau)), & \mu_1(\tau + 1) &= \overline{h}_1(\mu_1(\tau), \mu_2(\tau)) \\
\xi_2(\tau) &= g_2(\mu_2(\tau)), & \mu_2(\tau + 1) &= \overline{h}_2(\mu_1(\tau), \mu_2(\tau))
\end{aligned} \tag{4.61}$$

der kooperierenden Prozesse Ξ_1 und Ξ_1 hervorgehen (Bild 4.1-8c).

Zugleich wird auch deutlich, dass die zunächst aus isolierten Betrachtungen heraus entstandene Automatentheorie sich als zeit- und wertdiskreter Sonderfall in die allgemeine Theorie dynamischer Systeme einordnen lässt. Damit bildet sie auch die Basis der zahlreichen Varianten der Evolutionsgesetze. Diese Gesetze – im einfachsten Fall Automatengesetze – sind immer irreversibel im Gegensatz zu den Elementargesetzen der Physik, die traditionell immer als reversible Gesetze aufgefasst werden. Man darf ohne Übertreibung behaupten, dass es vor allem die in den theoretischen Grundlagen der Technik entwickelten Ideen waren, die den Blick für die Irreversiblität realer Verhaltensgesetze geschärft haben.

Die obigen Darlegungen zeigen, dass nicht nur ein beliebiger Prozess durch einen Markov-Prozess darstellbar ist, auch eine Prozessabbildung $\Xi_1 \to \Xi_2$ kann durch eine entsprechend gewählte wechselseitig wirkende Transformation (Kooperation) $M_1 \leftrightarrow M_2$ zwischen zwei Markov-Prozessen beschrieben werden (Bild 4.1-8).

Der Automat bildet die einfachste Grundstruktur für die Gesetze der kooperativen Dynamik (Wechselwirkung). Er verwirklicht ein paradigmatisches Universalmodell in dem Sinne, dass die Grundgesetze realer Prozesse, soweit sie wesentlich auf dem Grundphänomen der Evolution im Makrokosmos beruhen, durch Verfeinerung der Automatenstruktur gewonnen werden können. An einigen Beispielen wird das im Folgenden noch deutlich werden.

Wesentlich ist, dass das Problem der sogenannten *Symmetriebrechung* bezüglich der Zeit hier gar nicht erst auftritt, da die Beschreibung des Automatenverhaltens an keinen Zeitbegriff im üblichen Sinne gebunden ist. Die Entwicklung der Automatenprozesse kennt nur eine Richtung: von der Vergangenheit in die Zukunft, von bereits Eingetretenem zu noch nicht Eingetretenem. Alle Prozesse sind irreversibel, ein Rückschluss auf Ereignisse in der Vergangenheit ist nicht möglich.

Das Verhaltensgesetz (4.58) des Automaten bildet ein einfaches Beispiel für die Existenz von realen Entwicklungsgesetzen, für die es keinerlei Kopplungen mit der Vergangenheit gibt.

4.2 Elementare Markov-Prozesse II

4.2.1 Evolutionsgleichung

Die Ausführungen in Abschnitt 4.1 zu Prozessen mit diskreter Zeit lassen sich den Grundideen nach auf den zeitstetigen Fall ausdehnen.

Wir betrachten zunächst den einfachsten Sonderfall $X = \mathbb{R}$, $T_0 = \mathbb{R}_+$. f und $f(\tau)$: $U \to U$ $(\tau \in T_0, U \subset X)$ seien gegeben und damit die Trajektorie $\xi : \tau \mapsto \xi(\tau)$,

$$f(\tau)(x_0) = \xi(\tau), \qquad f(0)(x_0) = \xi(0) = x_0 \in U \qquad (\tau \geq 0). \tag{4.62}$$

Jede Trajektorie besitze in x eine „Anfangsgeschwindigkeit"

$$\lim_{\tau \to 0} \frac{1}{\tau}(f(\tau)(x) - x) = h_f(x) = h(x) \qquad (\tau \geq 0,\, x \in U). \tag{4.63}$$

Da $f(\tau)$ nur für $\tau \geq 0$ definiert ist, ist in (4.63) der rechtsseitige Grenzwert zu nehmen, und aus der mit der Existenz von $h(x)$ verknüpften Bedingung $f(\tau)(x) \to x$ folgt mit $x = f(t)(x')$ aus

$$f(\tau)[f(t)(x')] = f(t + \tau)(x') \to f(t)(x') \text{ für } \tau \to 0 \tag{4.64}$$

die Stetigkeitsforderung an $f(\cdot)(x')$, $x' \in U$.

Man beachte, dass ebenso für $\tau \to 0$ folgen soll:

$$f(t - \tau)(x') \ \to \ f(t)(x') \qquad (t, \ t - \tau > 0). \tag{4.65}$$

Die Existenz des Grenzwertes $h(x)$ in (4.63) verlangt damit sogar die Differenzierbarkeit von $f(\cdot)(x_0) = \xi$ für $t > 0$.

$h = G(f)$ wird *infinitesimaler Generator* des Prozesses

$$\Xi = \Xi_f = \bigcup_{x \in U} f(\cdot)(x_0), \quad f(\tau)(x_0) = \xi(\tau), \quad U = \pi_0(\Xi), \quad \tau \in T_0 \tag{4.66}$$

genannt.

Jedem Paar (f, x) ist zugeordnet ein Generatorwert $h_f(x)$; jedem

$$f: \ T_0 \to U^U, \quad f(\tau): \ U \to U$$

also ein Generator

$$h = G(f). \tag{4.67}$$

Umgekehrt erhält man aus h wieder f; denn nach (4.63) gilt:

$$\begin{aligned}
h = h_1 \ &\Rightarrow \ f(\tau)(x) = f_1(\tau)(x) \ \text{ für } \ t \to 0 \\
&\Rightarrow \ \bigvee_{x_0} \bigwedge_{t} f(t + \tau)(x_0) = f_1(t + \tau)(x_0) \ \text{ für } \ t \to 0 \\
&\Rightarrow \ \bigvee_{x_0} \bigwedge_{t} f(t)(x_0) = f_1(t)(x_0) \ \Rightarrow \ f = f_1.
\end{aligned}$$

Ein Markov-Prozess der betrachteten Klasse $(D(h) = U)$ ist somit durch seinen Generator h eindeutig charakterisiert.

Aus (4.63) ergibt sich nun

$$\frac{1}{\tau}[f(t + \tau)(x') - f(t)(x')] \ \to \ h(f(t)(x')) \qquad (t + \tau > 0)$$

für $\tau \to 0$. Mit $f(t + \tau)(x') = \xi(t + \tau)$ $(x' = \xi(0))$ folgt daraus die Differenzialgleichung

$$\frac{d\xi}{dt}(t) = h(\xi(t)), \quad \xi(t) = f(t)(\xi(0)), \quad \xi(0) = x_0, \quad t \geq 0 \tag{4.68}$$

mit der Lösung

$$\xi(t) = f(t)(\xi(0)) = e^{th}(\xi(0)), \qquad (|h(x)| < K), \tag{4.69}$$

also

$$f(t) = e^{th} = \sum_{k=0}^{\infty} \frac{1}{k!}(th)^k, \qquad f = G^{-1}(h) = e^{\cdot h}. \tag{4.70}$$

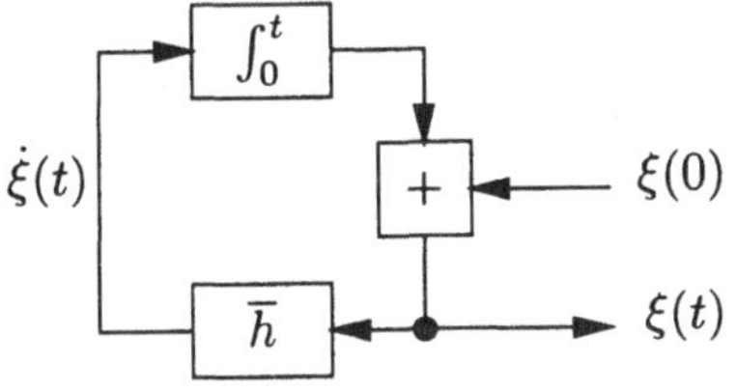

Bild 4.2-1: Evolutionsprozess $\xi(t)$, Modell. $\dot{\xi}(t) = h(\xi(t))$, $t \geq 0$. h: Generator, $\int_0^t$: Integralspeicher, $+$: Addierglied.

Ein Modell des durch (4.68) definierten Prozesses

$$\xi(t) = \xi(0) + \int_0^t \dot{\xi}(\tau)\,d\tau$$

ist in Bild 4.2-1 angegeben.

Im Folgenden besitze X die Struktur eines Banach-Raumes $(X, \|\cdot\|)$, z.B. $X = \mathbb{R}^n$. Die Überführungsoperatoren $f(t)$ der Halbgruppe $(f(t))_{t \in T_0}$ seien wieder zeitinvariant und determiniert:

$$f(t): \ U \to U, \qquad f(t)(x') = x, \qquad U \subset X.$$

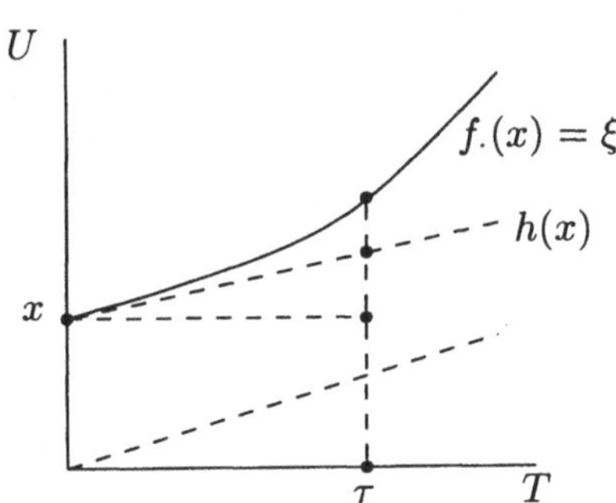

Bild 4.2-2: Infinitesimaler Generator h, Trajektorie $\xi(\tau) = f_\tau(x)$, Linearer Operator $h: U \to U$, $h(x) \in U \subset X$.

Der *infinitesimale Generator* $G(f)$ von f ist wieder definiert durch

$$\lim_{\tau \to 0+} \frac{(f(\tau) - I)(x)}{\tau} = h(x), \qquad x \in U \ \ (I: \ \text{identischer Operator}). \tag{4.71}$$

Hierbei bedeutet $\tau \to 0+$ den Grenzwert rechts (Bild 4.2-2).

Die Existenz von $h(x)$ in (4.62) verlangt die Stetigkeit von $\tau \mapsto f(\tau)(x)$ in $\tau = 0$ und damit die Stetigkeit von $\tau \mapsto f(\tau)(x)$ für alle $x \in U$ und $\tau \in T_0$, also für alle $\xi \in \Xi$.

An die Stelle von (4.68) tritt nun eine Differenzialgleichung im Banach-Raum, definiert durch den Grenzprozess

$$\left\| \frac{\xi(t+\tau) - \xi(t)}{\tau} - h(\xi(t)) \right\| \to 0 \ \text{ für } \ \tau \to 0+ . \tag{4.72}$$

Ist $X = \mathbb{R}^n$ endlichdimensional, so gilt in ausführlicher Notation mit

$$\xi = (\xi_1, \xi_2, \dots, \xi_n), \qquad h = \langle h_1, h_2, \dots, h_n \rangle : \tag{4.73}$$

$$\begin{aligned}
\frac{d\xi_1}{dt}(t) &= h_1(\xi_1(t), \xi_2(t), \dots, \xi_n(t)) \\
\frac{d\xi_2}{dt}(t) &= h_2(\xi_1(t), \xi_2(t), \dots, \xi_n(t)) \\
&\ \ \vdots \qquad\qquad \vdots \\
\frac{d\xi_n}{dt}(t) &= h_n(\xi_1(t), \xi_2(t), \dots, \xi_n(t)).
\end{aligned} \tag{4.74}$$

Die Lösung $f(t)$ kann auch jetzt wieder in der Form (4.69) notiert werden:

$$\xi_i(t) = f_i(\xi(0)) = \mathrm{pr}_i\left(e^{th}(\xi(0))\right), \qquad (\|h(x)\| < K). \tag{4.75}$$

Die Gleichung (4.68) bzw. die entsprechende Verallgemeinerung (4.75) auf den Banach-Raum wird als *Evolutionsgleichung* bezeichnet. Sie beschreibt die Evolution (Weiterentwicklung in die Zukunft) eines (beliebigen) Phänomens, zurückgeführt auf einen Markov-Prozess mit der Operatorhalbgruppe $f(t)$, definiert auf der *Zeithalbgruppe* $T_0 = \mathbb{R}_+$. Die gesamte Prozessevolution ist festgelegt durch die „Anfangsevolutionen" in $x \in U$:

$$h(x) \approx \frac{1}{\Delta\tau}(f(\Delta\tau)(x) - x), \qquad (0 \le \Delta\tau \ll 1,\ x \in U).$$

Ein wesentlicher Unterschied zum diskreten Fall besteht darin, dass unter den gegebenen Voraussetzungen $(D(h) = U, h$ beschränkt$)$ der Lösungsprozess der Evolutionsgleichung (4.75) reversibel ist, da die zugehörige Halbgruppe $f(t) = \exp(th)$ speziell eine Gruppe (mit der Zeitgruppe $T = \mathbb{R}$) bildet:

Mit beschränkten Operatoren h lassen sich keine irreversiblen Markov-Prozesse („echte" Evolutionsprozesse) beschreiben.

Nach Vorstehendem kann jeder determinierte und zeitinvarianter Markov-Prozess Ξ alternativ durch seine Strukturen f bzw. F ($f(t) = F(t, \cdot)$) oder einfacher durch seinen Generator

$$h : \quad U \to U', \quad U' \subset X, \tag{4.76}$$

dargestellt werden.

Die gesamte Dynamik des Markov-Prozesses Ξ (der betrachteten Klasse) wird durch einen einzigen Operator h ausgedrückt.

Der Prozess Ξ ergibt sich dann als Lösung einer nichtlinearen Differenzialgleichung

$$\dot{\xi}(t) = h(\xi(t)). \tag{4.77}$$

Wenig Beachtung wurde in der Theorie der dynamischen Systeme dem Umstand geschenkt, dass der Markov-Prozess Ξ – neben (4.77) – noch mit einer partiellen Differenzialgleichung für die Wirkung $F(t, x)$ verknüpft ist. Es gilt:

$$\frac{\partial F}{\partial t} = h(x) \cdot \frac{\partial F}{\partial x}, \qquad (t \geq 0, \ x \in \mathbb{R}), \tag{4.78}$$

oder ausführlicher geschrieben ($x = (x_1, x_2, \ldots, x_n)$)

$$\frac{\partial F_i}{\partial t} = h_j(x) \cdot \frac{\partial F_i}{\partial x_j} := (h \cdot \mathrm{grad})(F_i), \qquad (i = 1, 2, \ldots, n). \tag{4.79}$$

Die Richtigkeit folgt aus der Identität ($F \Leftrightarrow F_i$)

$$F(t - \tau, \xi(\tau)) = \xi(t), \qquad (\xi = \langle \xi_1, \xi_2, \ldots, \xi_n \rangle, \ \tau, \ t - \tau \geq 0).$$

Die Ableitung nach τ ergibt unmittelbar (mit Summe über j)

$$\frac{\partial F}{\partial \tau} = -\frac{\partial F}{\partial t} + \frac{\partial F}{\partial x_j} \cdot \frac{\mathrm{d}\xi_j(\tau)}{\mathrm{d}\tau} = 0 \qquad (x_j = \xi_j(\tau))$$

und für $\tau = 0$, $F = F_i(t, \xi(0))$, $\dot{\xi}_j(0) = h_j(\xi(0))$

$$F_t(t, x) = \sum_{j=1}^{n} F_{x_j}(t, x) \cdot h_j(x), \qquad x = (x_1, x_2, \ldots, x_n), \qquad x_j = \xi_j(0) \tag{4.80}$$

oder

$$\frac{\partial F}{\partial t} = (h \cdot \mathrm{grad})(F), \qquad F = F(t, x), \quad h = h(x).$$

Die Gleichung (4.80) kann als Gegenstück zu (4.77) als *partielle Evolutionsgleichung* bezeichnet werden.

4.2.2 Klassische Mechanik

Die fundamentale Gleichung der klassischen Mechanik, die Hamilton-Gleichung, bildet einen Sonderfall der allgemeinen Evolutionsgleichung (4.75) und damit den infinitesimalen Generator eines speziellen Markov-Prozesses.

Die Besonderheit der Markov-Prozesse der Mechanik besteht zum einen darin, dass ihr Generator h aus einem Skalarfeld, der *Hamilton-Funktion H*, abgeleitet werden kann und zum anderen die Dimension dieses Feldes H,

$$H(\xi_1(t), \xi_2(t), \dots , \xi_{2n}(t)) := H(q_1, q_2, \dots , q_n, p_1, p_2, \dots , p_n), \qquad (4.81)$$

immer geradzahlig ist. Der Genertor h ist dann der *symplektische Gradient* von H:

$$h(\xi(t)) = h(q,p) = \text{grad}^* H(q,p), \qquad \xi = (\xi_1, \xi_2, \dots , \xi_{2n}), \qquad (4.82)$$

$$\text{grad}^* = \left(\frac{\partial}{\partial p_1}, \frac{\partial}{\partial p_2}, \dots , \frac{\partial}{\partial p_n}, -\frac{\partial}{\partial q_1}, -\frac{\partial}{\partial q_2}, \dots , -\frac{\partial}{\partial q_n} \right), \qquad (4.83)$$

$$q = (q_1, q_2, \dots , q_n), \qquad p = (p_1, p_2, \dots , p_n). \qquad (4.84)$$

Analog (4.75) erhält man hieraus die *Hamiltonschen Differenzialgleichungen* (die „Evolutionsgleichungen" der Mechanik)

$$\frac{\mathrm{d}\xi}{\mathrm{d}t} = \text{grad}^* H(\xi), \qquad \xi = (q,p) \qquad (4.85)$$

oder ausführlicher

$$\frac{\mathrm{d}q_i}{\mathrm{d}t} = \frac{\partial H}{\partial p_i}, \qquad \frac{\mathrm{d}p_i}{\mathrm{d}t} = -\frac{\partial H}{\partial q_i}, \qquad (i = 1, 2, \dots , n). \qquad (4.86)$$

Man entnimmt den vorstehenden Gleichungen, dass der *Zustand* $\xi(t) = (q(t), p(t))$ ebenfalls eine Besonderheit besitzt: er ist „zweikomponentig". $q(t)$ bezeichnet die (verallgemeinerten) Lagekoordinaten und $p(t)$ die (verallgemeinerten) Impulskoordinaten des mechanischen Systems. Wegen

$$\text{div} \, \text{grad}^* H = \frac{\partial^2 H}{\partial p \partial q} - \frac{\partial^2 H}{\partial q \partial p} = 0 \qquad (4.87)$$

ist der *Hamilton-Genertor* $h = \text{grad}^* H$ zudem quellenfrei und damit die zugehörige Wirkung

$$F(t, \xi(0)) = \mathrm{e}^{t \cdot h} \xi(0) = \mathrm{e}^{t \cdot \text{grad}^* H}(q(0), p(0)) = F_H(t, (q(0), p(0))) \qquad (4.88)$$

Lösung der partiellen Differenzialgleichung ($F_H \Leftrightarrow (F_H)_i$)

$$\begin{aligned}
\frac{\partial F_H}{\partial t} &= \operatorname{grad}^* H \cdot \left(\frac{\partial F_H}{\partial q}, \frac{\partial F_H}{\partial p} \right) \\
&= \frac{\partial H}{\partial p} \cdot \frac{\partial F_H}{\partial q} - \frac{\partial H}{\partial q} \cdot \frac{\partial F_H}{\partial p} := [H, F_H]
\end{aligned} \tag{4.89}$$

mit der *Poisson-Klammer* $[H, F_H] = \operatorname{grad}^* H \cdot \operatorname{grad} F_H$. Man kann die Gleichung (4.89) oder allgemeiner

$$(\operatorname{grad}^* H \cdot \operatorname{grad})(F_H) = \frac{\partial F_H}{\partial t} \tag{4.90}$$

als *partielle Hamilton-Gleichung* bezeichnen, sie tritt neben die bekannte gewöhnliche Hamilton-Gleichung

$$\begin{aligned}
\dot{q} &= \operatorname{grad}_p H(q, p) \\
\dot{p} &= -\operatorname{grad}_q H(q, p).
\end{aligned} \tag{4.91}$$

Bemerkt sei noch, dass die Grundgleichung der statistischen Mechanik, die Poisson-Gleichung, formal mit (4.89) übereinstimmt (Abschnitt 4.4.2).

In den nächsten Abschnitten werden wir nun einige spezielle Evolutionsprozesse betrachten.

4.2.3 Irreversible Markov-Felder

Im Folgenden betrachten wir speziell Übergangsoperatoren $f(\tau)$ auf Zustandsräumen $\underline{\Phi}$, deren Zustände x nun *Felder*

$$\xi(t) = \Phi : \quad R \to Z, \quad \Phi(r) = z, \quad R \subset \mathbb{R}^n, \quad Z = \mathbb{R} \tag{4.92}$$

mit dem *Ortsbereich R*, den *Ortskoordinaten* $r \in R$ und den *Feldwerten* $z \in Z$ am Ort r bilden. $f(\tau)$ ordnet dann jedem *Feldzustand* $\varphi(t) = \Phi_t$ zur Zeit t ein neues Feld $\Phi_{t+\tau}$ zu ($t, \tau \in \mathbb{R}_+$):

$$f(\tau)(\Phi_t) = \Phi_{t+\tau}, \qquad \Phi_{t+\tau}(r) = (f(\tau)(\Phi_t))(r). \tag{4.93}$$

Folgende Einschränkungen werden vorgenommen:

a) $f(\tau)$ ist linear:

$$f(\tau)(\Phi_1 + \Phi_2) = f(\tau)(\Phi_1) + f(\tau)(\Phi_2), \tag{4.94}$$

$$f(\tau)(k\Phi) = k\, f(\tau)(\Phi).$$

b) Die Geschwindigkeit der *Wirkungsausbreitung* der lokalen *Ortszustände* $\Phi_t(r)$ ist – wie bei jeder Erscheinung – endlich. Daher gilt genauer

$$\Phi_{t+\tau}(r) = \Phi^\lambda_{t+\tau}(r) = f(\tau)(\Phi_t|\lambda(r,\tau)) := f(\tau)(\Phi^\lambda_t)(r). \tag{4.95}$$

λ bezeichnet die *Kopplung* des Ortes r mit seiner Umgebung $\lambda(r,\tau)$, aus der „Wirkungen" auf r möglich sind, wobei τ die *Evolutionszeit* (für die Entwicklung $\Phi_t \to \Phi_{t+\tau}$) bezeichnet (Bild 4.2-3).

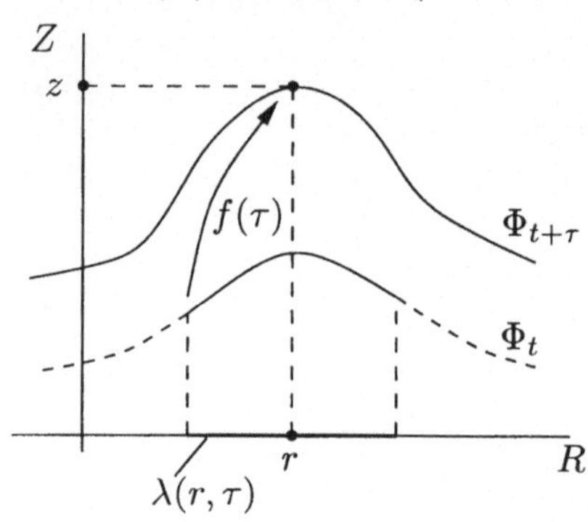

Bild 4.2-3: Markov-Feld $\Phi : R \to Z$, $f(\tau)(\Phi_t) = \Phi_{t+\tau}$, $\Phi_{t+\tau}(r) = f_\tau(\tau)(\Phi_t|\lambda(r,\tau))$.

Es gilt daher immer

$$\lambda(r,\tau) \supset \lambda(r,\tau') \quad \text{für} \quad \tau \geq \tau'. \tag{4.96}$$

Ein lokaler Zustand $z_{(r',\tau')}$ mit den *Raum-Zeit-Koordinaten* (r',τ') kann nur auf $z_{(r,t+\tau)}$ einwirken, wenn er im *Vergangenheitskegel*

$$V'_{\underline{r}} = \bigcup_\tau \lambda(r,\tau) \tag{4.97}$$

des Ortes r liegt (Bild 4.2-4).

Ist $\bar{r} \in \partial\lambda$ Randpunkt von $\lambda(r,\tau)$, so ist

$$\bar{v}(\bar{r},\tau) = \frac{d\bar{r}}{d\tau} \leq c \tag{4.98}$$

die Maximalgeschwindigkeit (*Randgeschwindigkeit*) der Wirkungs- oder Zustandsausbreitung (c: Lichtgeschwindigkeit). In den wichtigsten Fällen ist $\bar{v}$ von $\bar{r}$ und τ unabhängig (Lichtausbreitung, Abschnitt 4.2.4).

Man entnimmt dem aus (4.98) die Ungleichung

$$(d\bar{r})^2 - (\bar{v}d\tau)^2 := (ds)^2 \leq 0, \qquad \bar{v} = \bar{v}(\bar{r},\tau),$$

die eine Raum-Zeit-Beziehung zwischen dem *Wirkungsradius* $\bar{r} \in \partial\lambda$ und der *Wirkungszeit* τ beschreibt. Führt man formal $\bar{v}\tau = \mathrm{j}r_4$ ein, so erhält man einfacher für $r \in \mathbb{R}^3$

$$\sum_{i=1}^{4}(\mathrm{d}r_i)^2 \le (\mathrm{d}s)^2, \qquad \underline{r} = (r_1, r_2, r_3, r_4) = (r, \tau).$$

Ein Zustand im *Weltpunkt* $\underline{r}' = (r', \tau')$ aus dem Minkowski-Raum $\mathbb{R}^4$ kann nun auf den Zustand in $\underline{r} = (r, \tau)$ nur einwirken, wenn er im *Vergangenheitskegel* $V_{\underline{r}}' = \bigcup_{\tau'=0}^{\tau} \lambda(r, \tau')$ von r liegt. Ebenso kann $\underline{r} = (r, \tau)$ nur auf $(r', \tau') \in V_{\underline{r}}$ einwirken ($V_{\underline{r}}$: *Zukunftskegel*).

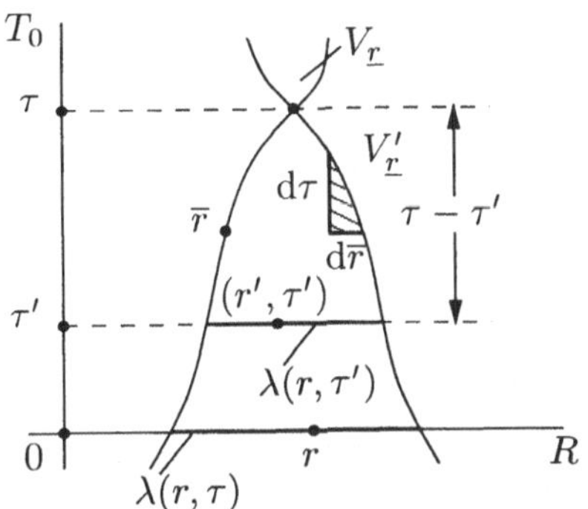

Bild 4.2-4: Vergangenheitskegel $V_{\underline{r}}'$ von $r \in R$. $\lambda(r, \tau)$: Kopplungsumgebung V von r nach Evolutionszeit τ. $(r', \tau') \in V_{\underline{r}}'$: Raum-Zeitpunkt, $V_{\underline{r}}$: Zukunftskegel.

Diese Überlegungen zeigen, dass die in der speziellen Relativitätstheorie erfolgreich genutzte Betrachtungsweise auf beliebige Wirkungszusammenhänge mit Markov-Verhalten verallgemeinert werden kann, wobei es nicht einmal erforderlich ist, dass die *Wirkungsgeschwindigkeit* $\bar{v}(\bar{r}, \tau')$ nach (4.98) konstant ist. Der Begriff der Raumzeit ist ersichtlich ein ganz fundamentaler Begriff der gesamten Markov-Dynamik.

Wegen der Linearität von $f(\tau) = F(\tau, \cdot)$ kann man mit (4.95) setzen

$$
\begin{aligned}
\Phi_{t+\tau}^{\lambda}(r) &= \int\limits_{r' \in \lambda(r,\tau)} F(\tau, \delta(r - r')\Phi_t^{\lambda}(r'))\, \mathrm{d}r' \\[2mm]
&= \int\limits_{r' \in \lambda(r,\tau)} G(r, r', \tau) \cdot \Phi_t^{\lambda}(r')\, \mathrm{d}r'
\end{aligned}
\tag{4.99}
$$

mit der *Ausbreitungsfunktion*

$$G(r, r', \tau) := F(\tau, \delta(r - r')). \tag{4.100}$$

Wir betrachten $\Phi^\lambda_{t+\tau}$ in (4.99) für $\tau \to 0$. Mit $\Phi^\lambda_t(r) :\Leftrightarrow \Phi'(r)$, $R = \mathbb{R}$ und

$$\Phi'(r') = \Phi'(r)(r' - r) + \Phi'_r(r) + \frac{1}{2}\Phi'_{r,r}(r)(r' - r)^2 + P_r(r' - r) \qquad (4.101)$$

erhält man

$$\Phi^\lambda_{t+\tau}(r) = \Phi^\lambda_t(r) \int_\lambda G \cdot \mathrm{d}r' + \Phi'_r(r) \int_\lambda G \cdot (r' - r)\mathrm{d}r'$$

$$+ \frac{1}{2}\Phi'_{r,r}(r) \int_\lambda G \cdot (r' - r)^2 \mathrm{d}r' + \int_\lambda GP_r(r' - r)\mathrm{d}r'$$

oder $(\Phi' :\Leftrightarrow \Phi^\lambda_t)$

$$\frac{1}{\tau}\left(\Phi^\lambda_{t+\tau}(r) - \Phi^\lambda_t(r)\right) = \Phi'(r) \cdot \frac{1}{\tau}\left(\int_\lambda G \cdot \mathrm{d}r' - 1\right) + \Phi'_r(r)\frac{1}{\tau}\int_\lambda G \cdot (r' - r)\mathrm{d}r'$$

$$+ \frac{1}{2}\Phi'_{r,r}(r)\frac{1}{\tau}\int_\lambda G \cdot (r' - r)^2\mathrm{d}r' + \frac{1}{\tau}\int_\lambda GP_r(r' - r)\mathrm{d}r'. \qquad (4.102)$$

Zusätzlich zu (4.94) und (4.96) nehmen wir noch folgende Fallvereinfachung vor. Der Raum R sei *isotrop*, die Wirkungsausbreitung also richtungsunabhängig und damit auch G und λ, d.h. G ist nur eine Funktion von $|r - r'|$:

$$G(r, r', \tau) = G'(|r - r'|, \tau) \qquad (4.103)$$

und für alle $\bar{r} \in \partial\lambda$ ist

$$|r - \bar{r}| := d(r, \tau) \qquad (4.104)$$

von r unabhängig. In Worten: Der „λ-Radius" ist (bei festem τ) konstant. Aus (4.102) findet man dann (mit $\bar{v}(r, \tau) \to \bar{v}(r, 0) > 0$ für $\tau \to 0$)

$$\lim_{\tau \to 0} \frac{1}{\tau}\left(\int_{\rho' \in \lambda(r,\tau)} G(r, r', \tau)\,\mathrm{d}r' - 1\right) = a_0(r) \cdot \bar{v}(r, 0) := a'_0(r)$$

$$\lim_{\tau \to 0} \frac{1}{\tau}\int_{r' \in \lambda(r,\tau)} G(r, r', \tau)(r - r')^2\,\mathrm{d}r' = a_2(r) \cdot \bar{v}(r, 0) := a'_2(r)$$

$$(r, r' \in \mathbb{R}) \qquad (4.105)$$

Der zweite Summand in (4.102) ergibt mit (4.103) einen verschwindenden Grenzwert, ebenso das Restgliedintegral. Wegen

$$P_r(r' - r) < |r' - r|^3 \cdot K$$

für hinreichend kleine $|r' - r|$ erhält man die Abschätzung

$$\frac{1}{\tau} \int_\lambda G P_r(r' - r)\, dr' \leq \frac{K}{\tau} \int_\lambda |G||r' - r|^3\, dr' \leq K|\bar{r} - r| \frac{1}{\tau} \int_\lambda |G|(r' - r)^2\, dr'.$$

Ist $G(r, r', \tau) \neq 0$ für kleine $|r' - r|$, so strebt das Integral $\frac{1}{\tau}\int_\lambda \ldots dr'$ (letzter Ausdruck rechts) gegen $\pm a_2(r)$, das Restgliedintegral also gegen Null für $\tau \to 0$.

Aus (4.102) folgt damit die partielle *Evolutionsgleichung für lineare isotrope Markov-Felder*. Sie lautet mit $\Phi_t^\tau(r) = \xi(t)(r) := \vartheta(r, t)$

$$\frac{\partial \vartheta(r, t)}{\partial t} = a_0'(r)\vartheta(r, t) + \frac{1}{2}\, a_2'(r)\frac{\partial^2 \vartheta(r, t)}{\partial r^2} \qquad (r \in \mathbb{R},\ t \in T_0). \tag{4.106}$$

Die Gleichung lässt sich auf n-dimensionale Felder $R = \mathbb{R}^n$ erweitern. Für $n = 3$ erhält man z.B. anstelle von (4.101)

$$\Phi'(r') = \Phi'(r) + A(r, r')\Phi'(r) + \frac{1}{2}A^2(r, r')\Phi'(r) + P_r$$

mit den Operatoren

$$A(r, r') = \sum_{i=1}^{3} \frac{\partial}{\partial r_i} \cdot br_i, \qquad br_i = (r_i' - r_i) \qquad (r = (r_1, r_2, r_3)).$$

Damit gilt wieder $(dr = dr_1 dr_2 dr_3)$

$$\int G\Phi(r')\, dr' = \Phi'(r) \int G\, dr' + \sum_i \Phi_{r_i}' \int G \cdot br_i\, dr'$$

$$+ \frac{1}{2} \sum_i \Phi_{r_i, r_i}' \int G \cdot b^2 r_i\, dr' + \sum_{i,j} \Phi_{r_i, r_j}' \int G \cdot br_i br_j\, dr'.$$

Wegen der Isotropievoraussetzung (4.103) ergeben die Integrale

$$\int G \cdot br_i\, dr', \qquad \int G \cdot br_i br_j\, dr' \tag{4.107}$$

keinen Beitrag zur obigen Summe, so dass sie sich auf

$$\Phi_{t+\tau}^\lambda(r) = \Phi_t^\lambda(r) \int G\, dr' + \frac{1}{2} \sum_i \Phi_{r_i, r_i}' \int G \cdot b^2 r_i\, dr' \qquad (\Phi' = \Phi_t)$$

reduziert. Analog zu (4.102) und (4.106) erhält man schließlich daraus wieder die allgemeine, auf $R = \mathbb{R}^3$ erweiterte Evolutionsgleichung

$$\frac{\partial \vartheta(r, t)}{\partial t} = a_0'(r)\vartheta(r, t) + \frac{1}{2} a_2'(r)\Delta\vartheta(r, t) \qquad (r \in \mathbb{R} \subset \mathbb{R}^3) \tag{4.108}$$

mit den Koeffizienten $a_0'(r)$ in (4.105), $\Delta = \nabla^2$ und

$$a_2'(r) = \lim_{\tau \to 0} \frac{1}{\tau} \int\limits_{r' \in \lambda(r,\tau)} G(r,r',\tau)(r_i' - r_i)^2 \, dr'.$$

$a_2'(r)$ ist nach Voraussetzung vom Index i unabhängig.

In *homogenen Räumen*, in denen der *Kopplungsbereich* $|\lambda|$ vom Ort r unabhängig ist, d.h. $\lambda(r+\rho,\tau) = \lambda(r,\tau) + \rho$, sind in (4.108) auch die Koeffizienten a_0', a_2' ortsunabhängig, und man kann dann verschiedene physikalisch ausgezeichnete Sonderfälle unterscheiden, z.B. die *Wärmeleitungsgleichung* ($a_0' = 0$, $\frac{1}{2}a_2' = a$)

$$\frac{\partial \vartheta}{\partial t} - a\Delta\vartheta = 0 \qquad (\vartheta = \vartheta(r,t), \quad \vartheta(R,0) = \Phi, \quad \vartheta(\partial R, t) = 0), \qquad (4.109)$$

mit der Temperaturverteilung $\vartheta(r,t)$ bzw. die äquivalente „Temperaturfeldgleichung"

$$\frac{d}{dt}\Phi_t^\lambda + A\Phi_t^\lambda = 0 \qquad (t \geq 0) \tag{4.110}$$

mit der (verallgemeinerten) Lösung

$$\Phi_t^\lambda = e^{-tA}\Phi_0^\lambda, \qquad \Phi_t^\lambda(r) = (e^{-tA}\Phi_0^\lambda)(r) := F(t, \Phi_0^\lambda)(r) := \varphi(t, \Phi_0|\lambda),$$
$$\tag{4.111}$$

in der A durch

$$A\Phi_t^\lambda = -a\Delta\Phi_t^\lambda, \qquad A\Phi_t^\lambda(r) = -a\Delta\vartheta(r,t) \tag{4.112}$$

definiert ist.

Die Strukturen $\left(e^{-tA}\right)_{t \geq 0}$ und $(f(t))_{t \geq 0}$ sind (mit der Bijektion ψ) isomorph: $\psi(e^{-tA}) = f(t)$; beide sind Halbgruppen, die einen *irreversiblen Markov-Prozess* beschreiben: man kann aus dem *Temperaturfeld* Φ_t^λ das spätere Feld Φ_{t+s}^λ ($s \geq 0$) berechnen, nicht aber das frühere Feld Φ_{t-s}^λ,

$$\Phi_{t+s}^\lambda = f(s)(\Phi_t^\lambda), \qquad s > 0.$$

Ist der Raum R nicht isotrop, so verschwinden auch die Integrale (4.107) nicht, und man erhält anstelle von (4.109) die *Diffusionsgleichung*

$$\frac{\partial \vartheta}{\partial t} - a_0\vartheta - \frac{1}{2}a_2\Delta\vartheta = 0 \tag{4.113}$$

für homogene Räume R, die ebenfalls einen irreversiblen Markov-Prozess beschreiben.

Die oben dargelegte Theorie der Markov-Felder lässt sich sowohl auf mehrdimensionale Felder $\Phi = (\Phi_1, \Phi_2, \ldots, \Phi_n)$ als auch auf nichtlineare Operatoren $f(\tau)$ übertragen, wie nachstehend gezeigt.

4.2.4 Wellenfelder, Elektrodynamik

Wir betrachten im Folgenden zweidimensionale Markov-Felder. Zwischen diesen Feldern und den Wellenfeldern besteht ein Zusammenhang, worauf nachstehend eingegangen wird.

In entsprechender Erweiterung von (4.92) erhält man mit

$$\langle \Phi^1, \Phi^2 \rangle : \; R \to Z^2, \; (\Phi^1(r), \Phi^2(r)) = (z_1, z_2) \qquad (Z = \mathbb{R}) \tag{4.114}$$

die Feldabbildung

$$\langle \Phi^1_{t+\tau}, \Phi^2_{t+\tau} \rangle(r) = (f(\tau)\langle \Phi^1_t, \Phi^2_t \rangle)(r) = f(\tau)(\Phi^1_t|\lambda_1, \Phi^2_t|\lambda_2)$$

oder mit $f = \langle f_1, f_2 \rangle$

$$\begin{aligned}
\Phi^1_{t+\tau}(r) &= f_1(\tau)(\Phi^1_t|\lambda_1, \Phi^2_t|\lambda_2) = F_1(\tau, \Phi^1_t|\lambda_1, \Phi^2_t|\lambda_2), \\
\Phi^2_{t+\tau}(r) &= f_2(\tau)(\Phi^1_t|\lambda_1, \Phi^2_t|\lambda_2) = F_2(\tau, \Phi^1_t|\lambda_1, \Phi^2_t|\lambda_2).
\end{aligned} \tag{4.115}$$

Die Berücksichtigung der Linearität von $f(\tau)$ führt zu

$$\begin{aligned}
\Phi^1_{t+\tau}(r) &= \varphi_{11}(\tau, \Phi^1_t|\lambda_1) + \varphi_{12}(\tau, \Phi^2_t|\lambda_2) \\
\Phi^2_{t+\tau}(r) &= \varphi_{21}(\tau, \Phi^1_t|\lambda_1) + \varphi_{22}(\tau, \Phi^2_t|\lambda_2), \qquad (\lambda_{1,2} = \lambda_{1,2}(r,\tau)).
\end{aligned} \tag{4.116}$$

Wegen der Linearität kann man analog (4.99) z.B. wieder in (4.116) setzen:

$$\Phi^{11}_{t+\tau}(r) = \varphi_{11}(\tau, \Phi^1_t|\lambda_1) = \int_{\lambda_1} G_{11}(r, r', \tau)\Phi^1_t(r')\,\mathrm{d}r',$$

$$G_{11}(r, r', \tau) = \varphi_{11}(\tau, \delta(r - r')). \tag{4.117}$$

Mit einer Reihenentwicklung von Φ^1_t und Grenzübergang $\tau \to 0$ ergibt sich nach dem Vorbild Abschnitt 4.2.3 daraus

$$\frac{\mathrm{d}}{\mathrm{d}t}\Phi^{11}_t(r) = (a + b_{11}\Delta)\Phi^1_t(r).$$

Verfährt man in entsprechender Weise mit den anderen Operatoren φ_{12}, φ_{21} und φ_{22} in (4.116), so erhält man schließlich

$$\frac{\mathrm{d}}{\mathrm{d}t}\begin{pmatrix} \Phi^1_t(r) \\ \Phi^2_t(r) \end{pmatrix} = \begin{pmatrix} a_{11} & a_{12} \\ a_{21} & a_{22} \end{pmatrix}\begin{pmatrix} \Phi^1_t(r) \\ \Phi^2_t(r) \end{pmatrix} + \begin{pmatrix} b_{11} & b_{12} \\ b_{21} & b_{22} \end{pmatrix}\Delta\begin{pmatrix} \Phi^1_t(r) \\ \Phi^2_t(r) \end{pmatrix} \tag{4.118}$$

oder in kompakter Schreibweise

$$\frac{\mathrm{d}}{\mathrm{d}t}\Phi_t = \underline{A}\Phi_t + \underline{B}\Delta\Phi_t = \underline{C}\Phi_t \qquad \underline{C} = \underline{A} + \underline{B}\Delta \tag{4.119}$$

Die Koeffizienten a_{ij} und b_{ij} der Matrizen $\underline{A}$ und $\underline{B}$ sind Funktionen von Φ_t^i und λ_i:

$$a_{ij} = a_{ij}(\Phi_t^j, \lambda_j) \qquad b_{ij} = b_{ij}(\Phi_t^j, \lambda_j). \tag{4.120}$$

Der Markov-Prozess $(f(\tau))_{\tau \geq 0}$ mit den Feldzuständen Φ_t führt im Sinne des Darstellungssatzes 2.4-2 (Abschnitt 2.4.1) auf neue Feldprozesse mit den Feldern $\underline{G}\Phi_t = \psi_t$ und der Darstellungsmatrix $\underline{G}$. Zu diesen Feldern ψ_t gehört u.a. auch das *Wellenfeld* $\psi(r,t)$ mit der Feldgleichung

$$\frac{\partial^2 \psi}{\partial t^2} = \Delta\psi \;\Leftrightarrow\; \Box\psi = 0, \qquad \Box = \Delta - \frac{\partial^2}{\partial t^2}. \tag{4.121}$$

Das ergibt sich wie folgt:

Aus den Bedingungen (4.119) und (4.121), also

$$\bigwedge_t \Box\underline{G}\Phi_t = 0, \qquad \underline{G}\Phi_t = \Psi_t, \qquad \Psi_t(r) = \psi(r,t) \tag{4.122}$$

$$\bigwedge_t \frac{\mathrm{d}}{\mathrm{d}t}\Phi_t = \underline{C}\Phi_t$$

erhält man die Forderung

$$\bigwedge_t \Box(\underline{G}\underline{C})\Phi_t = 0.$$

Sie ist unter der hinreichenden Bedingung

$$\underline{G}\underline{C} = \underline{G}(\underline{A} + \underline{B}\Delta) = 0 \tag{4.123}$$

erfüllt, d.h., es gibt sicher immer einen durch $\underline{C}$ repräsentierten Feldprozess $f(\tau)$ und eine Abbildungsmatrix $\underline{G}$, so dass (4.122) erfüllt ist, z.B. für $g_{11}c_{11} + g_{12}c_{21} = 0$ und

$$\underline{G} = \begin{pmatrix} g_{11} & g_{12} \\ cg_{11} & cg_{12} \end{pmatrix}, \qquad \underline{C} = \begin{pmatrix} c_{11} & kc_{11} \\ c_{21} & kc_{21} \end{pmatrix}, \qquad (k,c \in \mathbb{R}).$$

Wegen (4.122) gilt für dieses Paar $(\underline{G}, \underline{C})$

$$\Box\Psi_t(r) = \left(\Delta - \frac{\partial^2}{\partial r^2}\right)\psi(r,t) = 0.$$

Ψ_t beschreibt kein Markov-Feld, es ist ein Wellenfeld mit der Zustandsdarstellung $\Psi_t = \underline{G}(\Phi_t)$ und damit vom Standpunkt der Theorie dynamischer Systeme kein elementares Feld.

Die Betrachtungen über zweidimensionale Markov-Felder lassen sich leicht auf mehrdimensionale Felder erweitern. Wir betrachten im Folgenden den vierdimensionalen Fall und dessen Rolle in der Theorie elektromagnetischer Felder.

Es sei in Erweiterung von (4.114)

$$\begin{aligned}
\Phi &= \langle \Phi^1, \Phi^2, \Phi^3, \Phi^4 \rangle : R \to Z^4, \qquad Z = \mathbb{R}, \\
f &= \langle f_1, f_2, f_3, f_4 \rangle, \qquad (f(\tau)(\Phi))(r) = f(\tau)(\Phi|\lambda)
\end{aligned}$$

und damit (für den linearen Fall)

$$\begin{aligned}
\Phi^i_{t+\tau} &= f_i(\tau)(\Phi^1_t|\lambda_1, \ldots, \Phi^4_t|\lambda_4) = F_i(\tau, \Phi_t|\lambda) \\
&= \sum_{j=1}^{4} F_{ij}(\tau, \Phi^j_t|\lambda_j) \qquad (i = 1, 2, 3, 4).
\end{aligned}$$

Die weiteren Schritte (Reihenentwicklung der ψ_{ij}, Grenzübergang $\tau \to 0$) führen dann auf den (4.119) entsprechenden Ausdruck, worin jetzt die Matrizen $\underline{A}$ und $\underline{B}$ jeweils aus vier Zeilen und Spalten bestehen.

Das vierdimensionale Potenzial Ω der Elektrodynamik ist ein Vektor im vierdimensionalen Minkowski-Raum und genügt den Bedingungen (Viererstrom $= 0$)

$$\Box\Omega = 0, \qquad \operatorname{div}\Omega = 0.$$

Bezeichnet $\underline{F}$ den Feldtensor des elektromagnetischen Feldes $\mathcal{E}, \mathcal{B}$, so gilt bekanntlich

$$\underline{F} = c \operatorname{rot}\Omega. \tag{4.124}$$

Wieder kann man eine Transformationsmatrix $\underline{G}$ und ein Feld Φ so finden, dass gilt

$$\Omega = \underline{G}\Phi, \qquad \Box\underline{G}\Phi = 0, \qquad \operatorname{div}\underline{G}\Phi = 0, \qquad \frac{d\Phi}{dt} = \underline{C}\Phi \tag{4.125}$$

und mit (4.124)

$$\underline{F} = c \operatorname{rot}(\underline{G}\Phi) = c\,(\operatorname{rot} \circ \underline{G})(\Phi) = \underline{H}(\Phi), \tag{4.126}$$

wobei c die Lichtgeschwindigkeit bedeutet. Mit $\underline{F} = \underline{H}(\Phi)$ ist eine mögliche *Zustandsdarstellung des elektromagnetischen Feldtensors $\underline{F}$* und damit der Maxwellschen Gleichungen für das quellenfreie Vakuum gefunden.

4.2.5 Zellulare Felder

In Abschnitt 4.2.3 wurden die Grundlagen der Theorie stetiger irreversibler Markov-Felder dargelegt. Das zugrunde gelegte Konzept lässt sich leicht auf Felder mit diskreter Zeit und diskretem Raum übertragen. Wählt man noch zudem den Wertebereich endlich, so ergibt sich ein mathematisches Modell, das in der Technik unter den Begriffen Parallelrechner, Automatennetz und Neuronennetz in vielfacher Weise die begriffliche Grundlage bildet [31], [46], [47], [48].

Ausgehend von den Definitionen (4.92), (4.93) mit den neuen Grundmengen $\mathbb{Z}^2, \mathbb{N}_0$ und $\underline{z}$ definieren wir das *zellulare Feld* oder die *Zustandskonfiguration*

$$\xi(t) = \Phi_t : \ \mathbb{Z}^2 \to \underline{z} = \{z_1, z_2, \dots, z_n\}, \qquad \Phi_t(r) = z \in \underline{z}$$

mit dem endlichen, aber sonst beliebigen Wertebereich (*Alphabet*) $\underline{z}$. Jedes Element r aus dem *Array* $\mathbb{Z}^2$, also jeder Zellenort ist Träger eines (Halb-)Automaten r mit den Zuständen $z \in \underline{z}$. Jeder Automat r ist mit anderen Automaten r' aus seiner begrenzten Umgebung gekoppelt.

Mit dem Übergangsoperator $f(\tau) = F(\tau, \cdot)$ erhält man die Feldtransformation (globale Abbildung)

$$\Phi_{t+\tau} = F(\tau, \Phi_t) \qquad (t, \tau \in \mathbb{N}_0). \tag{4.127}$$

Bei Zeitinvarianz kann hier $t = 0$ gesetzt werden, und für die lokale Ortsabbildung erhält man dann einfacher

$$\Phi_\tau(r) = F(\tau, \Phi_0)(r) := f(\tau, \Phi_0, r) \ \Leftrightarrow \ f(\tau, \Phi_0 | \lambda(r, \tau)), \qquad (r \in \mathbb{Z}^2). \tag{4.128}$$

Mit der Feldbeschränkung $\Phi_0 | \lambda(r, \tau)$ wird berücksichtigt, dass der Feldwert Φ_t am Zellenort r, also $\Phi_\tau(r)$, nur von den Feldwerten $\Phi_0(r_i)$ aus einer (von τ abhängigen) λ-*Umgebung* $\lambda(r, \tau)$ von r bestimmt ist (Bild 4.2-5).

Die Feldabbildungen

$$F(\tau, \cdot) = F^\tau(1, \cdot), \qquad F(1, \Phi_0) = \Phi_1 \tag{4.129}$$

bilden wieder eine Halbgruppe $(F(\tau, \cdot))_{\tau \in \mathbb{N}}$ (*Semifeldfluss*) mit der *Anfangskonfiguration* $\Phi_0 | \lambda(r, \tau)$ des *Zellautomaten* r zum Zeitpunkt τ (Bild 4.2-5).

Speziell für einen Zeitschritt erhält man mit (4.128) hieraus genauer

$$\begin{aligned} \Phi_1(r) \ &= \ F(1, \Phi_0)(r) = f(1, \Phi_0 | \lambda(1, r)) \\ &:= \ \overline{f}(\Phi_0 | \overline{\lambda}(r)) = (\overline{f} \circ \Phi_0^{k(r)} \circ \overline{\lambda})(r) \end{aligned} \tag{4.130}$$

und damit die gesuchte Beziehung in der Form

$$\Phi_1 = \overline{F}(\Phi_0) = \overline{f} \circ \Phi_0^{k(r)} \circ \overline{\lambda} \qquad (\Phi_0^n = \underset{n}{\times} \Phi_0), \tag{4.131}$$

wenn noch $F(1, \cdot) = \overline{F}$ gesetzt wird.

Zum Zweck einer leichteren Interpretation nehmen wir mit (4.130) noch folgende Umformulierung vor:

$$\overline{f}(\Phi_0|\overline{\lambda}(r)) = \overline{f}(\Phi_0(\lambda_1(r)), \Phi_0(\lambda_2(r)), \dots, \Phi_0(\lambda_{k(r)}(r))), \qquad \lambda_i = \mathrm{pr}_i \circ \overline{\lambda}. \tag{4.132}$$

$\lambda_i(r) = \overline{r}_i \in \overline{\lambda}(r)$ bezeichnet den Zellautomaten $\overline{r}_i$ aus der Kopplungsumgebung $\overline{\lambda}(r)$ des Automaten r und $\Phi_0(\lambda_i(r)) = \Phi_0(\overline{r}_i) = z_r^i$ den Zustand dieses Automaten. Nach (4.132) gilt also auch

$$z' = \overline{f}(\Phi_0|\overline{\lambda}(r)) = \overline{f}(z_r^1, z_r^2, \dots, z_r^{k(r)}) = \overline{f}_r(z^1, z^2, \dots, z^{k(r)}), \tag{4.133}$$

wenn noch $\Phi_1(r) = z'$ gesetzt wird. $\overline{f}_r$ ist der Übergangsoperator des Automaten r; er überführt seine Umgebungszustände $z^1, z^2, \dots, z^{k(r)} \in \Phi_0|\overline{\lambda}(r)$ in einem Zeittakt in den Zustand z'.

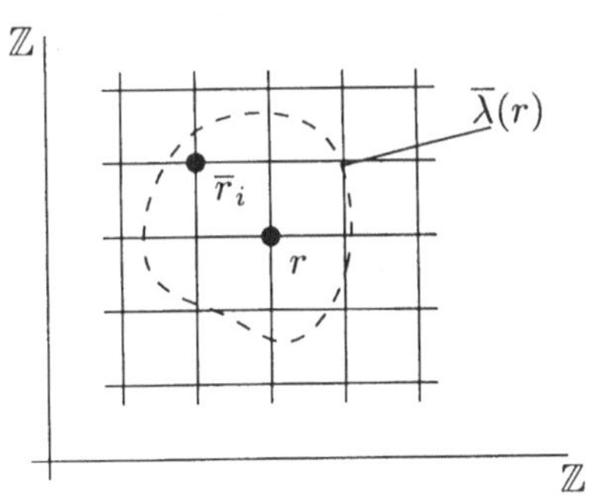

Bild 4.2-5: Automatennetz $A(r) = \mathbb{Z}^2$, r: Ort des Automaten A_r mit Nachbarautomaten $A_{\overline{r}_i}$, $\overline{\lambda}(r)$: Nachbarschaft von A_r, $\overline{r}_i \in \overline{\lambda}(r)$.

In der Regel betrachtet und realisiert man *homogene Arrays* bei denen alle Kopplungsmuster $\overline{\lambda}$ und Übergangsoperatoren $\overline{f}_r$ von r unabhängig sind, so dass für (4.133)

$$z' = \overline{f}(z^1, z^2, \dots, z^k) \tag{4.134}$$

gesetzt werden kann. Jeder Punkt r im Array (Bild 4.2-5) repräsentiert einen Automaten A_r mit der Zustandstransformation (4.134), wie in Bild 4.2-6 anschaulich wiedergegeben. Der Automat A_r erhält Eingaben z^i von seinen Nachbarn $A_{\overline{r}_i}$, und seine Ausgabe z ist zugleich Eingabe der gleichen Nachbarn ($i = 1, 2, 3, 4$).

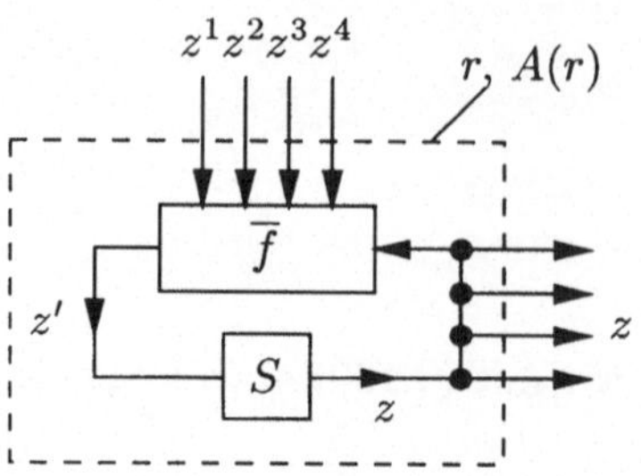

Bild 4.2-6: Automat A_r der Zelle r. $z' = \overline{f}(z^1, z^2, z^3, z^4)$ Übergangsfunktion, $\overline{f} : \underline{Z}' \subset \underline{Z} \to \underline{Z}$, $\overline{\lambda}(r) = \{\overline{r}_1, \overline{r}_2, \overline{r}_3, \overline{r}_4\} = \overline{\lambda}(0) + r$, z^i : Ausgabe von $A_{\overline{r}_i}$, z : Eingabe in $A_{\overline{r}_1}, \ldots, A_{\overline{r}_4}$,

Die Theorie zellularer Automatenstrukturen lässt sich leicht auf Netze mit zeit-stetigen Zellautomaten übertragen, wobei sie zur theoretischen Basis der Theorie neuronaler Systeme wird, wenn noch speziell Linearität vorausgesetzt wird [48]. Die Erweiterung auf input-output-Systeme – wie sie für reale Modelle erforderlich ist – bietet keine besondere Schwierigkeiten und ist gedanklich ebenfalls durch die allgemeine Theorie der (Voll-) Automaten vorgezeichnet.

4.3 Messbare Prozesse

4.3.1 Prozessfunktional

Markov-Prozesse sind im Allgemeinen nicht determiniert, so dass mit (4.3) grund-sätzlich immer gilt

$$\xi \in \Xi \Leftrightarrow \bigwedge_{\underline{t} \in \underline{T}} \xi(t_2) \in F(t_2, t_1, \xi(t_1)) \tag{4.135}$$

oder im hier betrachteten zeitinvarianten Fall einfacher (vgl. (4.13))

$$\xi \in \Xi \Leftrightarrow \bigwedge_{\tau \in T_0} \xi(t) \in F(\tau, \xi(0)) := A_\tau. \tag{4.136}$$

Hierbei ist F nur für $\tau \geq 0$ definiert, da Ξ im Allgemeinen auch irreversibel ist. Die mit der Wirkung F verträglichen Zustände $\xi(\tau)$ sind durch $\xi(0)$ nicht eindeutig bestimmt, sie liegen in einer „Menge $A_\tau \subset U$ möglicher Zustände" aus dem Zustandsraum U (vgl. (4.8)). Man kann daher auch von Wahrscheinlichkeiten $P(A)$ sprechen, mit denen die Zustände $\xi(\tau)$ mit Sicherheit in einer bestimmten

Zustandsmenge $A_\tau \subset U$ liegen:

$$P(\xi(t) \in A_\tau) = \begin{cases} 1 & \text{für } \xi(t) \in A_\tau \\ 0 & \text{sonst.} \end{cases} \tag{4.137}$$

Mit (4.136) ist also in (4.137) $A_\tau = F(\tau, \xi(0))$ zu setzen. In komplizierteren Fällen aber kann nicht davon ausgegangen werden, dass $\xi(\tau)$ mit Sicherheit in einer bestimmten Teilmenge von U liegt, so dass (4.137) durch $P(\xi(t) \in A_\tau) \in [0,1]$ zu ersetzen ist. P ist damit allgemein durch das Funktional

$$P: \ \mathcal{A} \subset \mathcal{P}(U) \ \to \ \mathbb{R}, \ \ P(A) \in [0,1] \qquad (P(A) \Leftrightarrow P(x \in A)) \tag{4.138}$$

gegeben, das Teilmengen $A \in \mathcal{A}$ des Phasenraumes U (wenn sie noch gewissen Bedingungen genügen) Wahrscheinlichkeiten $P(A) \in [0,1]$ zuordnet (Abschnitt 4.4.3).

Wie sich noch zeigen wird, ist es sinnvoll, auch allgemeinere Prozessfunktionale zu betrachten, die nicht der Beschränkung auf den Wertebereich $[0,1] \subset \mathbb{R}$ unterliegen. Es sei also zunächst allgemein

$$Q: \ T_0 \times \mathcal{P}(U) \to \mathbb{R}, \ \ Q(\tau, A) := Q_\tau(A) \qquad (A \subset U \subset X) \tag{4.139}$$

ein beliebiges *Zustandsfunktional*, das jedem Elementepaar (τ, A) bzw. Element (A_τ) eine positive reelle Zahl zuordnet. Anstelle von Trajektorien ξ werden jetzt „Trajektorienbündel" $\Xi' = \Xi_{A_0} \subset \Xi$ mit dem „Bündelzustand" $A_\tau \in U$ zur Zeit τ betrachtet:

$$\Xi_{A_0} := F(\cdot, A_0), \qquad A_\tau = \pi_\tau(\Xi_{A_0}) = F(\tau, A_0). \tag{4.140}$$

$Q_\tau(A_\tau)$ bezeichnet dann eine bestimmte „Kennzahl" („Masse") von A_τ.

Ist z.B. $X = \mathbb{R}$, so kennzeichnet

$$Q_\tau(A_\tau) = \int_{A_\tau} dx$$

das „Bündelvolumen" oder *Phasenvolumen* des *Trajektorienensembles* Ξ_{A_0} zur Zeit τ oder des *Ensemblezustands* A_τ.

Wie bereits vereinbart, wird der Definitionsbereich von F ohne Änderung der Symbolik von Elementen x aus X auf Teilmengen $A_0 \subset X$ ausgedehnt mit den Vereinbarungen:

$$\begin{aligned}
F(\tau, A_0) \ &= \ \bigcup_x F(\tau, x) = A_\tau, \qquad x \in A_0, \\
F(\tau, A_0) \ &:= \ f(\tau)(A_0) \qquad (f(\tau) = f_\tau), \\
f_\tau^{-1}(A) \ &= \ \bigcup_{x \in A} f_\tau^{-1}(x) \qquad (f^{-1}(\tau) = f_\tau^{-1}),
\end{aligned} \tag{4.141}$$

$$x \in f_\tau^{-1}(x_1) \iff x_1 \in f_\tau(x).$$

Auch die inversen Relationen f_τ^{-1} bilden eine Halbgruppe

$$f_{\tau_1}^{-1} \circ f_{\tau_2}^{-1} = (f_{\tau_2} \circ f_{\tau_1})^{-1} = f_{\tau_2+\tau_1}^{-1}.$$

An die Stelle der *Trajektorientheorie* der Prozesse, wie in den Abschnitten 4.1 und 4.2 dargelegt, tritt nun die *Essembletheorie* der Markov-Prozesse mit beliebigen Prozessfunktionalen Q.

Es sei $A = A_\tau = F(\tau, A_0) := f(\tau)(A_0) \subset U$. Wir zeigen, dass die Wirkung F eine Transformation der *Prozessfunktionale* Q_0, Q_τ vermittelt, bei der dem Funktional Q_0 zur Zeit $\tau = 0$ ein neues Funktional Q_τ zur Zeit $\tau \in T_0$ zugeordnet wird.

Aus

$$Q_0(A_0) := Q_0(f^{-1}(\tau)(A_\tau)), \qquad A_0 = f^{-1}(\tau)(A_\tau), \qquad A_\tau \in U$$

erhält man

$$Q_0(A_0) = (Q_0 \circ f^{-1}(\tau))(A_\tau) := \widetilde{F}(\tau, Q_0)(A_\tau). \tag{4.142}$$

Die neue Abbildung $\widetilde{F}$ ist durch f und Q_0 definiert:

$$\widetilde{F}(\tau, Q_0) = Q_0 \circ f^{-1}(\tau), \tag{4.143}$$

und es ist

$$\widetilde{F}(\tau, Q_0) := Q_\tau \qquad (\tau \in T_0) \tag{4.144}$$

ein durch Q_0, f und τ bestimmtes neues Funktional Q_τ. $\widetilde{F}(\tau, \cdot)$ ist eine Abbildung aus der Menge $\underline{\underline{Q}} := \mathbb{R}^{\mathcal{P}(U_0)}$ aller Funktionale in $\underline{Q}$,

$$\widetilde{F}(\tau, \cdot) : \underline{Q} \to \underline{Q}, \qquad \underline{Q} = \{Q | Q : \mathcal{P}(U) \to \mathbb{R}\}, \tag{4.145}$$

und jedem Übergangsoperator $f(\tau)$ der Zustände $x = \xi(\tau)$ ist mit (4.143) ein *Übergangsoperator* $\tilde{f}(\tau)$ der Prozessfunktionale Q_τ zugeordnet, in Zeichen:

$$f(\tau) := F(\tau, \cdot) \mapsto \widetilde{F}(\tau, \cdot) := \tilde{f}(\tau) = \tilde{f}_\tau. \tag{4.146}$$

Mit dem Ergebnis (4.146) ist einer nichtdeterminierten Prozessbeschreibung durch die Wirkung F eine determinierte Beschreibung durch die „Wirkung" $\widetilde{F}$ zugeordnet (Bild 4.3-1). $\widetilde{F}$ ist nach Vorstehendem eine „massenerhaltende" Transformation:

$$Q_0(A_0) = Q_\tau(A_\tau), \qquad A_0 = f_\tau^{-1}(A_\tau). \tag{4.147}$$

Im Weiteren sind nur speziellere Funktionale Q von Bedeutung (Maße, Integralinvarianten, Abschnitt 4.4.1)

Erwähnt sei hier aber noch, dass sich die Beziehung zwischen den beiden möglichen Prozessbeschreibungen nichtdeterminierter Prozesse noch weiterverfolgen lässt. Wir zeigen, dass mit den Operatoren $f(\tau)$ ($\tau \in T_0$) auch die transformierten Operatoren $\widetilde{f}(\tau) = \Theta(f(\tau))$ eine Halbgruppe bilden. Folgende Rechnung führt den Nachweis.

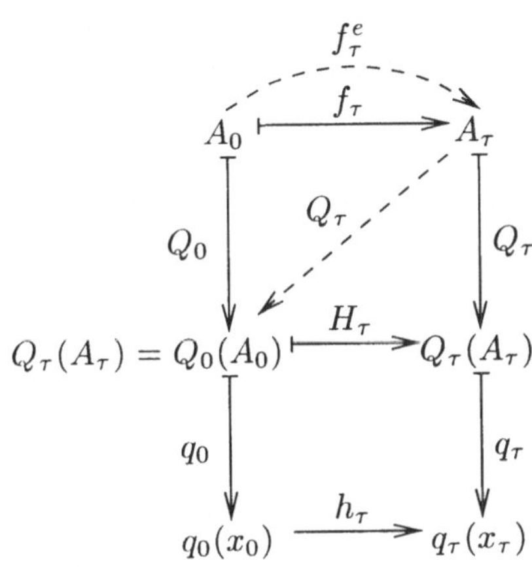

Bild 4.3-1: Prozessfunktionale Q_τ, Q_0.
a) $Q_0(A_0) = Q_\tau(A_\tau)$, $A_0 = (f_\tau^e)^{-1}(A_\tau)$ massenerhaltende Transformation;
b) $H_\tau(Q_0(A_0)) = Q_\tau(A_\tau)$, $A_0 = f_\tau^{-1}(A_\tau)$, $h_\tau(q_0(x_0)) = q_\tau(x_\tau)$.

Mit (4.142) bis (4.144) erhält man

$$
\begin{aligned}
\widetilde{F}(\tau_1 + \tau_2, Q_0)(A) &= Q_0\left(f^{-1}(\tau_1 + \tau_2)(A)\right), \qquad (Q_0 \in \underline{Q},\ A \subset U_0) \\
&= Q_0\left(f^{-1}(\tau_2(f^{-1}(\tau_1)(A)))\right) \\
&= \widetilde{F}(\tau_2, Q_0)(f^{-1}(\tau_1)(A)) \\
&= \widetilde{F}(\tau_1, \widetilde{F}(\tau_2, Q_0)(A)) \\
&= \left[(\widetilde{F}(\tau_1, \cdot) \circ \widetilde{F}(\tau_2, \cdot))(Q_0)\right](A)
\end{aligned}
$$

und damit die gesuchte Halbgruppeneigenschaft

$$
\begin{aligned}
\widetilde{F}(\tau_1 + \tau_2, \cdot) &= \widetilde{F}(\tau_2, \cdot) \circ \widetilde{F}(\tau_1, \cdot) & (4.148) \\
\widetilde{F}(0, Q_0) &= Q_0. & (4.149)
\end{aligned}
$$

Ersichtlich hat auch $\widetilde{F}$ die Eigenschaft einer Wirkung.

In Zusammenfassung der obigen Überlegungen erhalten wir folgenden Satz:

Satz 4.3 -1 Es sei Ξ ein nichtdeterminierter und zeitinvarianter Markov-Prozess mit der Wirkung

$$F : T_0 \times U \;\to\; \mathcal{P}(U), \qquad F(\tau, x) \subset U \tag{4.150}$$

und

$$Q : T_0 \times \mathcal{P}(U) \;\to\; \mathbb{R}, \qquad Q(\tau, A) := Q_\tau(A), \qquad \tau \in T_0 \tag{4.151}$$

ein Funktional auf $T_0 \times \mathcal{P}(U)$ mit der Eigenschaft

$$Q_\tau(A_\tau) := Q_0(f_\tau^{-1}(A_\tau)), \qquad A_\tau \subset U. \tag{4.152}$$

Dann ist durch F eine determinierte Transformation $\widetilde{F}$ der Prozessfunktionale $Q_\tau \in \underline{Q}$ $(\tau \in T_0)$ definiert (Bild 4.3-1):

$$\widetilde{F} : T_0 \times \underline{Q} \;\to\; \underline{Q}, \quad \widetilde{F}(\tau, Q_0) = Q_\tau = \widetilde{f}(\tau)(Q_0). \tag{4.153}$$

Die $\widetilde{F}(\tau, \cdot)$ bilden eine Kompositionshalbgruppe mit neutralem Element $\widetilde{F}(0, \cdot)$ (homomorph zur Halbgruppe der $F(\tau, \cdot)$).

Q_τ wird als *Prozessfunktional* zur Zeit τ und $\widetilde{f}(\tau) = \Theta(f(\tau))$ als erratischer Übergangsoperator für die Zustände Q_τ oder kurz als *Q-Operator* bezeichnet.

Das Prozessfunktional Q_τ entspricht dem Ensemblezustand A_τ und besitzt die charakteristischen Eigenschaften des Zustandsbegriffs: Es existiert eine Wirkung $\widetilde{F}$ bzw. ein Übergangsoperator $\widetilde{F}(\tau, \cdot) = \widetilde{f}(\tau)$, der Zustände Q_0 zur Zeit $\tau = 0$ in Zustände Q_τ zur Zeit τ überführt.

4.3.2   Frobenius-Perron-Operator

Wir spezialisieren im Folgenden die Darlegungen über Prozessfunktionale des letzten Abschnitts auf *Maße*, also auf Funktionale Q mit besonderen Eigenschaften, die man natürlicherweise den von Q zu „messenden" Mengen zuordnet. Insbesondere die Eigenschaften $Q_\tau(A) \geq 0$ und $A \in \mathcal{A} \subset \mathcal{P}(U)$, d.h., die $A \in \mathcal{A}$ und $Q_\tau \in \underline{Q}$ müssen nun bestimmte algebraische Eigenschaften besitzen, z.B.:

$$A_1, A_2 \in \mathcal{A} \;\Rightarrow\; (A_1 \cup A_2) \wedge (A_1 \cap A_2) \in \mathcal{A}$$

und

$$Q(A_1 \cup A_2) = Q(A_1) + Q(A_2), \qquad A_1 \cap A_2 = \emptyset.$$

Die *Menge aller Maße* auf $\mathcal{A}$ werden wir mit $\underline{Q}(\mathcal{A})$ bezeichnen.

Solchen *Maßfunktionalen* kann man nun eine *Dichte* zuordnen, z.B. Q_τ die P_τ-Dichte (P_τ Maßfunktional)

$$q_\tau : U \to \mathbb{R}_+, \qquad q_\tau(x) \geq 0, \tag{4.154}$$

$$q_\tau = \frac{\mathrm{d}Q_\tau}{\mathrm{d}P} \qquad \text{(Radon-Nikodym-Ableitung)}, \tag{4.155}$$

falls

$$Q_\tau \ll P \; :\Leftrightarrow \; P(A) = 0 \; \Rightarrow \; Q_\tau(A) = 0. \tag{4.156}$$

Für Q_τ gilt dann die Integraldarstellung

$$Q_\tau(A) = \int_A q_\tau(x)\,\mathrm{d}P(x), \qquad q_\tau(x) \geq 0, \qquad \tau \geq 0 \tag{4.157}$$

für alle Mengen A aus dem Mengen-System $\mathcal{A} = \sigma(U) \subset \mathcal{P}(U)$.

Hierzu zwei erläuternde Beispiele. Im einfachsten Fall ist z.B. U ein Intervall I_0 aus $\mathbb{R}$ und

$$\mathcal{A} = \{[a, x] | a, x \in I_0\}, \qquad A = [a, x]$$

$$P: \; P(A) = (x - a) \qquad \text{(Riemann-Maß)}, \qquad \mathrm{d}P(x) := \mathrm{d}x$$

und damit

$$Q_\tau(A) = \int_A \frac{\mathrm{d}Q_\tau}{\mathrm{d}P}\,\mathrm{d}x = \int_a^x \frac{Q_\tau'\,\mathrm{d}x}{P'\,\mathrm{d}x}\,\mathrm{d}x = \int_a^x q_\tau(x)\,\mathrm{d}x \qquad \text{(Riemann-Integral)}.$$

Allgemeiner kann gelten

$$\mathcal{A} = \mathcal{L} \subset \mathcal{P}(U) \qquad \text{(Borelmengen)}, \qquad B \in \mathcal{L}$$

und

$$Q_\tau(B) = \int_B q_\tau(x)\,\mathrm{d}x \qquad \text{(Lebesgue-Integral)}$$

mit

$$P = L \qquad \text{(Lebesgue-Maß)}, \qquad \mathrm{d}L(x) := \mathrm{d}x.$$

Es sei nun mit (4.155)

$$q_0 = \frac{\mathrm{d}Q_0}{\mathrm{d}P}, \qquad q_\tau = \frac{\mathrm{d}Q_\tau}{\mathrm{d}P}, \qquad (Q_0, Q_\tau \ll P).$$

Der Operator $\widetilde{f}_\tau : Q_0 \mapsto Q_\tau$ für die Transformation (4.153) der Maße Q_0 und Q_τ wird über die Radon-Nikodym-Ableitung (bezüglich des Maßes P) in einen Operator $\widetilde{h}_\tau : q_0 \mapsto q_\tau$ überführt (Bild 4.3-2):

$$\widetilde{h}_\tau(q_0) = q_\tau \tag{4.158}$$

$$Q_\tau(A_\tau) = \int_{A_\tau} q_\tau(x)\,\mathrm{d}P(x), \qquad \tau \geq 0, \quad A_\tau \in \mathcal{A}. \tag{4.159}$$

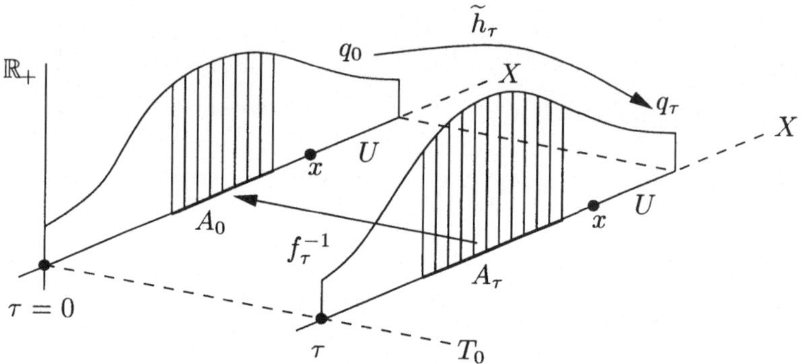

Bild 4.3-2: Dichteoperator $\widetilde{h}_\tau$ (Frobenius-Perron) $q_0 \xrightarrow{\widetilde{h}_\tau} q_\tau$, $\int_{A_\tau} q_\tau\,\mathrm{d}x = \int_{A_0} q_0\,\mathrm{d}x$, $A_0 = f_\tau^{-1}(A_\tau)$.

$\widetilde{h}_\tau$ kann insofern als verallgemeinerter *Frobenius-Perron-Operator* bezeichnet werden, als anstelle des üblicherweise betrachteten zeitunabhängigen und determinierten Operators $S : U \to U$ hier der zeitabhängige und nichtdeterminierte Operator $f(\tau) : U \to \mathcal{P}(U)$ untersucht wird [38].

$\widetilde{h}_\tau$ ergibt sich in der hier entwickelten Markov-Theorie auf natürliche Weise als ein Mitglied der „Halbgruppenfamilie der Markov-Operatoren" $(f(\tau), \widetilde{f}(\tau), \widetilde{h}_\tau)$, denn nach Bild 4.3.3 bilden auch Operatoren $\widetilde{h}_\tau$ offensichtlich eine Halbgruppe.

Mit der Abkürzung $\frac{\mathrm{d}\cdot}{\mathrm{d}P} := \alpha$ beweist man (Bild 4.3-3):

$$\begin{aligned}
\left(\widetilde{h}_{\tau_2} \circ \widetilde{h}_{\tau_1}\right)(q_0) &= \widetilde{h}_{\tau_2}\left(\widetilde{h}_{\tau_1}(q_0)\right) = \widetilde{h}_{\tau_2}\left(\alpha\left(Q_{\tau_1}\right)\right) \\
&= \alpha(\widetilde{f}(\tau_2)(Q_{\tau_1})) = \alpha[\widetilde{f}(\tau_2)(\widetilde{f}(\tau_1)(Q_0))] \\
&= \alpha(\widetilde{f}(\tau_1 + \tau_2)(Q_0)) = \widetilde{h}_{(\tau_1 + \tau_2)}(q_0)
\end{aligned} \tag{4.160}$$

und damit $\widetilde{h}_{\tau_2} \circ \widetilde{h}_{\tau_1} = \widetilde{h}_{(\tau_1 + \tau_2)}$.

Der Operator $\widetilde{h}_\tau$ beschreibt die Dynamik der Dichteänderung eines beliebigen *messbaren Markov-Prozesses* $(\widetilde{f}_\tau)_{\tau \in T_0}$, $\widetilde{f}_\tau : \underline{Q} \to \underline{Q}$ mit einem das Ensembleverhalten charakterisierenden Maß (-Funktional) Q. Solche Funktionale spielen z.B.

in der statistischen Physik und allgemein bei der Beschreibung stochastischer Prozesse eine fundamentale Rolle. Darauf wird noch ausführlicher einzugehen sein.

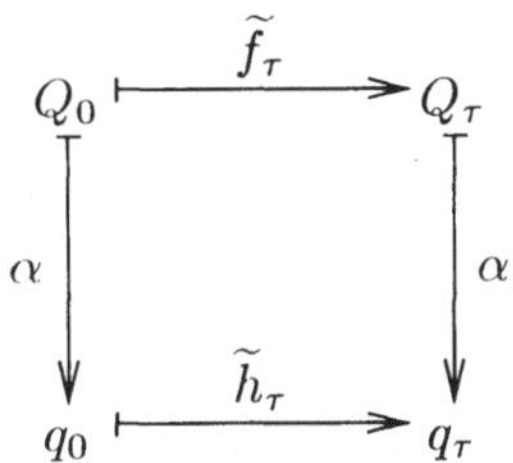

Bild 4.3-3: Frobenius-Perron-Operator $\widetilde{h}_\tau$: $q_0 \to q_\tau$. $Q \overset{P}{\mapsto} q$, $\frac{\mathrm{d}Q}{\mathrm{d}P} := \alpha(Q) = q$, $q \overset{P}{\mapsto} Q$, $\int_A q(x)\,\mathrm{d}P(x) = Q(A)$, $\widetilde{h}_\tau = \alpha \circ \widetilde{f}_\tau \circ \alpha^{-1}$.

Nach dem in Bild 4.3-3 anschaulich dargestellten Zusammenhang zwischen Maß und Dichte ist die Existenz des Operators $\widetilde{h}_\tau$ zwar gesichert, aber in seinen Eigenschaften nicht ausreichend beschrieben. Ergänzend zu (4.160) soll auf dieses Problem noch näher eingegangen werden.

Wir knüpfen an (4.152) an und erhalten zunächst mit $A_0 = f^{-1}(\tau)(A_\tau)$, $(f^{-1}(\tau) : \mathcal{A} \to \mathcal{A})$

$$
\begin{aligned}
Q_0(A_0) &= \int_{A_0} q_0(x)\,\mathrm{d}P(x), \qquad q_0 = \frac{\mathrm{d}Q_0}{\mathrm{d}P} \\
&= Q_\tau(A_\tau) = \int_{A_\tau} \frac{\mathrm{d}Q_\tau}{\mathrm{d}Q_0}\, q_0(x)\,\mathrm{d}P(x).
\end{aligned}
\tag{4.161}
$$

Hierin ist die Dichte $q'_\tau = \frac{\mathrm{d}Q_\tau}{\mathrm{d}Q_0}$ eine Funktion von Q_τ und damit von $f(\tau)$. Wir können daher setzen

$$
\frac{\mathrm{d}Q_\tau}{\mathrm{d}Q_0}\, q_0(x) = \left(F'_{f(\tau)}(q_0) \right)(x) := \left(\widetilde{h}_\tau(q_0) \right)(x)
\tag{4.162}
$$

und erhalten aus (4.161) das verallgemeinerte *Frobenius-Perron-Theorem*

$$
\int_{f^{-1}(\tau)(A_\tau)} q_0(x)\,\mathrm{d}P(x) = \int_{A_\tau} \left(\widetilde{h}_\tau(q_0) \right)(x)\,\mathrm{d}P(x) \qquad (A_\tau \subset U)
\tag{4.163}
$$

mit der Dichte q_0 von $Q_0 \ll P$. $\widetilde{h}_\tau(q_0)$ ist durch q_0 eindeutig bestimmt (Bild 4.3-3). Das ergibt sich mit $Q_\tau \ll Q_0 \ll P$ und (4.161) wie folgt. Die rechte Seite von (4.163) liefert:

$$
P(A_\tau) = 0 \;\Rightarrow\; \int_{A_\tau} \left(\widetilde{h}_\tau(q_0) \right)\,\mathrm{d}P = Q_\tau(A_\tau) = 0.
$$

Nach dem Satz von Radon-Nikodym ist $\frac{\mathrm{d}Q_\tau}{\mathrm{d}P} = q_\tau$ die mit $F_{f(\tau)}(q_0)$ übereinstimmende $\mathcal{A}$-Dichte von Q_τ: $\widetilde{h}_\tau(q_0) = q_\tau$. Insbesondere ist in (4.163) $P = L$,

$\mathrm{d}L(x) = \mathrm{d}x$ $(X = \mathbb{R})$ (Lebesque-Maß, Bild 4.3-4). Dann erhält man mit $q_\tau = \frac{\mathrm{d}Q_\tau}{\mathrm{d}L}$

$$\int_{f^{-1}(\tau)(A_\tau)} q_0(x)\,\mathrm{d}x = \int_{A_\tau} \left(\widetilde{h}_\tau(q_0)\right)(x)\,\mathrm{d}x, \qquad \widetilde{h}_\tau(q_0) = q_\tau \tag{4.164}$$

und für $A_\tau = [a, x]$ die explizite $\widetilde{h}_\tau$-Definition

$$\frac{\mathrm{d}}{\mathrm{d}x} \int_{f^{-1}(\tau)[a,x]} q_0(x')\,\mathrm{d}x' = \left(\widetilde{h}_\tau(q_0)\right)(x).$$

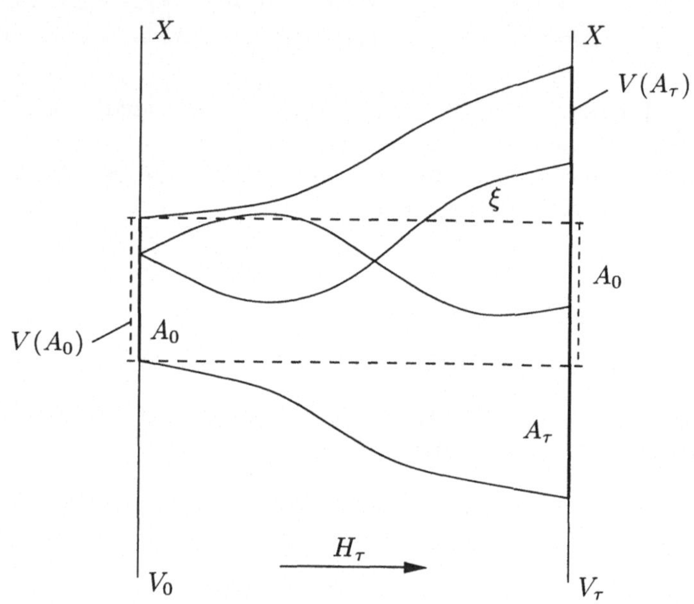

Bild 4.3-4: Transformation des Phasenvolumens $V_0(A)$. $H_{\tau_0}^n(V_0(A_0)) = V_{n\cdot\tau_0}(A_0)$,
$\Delta(V_0(A_0)) \overset{n}{\mapsto} \Delta H_{\tau_0}^n(V_0(A_0))$, $\Delta H_{\tau_0}^n(V_0(A_0)) \approx \Delta(V_0(A_0))\mathrm{e}^{n\lambda(V_0(A_0))}$, $A_0 \mapsto A_\tau = f_\tau(A_0)$.

Aus dem fundamentalen Theorem (4.163) erhält man ein allgemeines Gesetz für das Dichteverhalten zeitinvarianter, irreversibler und nichtdeterminierter Markov-Prozesse für große Entwicklungszeiten τ, was im folgenden Abschnitt detailliert ausgeführt werden soll.

Ohne einen im Einzelnen ausgeführten Beweis sei noch die Verallgemeinerung des angeführten Theorems auf zeitvariable Prozesse angegeben:

$$\int_{F^{-1}(\underline{t}, A')} q_t(x)\,\mathrm{d}x = \int_{A'} \left(\widetilde{h}_{\underline{t}}(q_t)\right)(x)\,\mathrm{d}x, \qquad \underline{t} = (t, t'). \tag{4.165}$$

Ist speziell $F(t, t', A')$ die Wirkung eines determinierten Prozesses, so lassen sich aus (4.165) speziellere Theoreme ableiten (Theorem von Liouville, Kontinuitäts-gleichung (Abschnitt 4.4).

4.3.3   Irreversibilität und Entropie

Ist $f(\tau)$ der Übergangsoperator eines irreversiblen Markov-Prozesses, so ist $f_\tau^{-1}(x)$ unbestimmt (mehrelementig). Es wird deshalb auch das Phasenmaß von $f_\tau^{-1}(A)$ größer als das von A sein, in Zeichen

$$f_\tau^{-1}(x) = A_\tau \;\Rightarrow\; (Q(A_{\tau+\tau'}) \geq Q(A_\tau)). \tag{4.166}$$

Folgende Schlussweise führt zur Bestätigung: Aus der Negation von (4.166) folgt

$$Q(A_\tau) > Q(A_{\tau+\tau'}) \;\Rightarrow\; Q(f_\tau^{-1}(x)) > Q(f_{\tau+\tau'}^{-1}(x))$$

mit

$$Q(f_{\tau+\tau'}^{-1}(x)) = Q\left(\bigcup_{x'} f_\tau^{-1}(x')\right), \qquad x' \in f_{\tau'}^{-1}(x).$$

Die Folgerung $Q(f_\tau^{-1}(x)) > Q\left[\bigcup_{x'} f_\tau^{-1}(x')\right]$ oder

$$Q(A_\tau) > Q(\overline{A}_\tau), \qquad \overline{A}_\tau = \bigcup_{x'} f_\tau^{-1}(x')$$

ist wegen $A_\tau \subset \overline{A}_\tau$ offensichtlich falsch, die Aussage (4.166) also richtig.

Wir können daher feststellen: *Ist $f_\tau : \mathcal{A} \to \mathcal{A}$ Übergangsoperator eines zeitinvarianten und irreversiblen Markov-Prozesses mit den Maßen Q, so gilt:*

$$\tau \geq 0 \;\Rightarrow\; Q(f_\tau^{-1}(A)) \geq Q(A) \qquad (A \in \mathcal{A} \subset \mathcal{P}(X)). \tag{4.167}$$

Bei dieser Definition wird natürlicherweise angenommen, dass $Q(f_\tau^{-1}(A))$ in τ stetig ist.

Mit (4.167) kann man auch den Phasenoperator $\widetilde{\varphi}_\tau$ einführen und setzen: Für alle $\tau \in T_0$ und $A \in \mathcal{A}$ (Bild 4.3-1)

$$Q_0(f_\tau^{-1}(A)) := \widetilde{\varphi}_\tau(Q_0(A)). \tag{4.168}$$

Wegen (4.167) ist $\widetilde{\varphi}_\tau$ für $\tau \geq 0$ monoton wachsend mit der oberen Schranke $Q_0(U) = Q_0(f_\tau^{-1}(U)) \geq Q_0(f_\tau^{-1}(A))$,

$$\widetilde{\varphi}_{\tau+\tau'}(z) = \widetilde{\varphi}_\tau(\widetilde{f}_{\tau'}(z)) \geq \widetilde{\varphi}_\tau(z), \qquad z := Q_0(A). \tag{4.169}$$

Wir betrachten das Theorem (4.164) für kleine Intervalle $A_\tau = \Delta x$ aus $U \subset \mathbb{R}$:

$$\int_{f^{-1}(\Delta x)} q_0(x)\,\mathrm{d}x = \int_{\Delta x} q_\tau(x)\,\mathrm{d}x = \widetilde{\varphi}_\tau(Q_0(\Delta x)).$$

Für $\tau \to \infty$ strebt $\widetilde{\varphi}_\tau(Q_0(\Delta x))$ gegen den Grenzwert $G(\Delta x_0) \leq Q_0(U)$, so dass für alle hinreichend großen Entwicklungszeiten $\tau \geq \tau^*$ und alle Δx aus U die Identität

$$Q_0(U) = \int_{\Delta x} q_\tau(x')\,\mathrm{d}x' + \varepsilon, \qquad \bigwedge_{\Delta x} \varepsilon(\tau, \Delta x) \to 0 \ \text{ für } \ \tau \to \infty \qquad (4.170)$$

besteht. In Worten:

Ist $(\Xi, \mathcal{A}, Q_0)$, $(\mathcal{A} \subset \mathcal{P}(U), U \in \mathbb{R})$ ein zeitinvarianter, (stark) irreversibler und messbarer Markov-Prozß Ξ mit dem *Anfangsmaß* Q_0 (Dichte q_0), so konvergiert jede *Anfangsdichte* q_0 gegen eine konstante *Grenzdichte* q_∞: Aus $\tau\colon 0 \to \infty$ folgt

$$q_0 \overset{h_\infty}{\mapsto} q_\infty, \qquad \frac{1}{U} \int_U q_0(x)\,\mathrm{d}x = q_\infty.$$

Zu irreversiblen Prozessen gehört also immer ein Phasenoperator $\widetilde{\varphi}_\tau$ mit der Monotonieeigenschaft (4.169) bzw. mit positiver Ableitung

$$\frac{\mathrm{d}}{\mathrm{d}\tau}\,\widetilde{\varphi}_\tau(x) \geq 0, \qquad \lim_{\tau \to \infty} \widetilde{\varphi}_\tau(x) = Q_0(U) \qquad (4.171)$$

für differenzierbare $\widetilde{\varphi}_\tau$ $(\tau \neq 0)$.

Ist Q ein *normiertes Maß*, $Q\colon \mathcal{A} \to [0,1]$, so lässt sich jedem Zeitpunkt τ eine weitere monotone Größe zuordnen: die *Entropie $S(Q_\tau)$ von Ξ bezüglich Q zur Zeit τ*, definiert durch

$$S = S(Q_\tau) := -\sum_{i=1}^{N} Q_\tau(A_i)\,\lg Q_\tau(A_i), \qquad (A_i \in \mathcal{A}, \ N \in \mathbb{N}) \qquad (4.172)$$

mit

$$\bigcup_i A_i = U, \qquad (A_i \cap A_j = \emptyset, \ i \neq j), \qquad (4.173)$$

und

$$Q_\tau(A_i) = \int_{A_i} q_\tau(x)\,\mathrm{d}x. \qquad (4.174)$$

$S(Q_\tau)$ hat bekanntlich die Eigenschaft: Die Entropie

$$S = S^*(Q_\tau) \ :\Leftrightarrow\ S = S(Q_\tau) \ \wedge\ \bigwedge_i (Q_\tau(A_i) = Q_\tau(A)), \qquad (A_i, A \in \mathcal{A})$$

$$(4.175)$$

ist für alle τ niemals kleiner als $S(Q_\tau)$:

$$S(Q_\tau) \leq S^*(Q_\tau). \qquad (4.176)$$

Nach dem Ergebnis (4.170) ist für alle $\tau \geq \tau^*$ und $i \in N$ mit $A_i = \Delta x \subset U$ immer $Q_\tau(A_i) = Q_\tau(A)$, also $S(Q_\tau) = S(Q_{\tau^*}) = S^*(Q_{\tau^*})$.

Wir setzen noch mit (4.154) und (4.167) in (4.172) $Q_\tau(A_i) = \widetilde{\varphi}_\tau(Q_0(A_i))$ und $S(Q_\tau) = S_\tau(Q)$ und erhalten mit Vorstehendem für alle τ

$$S(Q_\tau) = -\sum_{i=1}^{N} \widetilde{\varphi}_\tau(Q(A_i)) \lg \widetilde{\varphi}_\tau(Q(A_i)) \leq S_{\tau^*}(Q). \tag{4.177}$$

In Worten:

Die Entropie $S_\tau(Q)$ des Prozesses Ξ bezüglich des (Anfangs-) Maßes $Q = Q_0$ zur Zeit $\tau = 0$ ist zu keinem Zeitpunkt τ größer als das *Entropiemaximum* $S_{\tau^*}(Q)$ zum Zeitpunkt $\tau = \tau^* \leq \infty$.

Hierbei ist mit $Q_{\tau^*} = \widetilde{\varphi}_{\tau^*} \circ Q_0$

$$S_{\tau^*}(Q) = -Q_{\tau^*}(U)\big(\lg Q_{\tau^*}(U) - \lg N\big).$$

Es sei noch bemerkt, dass die Entropie $S_\tau(Q)$ eine monoton von $S_0(Q)$ nach $S^*(Q)$ wachsende Funktion ist. Das folgt aus

$$\frac{\partial S_\tau(Q)}{\partial \tau} = -\sum_{i=1}^{N} (1 + \lg \widetilde{\varphi}_\tau(Q(A_i))) \frac{\partial}{\partial \tau} \widetilde{\varphi}_\tau(Q(A_i)).$$

Hierin ist mit (4.171) $\dot{S}_\tau(Q)$ positiv für alle τ, die der hinreichenden Bedingung

$$B_\tau :\Leftrightarrow \bigwedge_i (1 + \lg \widetilde{\varphi}_\tau(Q(A_i)) < 0)$$

genügen. Es folgt daraus mit (4.177)

$$B_\tau \Rightarrow \left(\dot{S}_\tau(Q) > 0 \,\wedge\, S_\tau(Q) \leq S_{\tau^*}(Q)\right),$$

also $\dot{S}_\tau(Q) > 0$ für alle $0 \leq \tau \leq \tau^*$.

4.3.4 Phasenvolumen und Dissipation

Unter den Prozessfunktionalen Q spielen zwei Sonderfälle eine herausragende Rolle: Das Volumenfunktional V und das Wahrscheinlichkeitsfunktional P.

Wir betrachten zunächst das *Volumenfunktional* V für den Fall $T_0 = \mathbb{R}_+$, $X = \mathbb{R}^n$. Jedem Phasenensemble (Ensemblezustand) $A \in \mathcal{A}$ ist dann ein *Phasenvolumen*

$V(A)$ zugeordnet, definiert durch ($\tau \geq 0$)

$$L(A) = V(A) := \int_A dL(x), \qquad x \in U \subset \mathbb{R}^n, \qquad A \in \mathcal{A} \subset \mathcal{P}(U). \qquad (4.178)$$

Alle $A \in \mathcal{A}$ werden als L-messbar angenommen, was physikalisch keine Einschränkung bedeutet.

Das Phasenvolumen $V(A_0) = V_0$ von A zur Zeit $t = 0$ wird infolge der Transformation $f_\tau : \mathcal{A} \to \mathcal{A}$ in $V(A_\tau) = V_\tau$ überführt. Mit

$$V(f_\tau(A_0)) = V(A_\tau) := H_\tau(V(A_0)), \qquad A_0 = f_\tau^{-1}(A_\tau) \qquad (4.179)$$

erhält man

$$H_\tau\left(\int_{A_0} dx \right) = \int_{A_\tau} dx, \qquad A_0 = f_\tau^{-1}(A_\tau) \qquad (4.180)$$

oder

$$H_\tau(V_0) = V_\tau, \qquad V \circ f_\tau = H_\tau \circ V. \qquad (4.181)$$

Wir betrachten einige Eigenschaften der Volumentransformation (4.181).

Das Verhalten des Phasenvolumens $V(A_\tau)$ ist (bei gegebenen Anfangsvolumen $V(A_0)$) ersichtlich von dem *Phasenoperator* H_τ bzw. Übergangsoperator f_τ bestimmt. In Abhängigkeit von der Zeit τ kann sich das Volumenverhältnis zu größeren oder kleineren Werten verändern. Man sagt: Der *Phasenfluss* (*Trajektorienensemble*)

$$\Xi_{A_0} = f(\cdot)(A_0), \qquad f_\tau : \mathcal{A} \to \mathcal{A}, \; f_\tau(A_0) = A_\tau \qquad (4.182)$$

mit dem Volumen $V(A_\tau)$ zur Zeit $\tau \in T_0$ ist

$$\left. \begin{array}{l} V\text{-}dissipativ \\[4pt] V\text{-}konservativ \\[4pt] V\text{-}akkumulativ \end{array} \right\} \Leftrightarrow H_\tau(V(A)) \left\{ \begin{array}{l} \leq V(A) \\[4pt] = V(A) \\[4pt] \geq V(A) \end{array} \right. \qquad (4.183)$$

für alle $\tau > 0$ und $A = A_0$. Allgemeiner kann (4.183) nur partiell für einzelne Zeitintervalle aus T_0 gelten.

In diesem Zusammenhang sei aber noch festgehalten, dass ein nichtdeterminierter Prozess immer akkumulativ ist (aber nicht umgekehrt). Das ergibt sich aus $\tau_1 \leq \tau_2 \Rightarrow A_{\tau_1} \subset A_{\tau_2} \Rightarrow V(A_{\tau_1}) \leq V(A_{\tau_2})$.

Das betrachtete Volumenmaß V ist ein Sonderfall und kann durch ein beliebiges Maß Q ersetzt werden. Mit (4.147) können wir also auch notieren (Bild 4.3-1)

$$H_\tau(Q_0(A_0)) := Q_\tau(A_\tau). \qquad (4.184)$$

Für Q-dissipative Prozesse $(H_\tau(Q(A_0)) \leq Q(A_0))$ sagt (4.183) z.B. aus, dass die Kontraktion des Phasenvolumens $V(A_0)$ auch von einer Dissipation der „Substanz" $Q(A_0)$ von A_0 begleitet sein kann.

Handelt es sich speziell um Maße mit Dichtedarstellung $\alpha(Q) = q$ (Bild 4.3-3), so kann man auch von den Maßen Q zu den zugehörigen Dichten q übergehen. Wir setzen dann analog (4.184)

$$\overline{h}_\tau(q_0(x)) := q_\tau(x), \qquad \overline{h}_\tau(q_0(x)) := (\widetilde{h}_\tau(q_0))(x). \tag{4.185}$$

Der Zusammenhang mit (4.184) ist somit gegeben durch

$$\int_A \overline{h}_\tau(q_0(x))\,\mathrm{d}x := \int_A q_\tau(x)\,\mathrm{d}x := H_\tau \int_{f_\tau^{-1}(A)} q_0(x)\,\mathrm{d}x. \tag{4.186}$$

Wegen $q_0(x) \geq 0$ muss mit (4.183) gelten

$$q_\tau(x) = \overline{h}_\tau(q_0(x)) \geq 0 \qquad (x \in A_0). \tag{4.187}$$

Im determinierten Fall – den wir im Weiteren betrachten – lassen sich weiterführende Aussagen machen. Aus (4.187) folgt zunächst $(x \in \mathbb{R}^n)$

$$\frac{\mathrm{d}}{\mathrm{d}\tau}\, q_0(f_\tau(x)) = \operatorname{grad} q_0(f_\tau(x)) \cdot \dot{f}_\tau(x), \qquad (\tau \geq 0). \tag{4.188}$$

Für dissipative Prozesse z.B. muss nach Vorstehendem gelten

$$\int_{A_\tau} q_\tau(x)\,\mathrm{d}x \leq \int_{A_0} q_0(x)\,\mathrm{d}x, \qquad A_0 = f_\tau^{-1}(A_\tau), \quad (A_\tau = A)$$

oder

$$\lim_{\tau \to 0+} \frac{1}{\tau}\left(\int_{A_\tau} q_\tau(x)\,\mathrm{d}x - \int_{A_0} q_0(x)\,\mathrm{d}x \right) = G(q_0, f) \leq 0. \tag{4.189}$$

Die explizite Bestimmung des Grenzwertes $G(q_0, f)$ führt im allgemeineren (zeitvariablen) Fall auf eine Reihe von fundamentalen Zusammenhängen, auf die wir genauer erst in Abschnitt 4.5.1 eingehen werden. Hier sei speziell nur der zeitinvariante Fall betrachtet, wobei wir uns an dieser Stelle auf eine Beweisskizze beschränken werden. Ein ausführlicher Beweis für Operatoren $F(\underline{t}, \cdot)$ ist in Abschnitt 4.4.1 zu finden.

Mit (4.187), (4.188) und (4.189), gilt zunächst mit Reihenentwicklung des Integranden $q_\tau(x')$

$$\int_{A_\tau} q_\tau(x')\,\mathrm{d}x' \approx \int_{A_0} (q_0(x) + h(x) \cdot \operatorname{grad} q_0(x) \cdot \tau + \ldots)\left|\frac{\partial x'}{\partial x}\right|\,\mathrm{d}x, \tag{4.190}$$

wenn noch $x_0 = x$, $x' = f_\tau(x_0)$ und $A_\tau = f_\tau(A_0)$ gesetzt wird. Für die Funktionalmatrix im obigen Ausdruck erhält man (vgl. Abschnitt 4.4.1)

$$\frac{\partial x'}{\partial x} = I + \left(\frac{\partial g_i}{\partial x_j}\right)\tau + \ldots \qquad (I:\ \text{Eins-Matrix}) \qquad (4.191)$$

und damit (Sp: Spur)

$$\text{Det}\left(\frac{\partial x'}{\partial x}\right) = 1 + \text{Sp}\left(\frac{\partial h_i}{\partial x_j}\right)(\tau) + \ldots = 1 + \sum_{i=1}^{n} \frac{\partial h_i}{\partial x_i}(\tau) + \ldots$$

oder

$$\left|\frac{\partial x'}{\partial x}\right| = 1 + \tau \, \text{div}\, h + \ldots \ .$$

Mit den letzten drei Ausdrücken lautet (4.190)

$$\int_{A_\tau} q_\tau(x') \, \mathrm{d}x' \approx \int_{A_0} (q_0 + \tau h \cdot \text{grad}\, q_0 + \tau q_0 \, \text{div}\, h + \ldots) \, \mathrm{d}x.$$

Daraus folgt dann für den Grenzwert $G(q_0, f)$ in (4.190)

$$G(q_0, f) = \int_{A_0} (h \cdot \text{grad}\, q_0 + q_0 \cdot \text{div}\, h) \, \mathrm{d}x \le 0$$

für alle $A_0 \subset U$ oder mit (4.188) (und $0 \to \tau \ge 0$)

$$\dot{q}_\tau + q_\tau \, \text{div}\, h \le 0.$$

Das Ergebnis fassen wir wie folgt zusammen: Bei einem determinierten und dissipativen Markov-Prozess Ξ mit dem Übergangsoperator f_τ und der Dichte q_τ ist die Divergenz von $q_\tau \cdot h$ nicht positiv (und umgekehrt):

$$\begin{aligned} G(q_\tau, f) &= \text{div}(q_\tau \cdot h) & (4.192) \\ &= \frac{\mathrm{d}q_\tau}{\mathrm{d}\tau} + q_\tau \, \text{div}\, h \le 0, & (q_\tau = q_\tau(x),\ h = h(x),\ x \in A_\tau). \end{aligned}$$

h bezeichnet den infinitesimalen Generator von f_τ (in einfachen Fällen: $h(x) = \dot{f}_\tau(x)|_{\tau=0}$).

Beispiel: Wir ergänzen die obigen Betrachtungen noch durch ein Beispiel, gegeben durch den linearen, zeitinvarianten und reellwertigen Prozess mit $h = Ax$ in der Differenzialform

$$\frac{\mathrm{d}x}{\mathrm{d}\tau} = A \cdot x, \qquad x = f_\tau(x_0), \qquad A = (a_{i,k})_{i,k \in \{1,2,\ldots,n\}}. \qquad (4.193)$$

Das Funktional q habe die Gestalt einer positiven semidefiniten quadratischen Form:

$$q(x) = x'Bx \qquad (B \geq 0,\ x'\ \text{Transponierte}). \tag{4.194}$$

Die Matrix B ist so zu bestimmen, dass der Prozess $x = f_\tau(x_0)$ bezüglich q dissipativ ist.

Mit $\operatorname{div} h = \operatorname{div} Ax = \operatorname{Sp}(A) := a$ und

$$\frac{\mathrm{d}q}{\mathrm{d}\tau} = x'(BA + A'B)x$$

erhält man als Dissipativitätsbedingung gemäß (4.192) den Ausdruck

$$x'(BA + A'B)x + (x'Bx)a \leq 0.$$

Er ist gleichwertig mit

$$x'\left[B\left(A + E\frac{a}{2}\right) + \left(A' + E\frac{a}{2}\right)B\right]x := x'[-C]x \leq 0 \qquad (C \geq 0)$$

oder

$$B\overline{A} + \overline{A}'B + C = 0, \qquad \overline{A} = A + E\frac{a}{2}, \qquad C \geq 0, \qquad (E:\ \text{1-Matrix}).$$

Haben alle Eigenwerte von $\overline{A}$ negativen Realteil, so ist der Prozess (4.193) dissipativ, wenn für die Matrix B in (4.194) gilt

$$B = \int_0^\infty \exp(\overline{A}'\tau) \cdot C \cdot \exp(\overline{A}\tau)\,\mathrm{d}\tau.$$

4.3.5 Expansive Prozesse

Den im letzten Abschnitt genannten drei Verhaltensklassen entsprechen Phasenoperatoren h_τ mit unterschiedlichem Wachstumsverhalten. Für dissipative (akkumulative) Prozesse ist $\overline{h}_\tau$ monoton fallend (wachsend); konservative Prozesse sind durch zeitlich konstantes Phasenvolumen gekennzeichnet. Der Prozess selbst ist dabei im Allgemeinen nicht determiniert, wobei der Sonderfall des determinierten Verhaltens nicht ausgeschlossen ist. Beispielsweise erweisen sich die Prozesse der klassischen Mechanik generell als konservativ (Abschnitt 4.2.2).

Die Dynamik der Volumenänderung ist für den weiter betrachteten Fall auf den Mengen $U_0 = \mathbb{R}$, $T_0 = \mathbb{R}_+$ mit (4.185) durch

$$\frac{\partial}{\partial \tau}\overline{h}_\tau(x) \gtreqless 0, \qquad x \in \mathbb{R}, \qquad \tau \in \mathbb{R}_+ \tag{4.195}$$

gegeben und kann zudem von sehr unterschiedlicher Intensität sein; z.B. kann das Phasenvolumen $V_\tau(A)$ eines akkumulativen Prozesses extrem schnell mit der Zeit wachsen. Diese Intensität und Sensibilität der Volumenänderung kann durch $H_\tau(V_0(A))$ bzw. durch einen Wachstumsparameter λ (*Ljapunov-Exponent*) charakterisiert werden, wie nachstehend gezeigt.

Für beliebige Rekursionen $\varphi: X \to X$;

$$\varphi(x_i) = x_{i+1}, \qquad i \in \mathbb{N}_0, \qquad x_i \in X \tag{4.196}$$

erhält man mit $\varphi^n(x_0) = x_n$, $n \in \mathbb{N}_0$ die (allgemeingültige) Grenzwertbeziehung [40]

$$\lim_{n \to \infty} \frac{1}{n} \ln \left| \frac{\mathrm{d}\varphi^n(x_0)}{\mathrm{d}x_0} \right| = \lambda(x_0). \tag{4.197}$$

Speziell für $\varphi = H_{\tau_0}$ $(\tau_0 \in T_0)$ folgert man aus obenstehendem Ausdruck

$$\lambda(V_0(A)) = \lim_{n \to \infty} \frac{1}{n} \ln |H'_\tau(V_0(A))|, \qquad H'_\tau(x) = \frac{\mathrm{d}}{\mathrm{d}\tau} H_\tau(x), \tag{4.198}$$

wenn noch $x_0 = V_0(A)$ gesetzt wird und statt $H^n_{\tau_0} = H_{n \cdot \tau_0} = H_\tau$ $(\tau = n \cdot \tau_0)$ geschrieben wird.

Für große $\tau = n \cdot \tau_0$ bzw. n erhält man näherungsweise

$$|H'_\tau(V_0(A))| \approx \mathrm{e}^{n\lambda(V_0(A))}, \qquad (n \gg 0). \tag{4.199}$$

Das Theorem (1.60) ist eine Verallgemeinerung des bekannten *Ljapunov-Theorems* für determinierte Prozesse auf die expansive Dynamik des Phasenvolumens $V(A)$ eines im Allgemeinen nichtdeterminierten Markov-Prozesses $f_\tau : \mathcal{A} \to \mathcal{A}$, $f_\tau(A_0) = A_\tau$.

Aus (4.199) folgert man:

$$|H'_\tau(x)| \underset{>}{\overset{<}{=}} 1 \Leftrightarrow \lambda(x) \underset{>}{\overset{<}{=}} 0, \qquad \lambda'(x) = 0$$

und

$$\frac{\partial}{\partial \tau} H_\tau(x) \approx \frac{\lambda(x)}{\tau_0} H'_\tau(x) \cdot A, \qquad x = V_0(A), \qquad \tau = n \cdot \tau_0. \tag{4.200}$$

Es geben sich folgende Implikationen: Das Ensemble $\Xi_A \subset \Xi$ aus Ξ ist:

$$\begin{aligned}
\text{dissipativ} \qquad &\Rightarrow \quad \lambda(V_0(A)) \leq 0, \\
\text{konservativ} \qquad &\Rightarrow \quad \lambda(V_0(A)) = 0, \\
\text{akkumulativ (expansiv)} \quad &\Rightarrow \quad \lambda(V_0(A)) \geq 0.
\end{aligned} \tag{4.201}$$

Wir betrachten noch genauer die Fehlersensibilität der Halbgruppe $H_{\tau_0}^n$ in (4.200)
mit $V_0(A) \in \mathbb{R}$ und dem zugehörigen Exponenten $\lambda(V_0(A))$. Aus

$$\frac{\partial}{\partial x} H_{\tau_0}^n(x) \approx \frac{1}{\varepsilon}\left(H_{\tau_0}^n(x+\varepsilon) - H_{\tau_0}^n(x)\right) \qquad (x = V_0(A))$$

folgert man mit $\delta(A) = A'\backslash A$, $A' \supset A$ und

$$\Delta(V_0(A)) := V_0(A \cup \delta(A)) - V_0(A) = V_0(\delta(A)),$$

$$\Delta H_{\tau_0}^n(V_0(A)) := \left| H_{\tau_0}^n(V_0(A) + \Delta V_0(A)) - H_{\tau_0}^n(V_0(A)) \right|$$

aus (4.199) die Transformation

$$\Delta(V_0(A)) \xrightarrow{n} \Delta H_{\tau_0}^n(V_0(A)) \approx \Delta(V_0(A))e^{n\lambda(V(A_0))}.$$

Sie gibt an, wie sich kleine Änderungen $\Delta(V_0(A))$ des „Startvolumens" $V_0(A)$
($A \subset X$) nach n Iterationsschritten der Länge τ_0 auf das Spektrum

$$H_{\tau_0}^n(V_0(A) + \Delta V_0(A))$$

möglicher Zielvolumina $H_{\tau_0}^n(V_0(A))$ auswirkt (Bild 4.3.4).

Das Phasenvolumen $V_0(A)$ eines Prozessensembles Ξ_A kann – in Abhängigkeit vom
Anfangszustand A_0 – kontrahieren, expandieren oder auch zeitinvariant sein. Ein
Anfangswert $\xi(0) \in V_0(A)$ der Trajektorie $\xi \in \Xi_A$ wird dabei in unbestimmte
Werte $\xi(n\tau_0)$ aus $A_{n\tau_0} \gtreqless A_0$ überführt. Es handelt sich hier also um ein Zusammenwirken von Unbestimmtheit (Zufall) und Gesetz: Ein im Allgemeinen „nicht-
determiniertes Gesetz" f ($f_\tau : A_0 \mapsto A_\tau$) wird vom Zufall (des Eintretens von
$\xi(0)$) gesteuert ($\widetilde{f}_\tau \colon V_0 \to V_\tau$). Auf solchem „zufallsgesteuertem Determinismus"
[41] speziell auf der Basis determinierter Übergangsoperatoren f_τ beruhen in der
statistischen Physik viele fundamentale Phänomene. Darauf werden wir später
noch ausführlicher eingehen (Abschnitt 4.4.2).

Nachträglich erkennt man, dass die Interpretation $x_0 \to V_0(A)$ in (4.198) für die
Gültigkeit des Ljapunov-Theorems (4.199) nicht wesentlich ist: Insbesondere kann
also in (4.198) V auch allgemeiner durch ein beliebiges Maß Q ersetzt werden. Für
akkumulative Prozesse bedeutet das z.B., dass mit der Expansion des Phasenvolumens $V_0(A)$ auch immer eine „Substanzakkumulation" verbunden ist.

Speziell für einen diskreten und determinierten Markovprozess mit dem Über-
gangsoperator $\varphi_{\tau_0} = \varphi_1$ ($\tau_0 = 1$) erhält man den in der Literatur fast ausschließlich
betrachteten determinierten Sonderfall (4.196).

Bemerkung: Die mit dem elementaren Markov-Prozess (4.196) verbundenen Erscheinungen bei großen λ-Werten werden als (zeitinvariantes) *determiniertes Chaos* bezeichnet. Solche Prozesse weisen – wie gezeigt – eine hohe Sensibilität gegenüber kleinsten Störungen der Anfangswerte auf, die eine Langzeitvorhersage

praktisch unmöglich machen. Diese Prozesse sind daher nur rein theoretisch determiniert, und bei einer experimentellen Aufzeichnung kann daher auch gar nicht entschieden werden, ob die Beobachtung das Ergebnis einer zufälligen Störung der Anfangswerte oder des vom Prozessgesetz (Übergangsoperator) bestimmte Trajektorienbild bzw. Phasenporträt ist. Gewöhnlich wird zusätzlich noch ein weiterer (Bifurkations-) Parameter γ in den Übergangsoperator eingefügt ($\varphi(x_i) \to \varphi(x_i, \gamma)$), was aber strukturtheoretisch den Übergang zu gesteuerten Markov-Prozessen, also zu einem grundsätzlich neuen Problembereich bedeutet (Abschnitt 4.1.4). Da φ nicht naturnotwendig in γ stetig sein muss, kommt oft zur x-Sensibilität noch eine (sprunghafte) Verhaltensunstetigkeit – oft ergänzt durch eine Fehlerempfindlichkeit – bezüglich γ hinzu.

Alle so zustandekommenden „annormalen" Verhaltensweisen fasst man unter dem Begriff „determiniertes Chaos" zusammen. Damit wird dieser Begriff lediglich zu einem Sammelbegriff für alle „merkwürdigen" Verhaltensmuster eines Markov-Prozesses. Mit diesem unscharfen Chaosbegriff wird daher keine eingenständige Klasse dynamischer Systeme begrifflich klar ausgezeichnet und systemtheoretisch streng definiert. Klar definiert ist nur der Begriff „Markov-Prozess", und dieser zentrale Begriff beinhaltet nicht nur „normales" (konservatives oder dissipatives) Verhalten.

4.4   Differenzialtheoreme

4.4.1   Theorem von Liouville

Die folgenden Ausführungen schließen an die in den Abschnitten 4.3.2 und 4.3.4 dargelegten Ergebnisse an, wobei nun allgemeiner der zeitvariable Fall betrachtet wird. Dabei werden wir uns auf determinierte Prozesse bzw. Ensemble beschränken.

Zunächst ist das Transformationsgesetz der Maße (4.143) auf die allgemeineren Prozesse mit der Wirkung

$$x' = F(t', t, x), \qquad x = \xi(t), \qquad x' = \xi(t') \tag{4.202}$$

zu übertragen. Man erhält wegen

$$\xi(t') \in A' \Leftrightarrow \xi(t) \in F^{-1}(t', t, A') \tag{4.203}$$

die Transformationsbedingung ($A' = A_{t'}$)

$$Q_{t'}(A') = Q_t(F^{-1}(\underline{t}, A')) \qquad (\underline{t} = (t_1, t_2) \in \underline{T}). \tag{4.204}$$

Zur Vereinfachung der relativ aufwändigen Rechnungen setzen wir voraus

$$X = \mathbb{R}^n, \qquad T = \mathbb{R}, \qquad \underline{T} = S_+^2 = \{(t_1, t_2) \in S^2 | t_1 \leq t_2\}; \qquad (4.205)$$

S bezeichnet ein Intervall aus $\mathbb{R}$.

Ausgangspunkt ist das Theorem von Frobenius-Perron (Abschnitt 4.3.2). Mit der Vereinbarung $q_t(x) = q(t, x)$ gilt dann

$$Q_t(A_t) = \int_{A_t} q(t, x)\,\mathrm{d}x = \int_{A_{t'}} q(t', x)\,\mathrm{d}x, \qquad A_t = F^{-1}(t', t, A_{t'}), \qquad (4.206)$$

wobei nun $q(t', \cdot) = \tilde{h}_{t'}(q(t, \cdot))$ zu setzen ist.

Wir untersuchen den Grenzübergang $t' \to t + 0$. Für die rechte Seite im obigen Ausdruck erhält man – Existenz von Dichten vorausgesetzt –

$$J(t') = \int_{A_{t'}} q(t', x')\,\mathrm{d}x' = \int_{A_t} q(t', F(t', t, x))\,D\,\mathrm{d}x \qquad A_t = F^{-1}(\underline{t}, A_{t'}).$$
$$(4.207)$$

Hierin bezeichnet D die Determinante der Funktionalmatrix

$$\left(\frac{\partial F}{\partial x}\right) = \left(\frac{\partial x_i'}{\partial x_j}\right)_{i,j=1,2,\dots,n}, \qquad x_i' = F_i(t', t, x), \qquad x \in \mathbb{R}^n, \qquad i = 1, 2, \dots, n.$$

Für die $F_i(t', t, x)$ erhält man mit

$$\lim_{t' \to t+} \frac{F_i(t', t, x) - x_i}{t' - t} = \lim_{t' \to t+} h_i(t', t, x) = h_i(t, x) \qquad (4.208)$$

die Entwicklung von F_i nach t' an der Stelle t:

$$F_i(t', t, x) = x_i + h_i(t, x)\,\mathrm{d}t + O(\mathrm{d}t)^2, \qquad \mathrm{d}t = (t' - t)$$

und daraus

$$\frac{\partial F_i}{\partial x_j} = \delta_{i,j} + \frac{\partial h_i}{\partial x_j}\,\mathrm{d}t + O_j(\mathrm{d}t)^2.$$

Für die Funktionalmatrix gilt also

$$\left(\frac{\partial F}{\partial x}\right) = E + \left(\frac{\partial(h_1, h_2, \dots, h_n)}{\partial(x_1, x_2, \dots, x_n)}\,\mathrm{d}t + O(\mathrm{d}t)^2\right), \qquad E:\ \text{1-Matrix}.$$

Bezeichnet man die Matrix $\left(\frac{\partial F}{\partial x}\right) - E$ mit $-A$, so gilt [42]

$$D = \left|\frac{\partial F}{\partial x}\right| = |E - A| = 1 + \mathrm{Sp}(-A) + O_\sigma(\mathrm{d}t)^2$$

$$= 1 + \sum_i \frac{\partial h_i}{\partial x_i}\,\mathrm{d}t + O(\mathrm{d}t)^2 + O_\sigma(\mathrm{d}t)^2$$

$$= 1 + \mathrm{div}\,h \cdot \mathrm{d}t + O'(\mathrm{d}t)^2. \qquad (4.209)$$

Eine entsprechende Entwicklung der Dichte q in (4.206) führt mit (4.208) zu

$$
\begin{aligned}
q(t', x') &= q(t, x) + \left(\frac{\partial q}{\partial t'} + \sum_i \frac{\partial q}{\partial x_i'} \cdot h_i' \right)_{t \to t+} \cdot dt + O(dt)^2 \\
&= q(t, x) + \frac{\partial q}{\partial t} dt + h \cdot \operatorname{grad} q \cdot dt + O(dt)^2.
\end{aligned}
\tag{4.210}
$$

Mit den Entwicklungen (4.209) und (4.210) lautet nun die rechte Seite von (4.207)

$$
\int_{A_t} \left(q + \left(q \cdot \operatorname{div} h + \frac{\partial q}{\partial t} + h \cdot \operatorname{grad} q \right) dt + O(dt)^2 \right) dx
$$

und wegen (4.206) weiter

$$
\frac{1}{t' - t} \left(\int_{A_{t'}} q(t', x') \, dx' - \int_{A_t} q(t, x) \, dx \right) = \frac{1}{t' - t} \left(Q_{t'}(A_{t'}') - Q_t(A_t) \right)
$$

$$
= \int_{A_t} \left(\frac{\partial q}{\partial t} + q \cdot \operatorname{div} h + h \cdot \operatorname{grad} q + O(dt) \right) dx.
$$

In der Grenze für $t' \to t$ erhält man schließlich mit $J(t) = Q_t(A_t)$ das fundamentale Theorem

$$
\lim_{t' \to t} \frac{J(t') - J(t)}{t' - t} = \frac{d}{dt} \int_{A_t} q(t, x) \, dx = \int_{A_t} \left(\frac{\partial q}{\partial t} + \operatorname{div}(q \cdot h) \right) dx = 0,
\tag{4.211}
$$

$$
(q = q(t, x), \quad h = h(t, x)).
$$

Die Operationen div und grad beziehen sich natürlich immer auf die Variablen x des Phasenraumes X, z.B.

$$
\operatorname{div} h(t, x) = \sum_i \frac{\partial}{\partial x_i} h(t, x) = \operatorname{div}_x h.
$$

Als elementares Beispiel betrachten wir den Fall $q(t, x) = 1$. Das Theorem (4.211) liefert dann die Aussage (Abschnitt 4.3.4):

$$
\frac{d}{dt} \int_{A_t} dx = \int_{A_t} \operatorname{div} h \, dx = \frac{d}{dt} V(A_t).
\tag{4.212}
$$

In Worten: Bei funktionalen Markov-Prozessen wird das zeitliche Verhalten des Phasenvolumens $V(A_t)$ nur durch die Divergenz des Prozessgenerators h bestimmt.

Wie schon ausgeführt (Abschnnitt 4.2.2), ist für die Hamilton-Prozesse der klassischen Mechanik mit dem Generator H speziell $h = \mathrm{grad}^* H$ und damit $\mathrm{div}\, h = 0$. Aus (4.160) folgt: Das Phasenvolumen $V(A_t)$ des Hamilton-Ensembles $\Xi_t(A_t)$ ist von der Zeit unabhängig. Diese Aussage für Hamilton-Flüsse bildet das *Liouville-Theorem* der klassischen Mechanik, und wir werden daher das Theorem (4.211) als (verallgemeinertes) *Liouville-Theorem* der determinierten Markov-Prozesse bezeichnen. Es kann als eines der zentralen Theoreme der Theorie der messbaren Markov-Prozesse angesehen werden, da eine ganze Reihe von grundlegenden Aussagen über das Verhalten dieser Prozessklasse auf das Liouville-Theorem (4.211) zurückgeführt werden kann. Im Folgenden wird hierauf näher eingegangen.

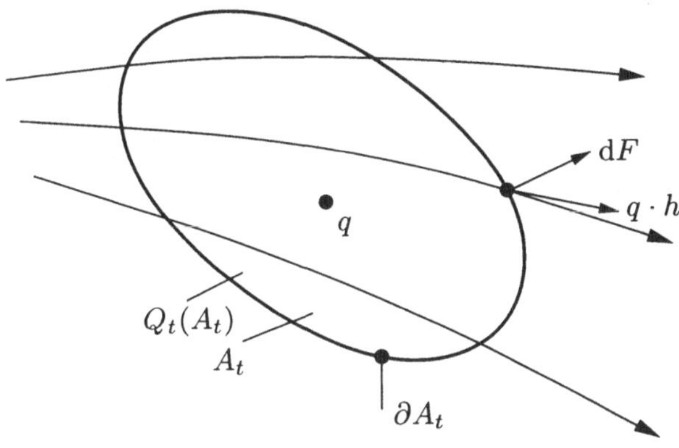

Bild 4.4-1: Theorem von Liouville: $\int_{A_\tau} \frac{\partial q}{\partial t}\, dx + \oint_{\partial A_t} q \cdot h\, dF_{A_t} = \frac{d}{dt} Q_t(A_t)$.

Das Theorem von Liouville ordnet sich in die allgemeine Theorie der bifunktionalen messbaren Markov-Prozesse ein. Es beschreibt das *lokale Gesetz* der zeitlichen Entwicklung $Q_t(A) \to Q_{t'}(A)$ $(t' > t)$ der Ensemblemaße („Massen") von $Q_t(A)$ nach $Q_{t'}(A)$. Diese Entwicklung ist mit einem „Substanzverlust" bzw. „-gewinn" verbunden, je nach dem, ob $Q_{t'}(A)$ kleiner oder größer als $Q_t(A)$ ist. Eine Dissipation (bezüglich der „Substanz") liegt zur Zeit t im „Raum" A vor, wenn dort gilt

$$\frac{dQ(t, A_t)}{dt} = \int_{A_t} \left(\frac{\partial q}{\partial t} + \mathrm{div}\,(q \cdot h) \right) dx \leq 0. \tag{4.213}$$

Diese Deutung des Theorems wird noch verständlicher, wenn man es in der äquivalenten Form

$$\int_{A_t} \frac{\partial q}{\partial t}\, dx + \oint_{\partial A_t} (q \cdot h)\, dF_A = \frac{d}{dt} Q_t(A_t) \tag{4.214}$$

notiert: Die gesamte Masseänderung im Teilphasenraum (Mannigfaltigkeit) A_t ist gleich der Summe aus räumlicher Dichteänderung und „Massenstrom" mit der „Stromdichte" $q \cdot h$ durch die Raumberandung ∂A_t (Bild 4.4-1).

Insbesondere ist (4.213) für alle $A_t \in \mathcal{A}$ erfüllt, d.h., von der Wahl von A_t unabhängig. Dann folgt (bei Zeitinvarianz)

$$\frac{\mathrm{d}q}{\mathrm{d}t} + q \cdot \operatorname{div} h \leq 0. \tag{4.215}$$

Das ist die Dissipationsbedingung (4.192) der zeitinvarianten Prozesse. In einer anderen (äquivalenten) Form lautet (4.215)

$$q(t_2, x) - q(t_1, x) + \int_{t_1}^{t_2} q(t, x) \cdot \operatorname{div} h(x)\, \mathrm{d}x \leq 0. \tag{4.216}$$

Es ist die von Willems [40], [43] als Grundlage seiner Betrachtungen formulierte *Dissipationsungleichung* (4.216).

4.4.2   Integralinvarianten

Im Sonderfall (4.147) ist das Dichteintegral

$$\int_{A_t} q(t, x)\, \mathrm{d}x = Q_t(A_t) \tag{4.217}$$

für alle $A_t \in \mathcal{A}$ *zeitinvariant*:

$$\frac{\mathrm{d}}{\mathrm{d}t'} \int_{A_{t'}} q(t', x')\, \mathrm{d}x' \bigg|_{t'=t} := \frac{\mathrm{d}}{\mathrm{d}t'} \int_{A_t} q(t', F(t', t, x)) \frac{\partial F(t', t, x)}{\partial x}\, \mathrm{d}x = 0. \tag{4.218}$$

Das Funktional $q = T_0 \times \mathbb{R}^n \to \mathbb{R}_+$, $q(t, x) \in \mathbb{R}_+$ bildet dann eine *Integralinvariante* des Markov-Prozesses mit der Wirkung $F(t', t, x)$. Die *Invarianzbedingung* lautet mit (4.211) für alle A_t

$$\int_{A_t} \frac{\partial q}{\partial t} + \operatorname{div}(q \cdot h)\, \mathrm{d}x = \frac{\mathrm{d}}{\mathrm{d}t} \int_{A_t} q\, \mathrm{d}x = 0$$

$$\Leftrightarrow \quad \frac{\partial q}{\partial t} + \operatorname{div}(q \cdot h) = 0 \tag{4.219}$$

$$\Leftrightarrow \quad \frac{\partial q}{\partial t} + q \cdot \operatorname{div} h + h \cdot \operatorname{grad} q = 0. \tag{4.220}$$

Für $q = q(t, x)$, $x = \xi(t)$ gilt insbesondere wegen

$$\frac{\mathrm{d}q}{\mathrm{d}t} = \frac{\partial q}{\partial t} + h \cdot \operatorname{grad} q, \qquad h(t, \xi(t)) = \dot{\xi}(t) \tag{4.221}$$

die zu (4.220) äquivalente „Markov-Bedingung"

$$\frac{\mathrm{d}q}{\mathrm{d}t} + q \cdot \operatorname{div} h = 0. \tag{4.222}$$

Ist $\frac{\mathrm{d}q}{\mathrm{d}t} = 0$, so ist q eine (lokale) *Invariante* (*Erhaltungsgröße*) des Prozesses.

Offensichtlich gilt: *Für Prozesse mit quellenfreiem h, insbesondere also für alle Prozesse der klassischen Mechanik, ist jede Integralinvariante auch eine Erhaltungsgröße mit der Eigenschaft:*

$$\frac{\mathrm{d}q}{\mathrm{d}t} = 0 \;\Leftrightarrow\; h \cdot \operatorname{grad} q + \frac{\partial q}{\partial t} = 0.$$

Die Lösung der Gleichung (4.222) lautet für $t \geq t_1$ und $x_1 \in U_{t_1}$

$$q(t, \xi(t)) = c e^{-H(t,\xi(t))}, \qquad \int \operatorname{div} h(t, \xi(t))\, \mathrm{d}t = H(t, \xi(t)),$$

$$c = q(t_1, \xi(t_1)) = e^{-H(t_1, \xi(t_1))}, \tag{4.223}$$

$$\operatorname{div} = \frac{\partial}{\partial x_i}, \qquad x = F(t, t_1, x_1), \qquad x = \xi(t), \qquad x_1 = \xi(t_1).$$

Wir definieren noch

$$q_t(x) = q(t, \xi(t))$$

und erhalten für die Transformation der Dichtefunktionale q_t:

$$q_t = q_{t_1} e^{-w(t,t_1,\cdot)} = \widetilde{h}_{(t,t_1)}(q_{t_1}), \tag{4.224}$$

worin $(\underline{t} = (t, t_1))$

$$\widetilde{h}_{\underline{t}}(q_{t_1}) = q_{t_1} e^{-w(t,t_1,\cdot)}, \qquad w(t, t_1, \xi) = H(t, \xi(t)) - H(t_1, \xi(t_1)) \tag{4.225}$$

den *Frobenius-Perron-Operator* für die hier betrachteten zeitvariablen Dichten bezeichnet.

Jedes Funktional q_t in (4.224) mit $|w| < k < \infty$ ist Integralinvariante des Prozesses (Ξ, h). Daraus folgt:

Jeder Markov-Prozess (Ξ, h) besitzt Integralinvarianten q; die Gesamtheit dieser Invarianten bildet einen linearen Raum: sind die Funktionale q_i Integralinvarianten, so ist auch

$$q = \sum_{i=1}^{n} c_i q_i \qquad (c_i \in \mathbb{R}) \tag{4.226}$$

eine Integralinvariante und Lösung der Invariantengleichung (4.222).

Man kann die Liouvillesche Gleichung in der Form (4.219) mit guter Berechtigung auch als *Kontinuitätsgleichung der Markov-Prozesse* bezeichnen, da sie bei entsprechender Interpretation unter diesem Namen als Basisgleichung in vielen Einzelwissenschaften auftritt. Als Beispiele seien genannt:

a) Hydrodynamik:

$$q = \varrho : \quad \text{Massendichte}, \qquad h = v : \quad \text{Geschwindigkeitsvektor},$$

$$\varrho \cdot v : \quad \text{Strömungsvektor}.$$

b) Elektrodynamik:

$$q = \varrho_i : \quad \text{Ladungsdichte}, \qquad h = v : \quad \text{Geschwindigkeitsvektor},$$

$$\varrho_i \cdot v = i : \quad \text{Stromdichtevektor}.$$

c) Stochastische Markov-Prozesse:

$$q = f : \quad \text{Wahrscheinlichkeitsdichte},$$

$$h : \quad \text{Vektor des „Wahrscheinlichkeitsfeldes''},$$

$$f \cdot h : \quad \text{Dichte des „Wahrscheinlichkeitsstromes'' [44]}.$$

d) Statistische Mechanik:

$$q = f : \quad \text{Wahrscheinlichkeitsdichte},$$

$$h = \text{grad}^* H = \left(\frac{\partial H}{\partial p}, -\frac{\partial H}{\partial q} \right) : \quad \text{symplektischer Gradient},$$

$$f \cdot \text{grad}^* H : \quad \text{„Hamilton-Flussvektor''}.$$

Die Kontiunitätsgleichung kann hier auch in der Form

$$\frac{\partial f}{\partial t} + \text{div}(f \cdot \text{grad}^* H) = \frac{\partial f}{\partial t} + [H, f] = 0 \qquad \text{(vgl. Abschnitt 4.2.2)}$$

notiert werden, worin $[\cdot, \cdot]$ die Poisson-Klammern bezeichnen.

Bei integralinvarianten Prozessen (Beispiele a), b) und d)) unterliegen Phasenvolumen $V(A_t)$ und die in $V(A_t)$ „eingeschlossene''

$$\text{Masse} \int_{(A_t} \varrho \, dx, \qquad \text{Ladung} \int_{(A_t} \varrho_i \, dx,$$

bzw. Wahrscheinlichkeit $\displaystyle\int_{(A_t} f\,\mathrm{d}x = P_t(A_t)) = P\{x \in A_t\}$

keiner zeitlichen Veränderung. Sie sind im Fall $\operatorname{div} h = 0$ zugleich *lokale Invarianten*, d.h., sie erfüllen mit (4.221) die Differenzialgleichungen für quellenfreie Zustandsfunktionale q:

$$\frac{\partial q}{\partial t} + h \cdot \operatorname{grad} q = 0, \qquad \frac{\partial q}{\partial t} = 0.$$

Als bekanntestes Beispiel sei hier die Hamilton-Funktion $q = H = H(t,q,p)$ noch einmal genannt. Mit $h = \operatorname{grad}^* H$ gilt

$$\frac{\partial H}{\partial t} = \frac{\mathrm{d}H}{\mathrm{d}t} = 0.$$

Im Allgemeinen ist aber das Vektorfeld eines Markov-Prozesses quellenbehaftet. Für stochastische Markov-Prozesse ist z.B. nach Beispiel c) im Allgemeinen

$$\operatorname{div} h = \sum_i \frac{\partial h_i}{\partial x_i}, \qquad h_j = \frac{\partial}{\partial t'} F_j(t',t,x)\Big|_{t'=t}$$

von Null verschieden. Insbesondere sind die Generatoren h technischer Prozesse fast immer quellenbehaftet.

Für RLC-Netzwerke gelten beispielsweise die *Zustandsgleichungen*, ausgedrückt durch die Kondensatorladungen Q und Spulenflüsse Φ [45]:

$$\begin{aligned}
\dot{Q}_i &= \psi_i(Q_1,\dots,Q_r,\Phi_1,\dots,\Phi_s) \qquad (r+s=n) \\
\dot{\Phi}_j &= \varphi_j(Q_1,\dots,Q_r,\Phi_1,\dots,\Phi_s).
\end{aligned} \tag{4.227}$$

Daraus erhält man mit $h = (\psi_1,\psi_2,\dots,\psi_r,\varphi_1,\varphi_2,\dots,\varphi_s)$ für

$$\operatorname{div} h = \sum_{i=1}^{r} \frac{\partial \psi_i}{\partial Q_i} + \sum_{j=1}^{s} \frac{\partial \varphi_j}{\partial \Phi_j}$$

einen in der Regel von Null verschiedenen Ausdruck. Anders verhalten sich Reaktanznetzwerke.

Beispiel: Für die Schaltung Bild 4.4-2 lauten die Zustandsgleichungen

$$\begin{pmatrix} \dot{\Phi} \\ \dot{Q} \end{pmatrix} = \begin{pmatrix} 0 & -\frac{1}{C} \\ \frac{1}{L} & 0 \end{pmatrix} \begin{pmatrix} \Phi \\ Q \end{pmatrix} = A \begin{pmatrix} h_1 \\ h_2 \end{pmatrix}.$$

Hier ist $\operatorname{div} h = \operatorname{Sp}(A) = 0$.

In ähnlicher Weise lassen sich weitere Grundgesetze der Physik auf das universelle Liouville-Theorem (4.211) der Markov-Prozesse zurückführen. Die in diesen Gesetzen bzw. partiellen Differenzialgleichungen des Typs (4.219) auftretenden Funktionale q sind Integralinvarianten im Sinne des Liouville-Theorems. Es wird so einmal mehr deutlich, dass zahlreiche Grundgesetze der Physik (und anderer Einzelwissenschaften) Sonderfälle eines allgemeinen systemtheoretischen Grundgesetzes sind.

Die Dynamik hat ihre eignen, rein formallogisch begründbaren inneren Gesetze, die sie ohne Rückgriff auf einzelwissenschaftliche Ergebnisse formulieren kann.

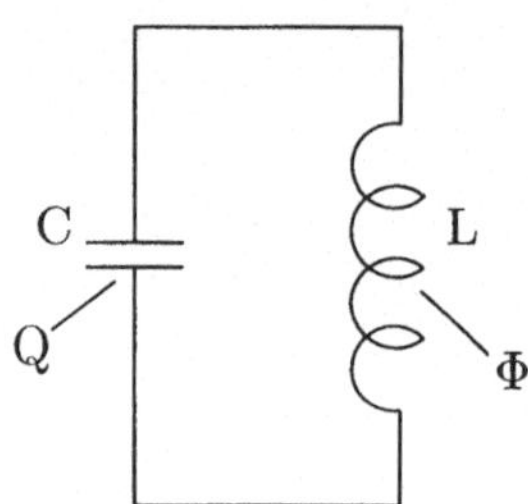

Bild 4.4-2: Reaktanznetzwerk

Wie an Beispielen gezeigt, gibt es eine Reihe von physikalischen Grundgesetzen, die als Sonderfälle der allgemeinen Kontinuitätsgleichung der funktionalen Markov-Prozesse aufgefasst werden können. Dabei sind die jeweiligen Generatoren h sehr oft Vektorfelder, die aus einem Skalarfeld abgeleitet werden können – im Gegensatz zu den Generatoren der technischen Prozesse.

4.4.3   Theorem von Hamilton-Jacobi

Eine besondere Klasse von Integralinvarianten ist den Markov-Prozessen mit wirbelfreiem Vektorfeld h zugeordnet. Für diese Felder gilt also (in Tensorsymbolik)

$$\mathrm{rot}(h(t,x)) = \frac{\partial h_j}{\partial x_i} - \frac{\partial h_i}{\partial x_j} = \triangle_i h_j - \triangle_j h_i = g(t,x) = 0 \tag{4.228}$$

mit $h = (h_i)$, $x = (x_i)$. Daraus folgt die Existenz eines Skalarfeldes $w(t,x)$ mit $h(t,x) = \mathrm{grad}\, w(t,x)$ und die Beziehung

$$\mathrm{rot}\, h = \frac{\partial^2 w}{\partial x_j \partial x_i} - \frac{\partial^2 w}{\partial x_i \partial x_j} = 0.$$

Die Kontinuitätsgleichung (4.220) lautet nun

$$\frac{\partial q}{\partial t} = -q \triangle w - \mathrm{grad}\, q \cdot \mathrm{grad}\, w. \tag{4.229}$$

Als Integralinvariante q kann jedes Skalarfeld gewählt werden, das die Gleichung (4.229) erfüllt; insbesondere auch $q = w$:

$$\frac{\partial w}{\partial t} = -w\Delta w - |\text{grad}\, w|^2 = -\frac{1}{2}\Delta w^2. \tag{4.230}$$

Für die Prozesstrajektorien ξ ergeben sich nun mit (4.221) die Beziehungen

$$\frac{dq}{dt} = -q\Delta w \Leftrightarrow q = e^{-\Phi}, \qquad \Phi = \int \Delta w\, dt + c \tag{4.231}$$

und $(q = w)$

$$\frac{dw}{dt} = -w\Delta w := H(w) \Leftrightarrow w(t, \xi(t)) = e^{t \cdot H}(w(0, \xi(0))) \tag{4.232}$$

mit dem Operator

$$e^{t \cdot H} := \sum_n \frac{(t \cdot H)^n}{n!}. \tag{4.233}$$

Die allgemeine Invariantengleichung (4.230) führt nun im Sonderfall $q(t, \xi(t)) = w(t, \xi(t))$ auf

$$\frac{\partial w}{\partial t} = \frac{dw}{dt} - |\text{grad}\, w|^2; \tag{4.234}$$

und sind außerdem h und damit auch w nicht explizit von der Zeit abhängig (Zeitinvarianz), gilt einfacher mit $w = w(\xi(t))$

$$\frac{dw}{dt} = |\text{grad}\, w|^2 = \sum_{i=1}^{n} \left(\frac{\partial w}{\partial x_i}\right)^2 \geq 0. \tag{4.235}$$

Wegen der Analogie zu entsprechenden Gleichungen der Mechanik ist man berechtigt, folgende Begriffe mit dem Vektorfeld $h = \text{grad}\, w$ einzuführen:

$$w = w(x) \quad : \quad \textit{Wirkungsdichte des Prozesses } (\Xi, w) \text{ zur Zeit } t \text{ in } x = \xi(t),$$

$$\frac{dw}{dt} = e(x) \quad : \quad \textit{Energiedichte des Prozesses } (\Xi, w) \text{ zur Zeit } t \text{ in } x = \xi(t).$$

Die Gleichung (4.235), die den Zusammenhang von Wirkung und Energie beschreibt, kann als *Hamilton-Jacobisches Theorem* der Markov-Prozesse (Ξ, h) bezeichnet werden, da das entsprechende Theorem der Punktmechanik durch den Ausdruck

$$2L = \sum_{i=1}^{n} \left(\frac{\partial w}{\partial x_i}\right)^2, \qquad \frac{\partial w}{\partial x_i} = \dot{q}_i \tag{4.236}$$

(L: kinetische Energie, q_i: Ortskoordinate) gegeben ist.

Wir bezeichnen das Integral

$$W(A) = \int_{A_t} w(x)\,\mathrm{d}x \qquad (x = \xi(t)) \tag{4.237}$$

als *Wirkungsvolumen* und haben damit die allgemeine Aussage:

Die Wirkungsdichte w ist eine Integralvariante des determinierten, zeitinvarianten und wirbelfreien Markov-Prozesses (Ξ, w), wenn $\triangle w = \operatorname{div} h = 0$ gilt. Gleiches erhält man für das Energievolumen

$$E_t(A_t) = \int_{A_t} e(x)\,\mathrm{d}x. \tag{4.238}$$

Bemerkt sei in diesem Zusammenhang noch, dass auch die (Gesamt-) Energie eines Systems der klassischen Punktmechanik nur konstant bleibt, wenn die Divergenz des zugehörigen Vektorfeldes $h = \operatorname{grad}^* H$ konstant $(c = 0)$ ist.

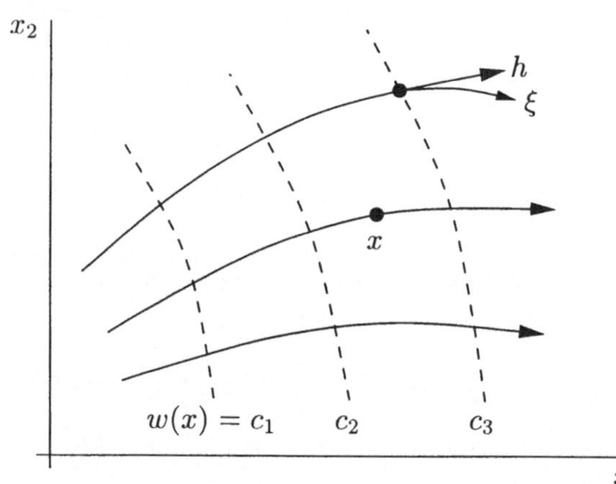

Bild 4.4-3: Theorem von Hamilton-Jacobi:
$e = \frac{\mathrm{d}w}{\mathrm{d}t} = |\operatorname{grad} w|^2,$
$w(\xi(t))$ Wirkung, $h = \operatorname{grad} w,$
$W(A) = \int_A w(x)\,\mathrm{d}x.$

In Bild 4.4-3 sind die oben diskutierten Zusammenhänge noch übersichtlich veranschaulicht. Die „Bewegung" der Phasenpunkte $x = \xi(t)$ längs der Trajektorie ξ erfolgt orthogonal zu den „Niveauflächen" $w(x) = c$ konstanter Wirkunksdichte w. Das ergibt sich aus $h = \dot{\xi} = \operatorname{grad} w$. Diese „Bewegung" erfolgt so, dass das Wirkungsvolumen W (die „Wirkungsmasse") erhalten bleibt $(W(A_t) = W(A_{t+\tau})$ für alle $t \geq 0)$, falls w ein harmonisches Potenzial bildet.

4.4.4 Schrödinger-Gleichung

Die aus dem verallgemeinerten Liouvilleschen Theorem (4.211) folgende Kontinuitätsgleichung der Markov-Prozesse (4.219) lässt sich mit einer geeigneten Funktionaltransformation in eine nur von einer Funktion abhängigen Gleichung überführen. Diese Funktion ψ muss dann allerdings komplexwertig gewählt werden:

$$\psi(t,x) = A\mathrm{e}^{\mathrm{j}S} \in \mathbb{C}, \qquad |\psi| = A, \qquad S = \arg(\psi). \tag{4.239}$$

Für ein Lösungspaar (q,h) von (4.219) werden wir setzen

$$(q,h) \mapsto \psi : \begin{cases} |\psi|^2 = q = \psi \cdot \psi^* \\[2mm] k \cdot \operatorname{grad} S = h \qquad \left(k \in \mathbb{R}, \ \operatorname{grad} = \frac{\partial}{\partial x_i}\right). \end{cases} \tag{4.240}$$

Mit $q = |\psi|^2$ erhält die Kontinuitätsgleichung

$$\frac{\partial q}{\partial t} = -\operatorname{div}(q \cdot h) \qquad \left(\operatorname{div} f = \frac{\partial f_i}{\partial x_i}\right) \tag{4.241}$$

zunächst folgende Form: Wegen

$$\begin{aligned} \operatorname{div}(q \cdot h) &= \operatorname{div}(\psi\psi^* h) \\ &= \frac{1}{2}\left(\psi \operatorname{div}(\psi^* h) + \psi^* h \cdot \operatorname{grad}\psi + \psi^*\operatorname{div}(\psi h) + \psi h \cdot \operatorname{grad}\psi^*\right) \\ &= \frac{1}{2}\left(\psi \operatorname{div}(\psi^* h) + \psi^*\operatorname{div}(\psi h) + h \cdot \operatorname{grad}(\psi \cdot \psi^*)\right) \\ &= \psi \operatorname{div}(\psi^* h) + \psi^*\operatorname{div}(\psi h) - \psi\psi^*\operatorname{div} h \\ &= 2\operatorname{Re}\{\psi \operatorname{div}(\psi^* h)\} - \psi\psi^*\operatorname{div} h \end{aligned}$$

ergibt die Gleichung (4.241) insgesamt

$$\operatorname{Re}\left\{\psi^* \frac{\partial \psi}{\partial t}\right\} = -\operatorname{Re}\{\psi^*\operatorname{div}(\psi h)\} + \frac{1}{2}\psi\psi^*\operatorname{div} h$$

oder

$$\psi^* \frac{\partial \psi}{\partial t} = -\psi^*\operatorname{div}(\psi h) + \frac{1}{2}\psi\psi^*\operatorname{div} h + \mathrm{j}\,u.$$

Nach Division mit ψ^* und Multiplikation mit j erhält man schließlich

$$\begin{aligned} \mathrm{j}\frac{\partial \psi}{\partial t} &= -\operatorname{div}(\psi\mathrm{j}\,h) + \psi\left(\frac{1}{2}\operatorname{div}\mathrm{j}\,h - \frac{u}{|\psi|^2}\right) \tag{4.242} \\[2mm] &= -\mathrm{j}\,h\operatorname{grad}\psi - \psi\left(\frac{1}{2}\operatorname{div}\mathrm{j}\,h - \frac{u}{|\psi|^2}\right). \tag{4.243} \end{aligned}$$

Hierin ist noch mit (4.240) zu setzen

$$h = k \cdot \operatorname{grad} S, \qquad S = \operatorname{Im}\{\ln \psi\}.$$

$u = u(h, \psi)$ bezeichnet eine (von (h, ψ) abhängige) reelle Funktion von t und x.
Zur Vereinfachung der Symbolik führen wir für die rechte Seite von (4.242) den
Operator L ein:

$$\mathrm{j}\frac{\partial \psi}{\partial t} \;=\; L\psi \tag{4.244}$$

$$L\psi \;=\; -\mathrm{j}\,k \cdot \operatorname{grad} S \cdot \operatorname{grad}\psi - \psi\left(\frac{k}{2}\mathrm{j}\,\triangle S - \frac{v}{|\psi|^2}\right) \tag{4.245}$$

mit

$$S = \operatorname{Im}\{\ln \psi\}, \qquad v = v(\psi).$$

Die komplexwertige Funktion

$$\psi:\; U \subset T_0 \times X^n \to \mathbb{C}, \quad \psi(t,x) = z \tag{4.246}$$

ist Element des linearen Funktionenraumes

$$\underline{\psi}_U = \{\psi \in T_0' \times X^n \,|\, (t,x) \in U\}$$

und L ein linearer Operator auf $\underline{\psi}_U$ mit der Eigenschaft

$$L = \overline{L^T} \qquad \text{(transponierter Operator)}, \tag{4.247}$$

d.h. L ist hermitesch. Man kann daher die komplexe Funktion ψ in (4.246) und
(4.244) als *Markovsche Wellenfunktion* und die Grundgleichung (4.244) als *Markovsche Wellengleichung* bezeichnen, da sie formal den in der Quantenmechanik
geprägten gleichlautenden Grundbegriffen entsprechen.

Wegen der Linearität von L ist die Drehung $\mathrm{e}^{\mathrm{j}\alpha(t)}$ in (4.239) auch von der Zeit
unabhängig. Denn wegen

$$L\left(\psi\,\mathrm{e}^{\mathrm{j}\alpha}\right) = \mathrm{e}^{\mathrm{j}\alpha}L(\psi) = \mathrm{e}^{\mathrm{j}\alpha}\mathrm{j}\frac{\partial \psi}{\partial t}$$

einerseits und

$$L\left(\psi\,\mathrm{e}^{\mathrm{j}\alpha}\right) = \mathrm{j}\frac{\partial}{\partial t}\left(\psi\,\mathrm{e}^{\mathrm{j}\alpha}\right) = \mathrm{j}\left(\frac{\partial \psi}{\partial t}\,\mathrm{e}^{\mathrm{j}\alpha} + \mathrm{j}\,\psi\,\mathrm{e}^{\mathrm{j}\alpha}\frac{\partial \alpha}{\partial t}\right)$$

muss $\frac{\partial \alpha}{\partial t} = 0$ gelten.

Die Analogie wird noch deutlicher, wenn man in (4.244) die Beziehung (4.245) einführt. Eine (etwas aufwändige) Rechnung führt auf eine Vereinfachung von L:

$$L(\psi) = -\mathrm{j}\, k \cdot \mathrm{Im}\{\mathrm{grad}\,\ln\psi\} \cdot \mathrm{grad}\,\ln\psi - \psi\left(\frac{k}{2}\,\mathrm{j}\,\mathrm{Im}\{\triangle\ln\psi\} + \frac{v}{|\psi|^2}\right)$$

oder

$$\begin{aligned}
\frac{L(\psi)}{\mathrm{j}\psi} &= -k \cdot \mathrm{Im}\{\mathrm{grad}\,\ln\psi\} \cdot \mathrm{grad}\,\ln\psi - \frac{k}{2}\,\mathrm{Im}\{\triangle\ln\psi\} - \mathrm{j}\frac{v}{|\psi|^2} \\
&= -\frac{k}{2}\,\mathrm{Im}\{(\mathrm{grad}\,\ln\psi)^2\} - \frac{k}{2}\,\mathrm{Im}\left\{\frac{\triangle\psi}{\psi} - (\mathrm{grad}\,\ln\psi)^2\right\} - \mathrm{j}\frac{v}{|\psi|^2} \\
&= -\frac{k}{2}\,\mathrm{Im}\left\{\frac{\triangle\psi}{\psi}\right\} - \mathrm{j}\frac{v}{|\psi|^2}.
\end{aligned}$$

Mit (4.244) gilt also

$$\frac{1}{\psi}\frac{\partial\psi}{\partial t} + \frac{k}{2}\,\mathrm{Im}\left\{\frac{\triangle\psi}{\psi}\right\} + \mathrm{j}\frac{v}{|\psi|^2} = 0$$

und damit auch

$$\mathrm{Re}\left\{\frac{1}{\psi}\frac{\partial\psi}{\partial t} - \frac{k}{2}\,\mathrm{j}\frac{\triangle\psi}{\psi}\right\} = 0,$$

woraus schließlich folgt

$$\frac{1}{\psi}\frac{\partial\psi}{\partial t} - \frac{k}{2}\,\mathrm{j}\frac{\triangle\psi}{\psi} + \mathrm{j}V = 0$$

oder

$$\mathrm{j}\frac{\partial\psi}{\partial t} = -\frac{k}{2}\triangle\psi + V\cdot\psi = \left(-\frac{k}{2}\triangle + V\right)\psi \qquad (V = \mathrm{Im}\{V(\psi)\}). \qquad (4.248)$$

Hierin ist $V = V(t,x)$ eine (in gewissen Grenzen) frei wählbare reelle Funktion der Variablen t und $x_1,\dots,x_n$; k eine freie reelle Konstante.

In der Quantenmechanik ist speziell (Teilchen im stationären Potenzial $U(x)$)

$$k = \frac{\hbar}{m}, \qquad V = \frac{U(x)}{\hbar}, \qquad \int |\psi|^2\,\mathrm{d}x = 1.$$

Allgemein erhält man die verschiedenen Klassen von Markov-Prozessen mit *Schrödinger-Funktional* ψ durch unterschiedliche Wahl der Parameter k und V. Besonders wichtige Klassen findet man für „Potenziale" V, die von der Zeit unabhängig sind (wie z.B. in der Quantenmechanik).

Wegen der formalen Identität mit der Schrödinger-Gleichung der Quantenmecha-
nik werden wir auch (4.248) als *Schrödinger-Gleichung der wirbelfreien Markov-
Prozesse* bezeichnen. Durch Vergleich mit (4.244) ergibt sich aus (4.248) für den
Schrödinger-Operator L nun einfacher

$$L = -\frac{k}{2}\Delta + V. \tag{4.249}$$

Damit ist gezeigt, dass auch die Schrödinger-Gleichung formal aus der Kontinuitätsgleichung der Markov-Prozesse, der Grundgleichung der Integralinvarianten
der messbaren und determinierten Markov-Prozesse, abgeleitet werden kann. Dabei ist nur nötig, dass das diese Prozesse charakterisierende Funktionenpaar (q, h)
durch eine komplexe Funktion ψ mittels einer geeigneten Transformation ersetzt
wird.

Die obigen Ausführungen zeigen weiter, dass das Schrödinger-Verhalten eines Prozesses keineswegs an den Wahrscheinlichkeitsbegriff gebunden ist und auch keine
Besonderheit des Verhaltens kleinster Teilchen darstellt.

*Die Schrödinger-Gleichung beschreibt generell das Verhalten eines Prozessfunktio-
nals ψ von wirbelfreien Markov-Prozessen, wobei die Bedingung $\|\psi_t\| = 1$ nicht
erforderlich ist.*

Schlussbemerkungen

Die hier dargelegte Theorie des zeitlichen Verhaltens realer Erscheinungen hat ihre Wurzeln in einer Vielzahl von einzelwissenschaftlichen Untersuchungen im Bereich der Naturwissenschaften, der Technik und der Mathematik. Die in physikalisch-mathematischen Untersuchungen betrachteten *dynamischen Systeme* gehören fast ausschließlich zur Klasse der *Diffenzialsysteme* mit der Gruppe der reellen Zahlen als *Zeitbereich* und damit zugleich zu den *reversiblen Prozessen*. Im fundamentalen Gegensatz hierzu wurden in den technischen Basiswissenschaften (Automaten, Regelungstheorie) von Anfang an Prozesse als *irreversibel* angesehen, wobei die Beschränkung auf differenzierbare Strukturen aufgegeben wird. Diese Auffassung erscheint hier als völlig natürlich und bietet keinerlei begriffliche Schwierigkeiten. Der mathematischen Beschreibung dieser in der „technischen Dynamik" (*Systemtheorie*) betrachteten (nicht notwendig reversiblen) Verhaltensweisen liegt nun generell der Begriff der (*Transformations-*) *Halbgruppe* bzw. des *Markov-Prozesses* zugrunde. Da sich beliebige Prozesse auf (irreversible und nichtdeterminierte) Markov-Prozesse zurückführen lassen, reduziert sich die Prozesstheorie (Systemtheorie) im Wesentlichen auf eine allgemeine Theorie der Markov-Prozesse. Die große Allgemeinheit dieser auf einen universellen Zustandsbegriff gestützten „Markov-Theorie" führt dazu, dass alle *Evolutionsphänomene* (alle Formen zeitlicher Veränderung) durch Markov-Prozesse einheitlich beschrieben (modelliert) werden können. Einzelwissenschaftliche Theoreme, Verhaltensgleichungen und Begriffe aus Technik und Natur (Automatentheorie, klassische Mechanik, statistische Mechanik, Feldtheorie) finden so ihren Ausdruck in einer einheitlichen mathematischen Sprache, die zugleich deutlich macht, dass das große Feld anscheinend isolierter und beziehungsloser Erscheinungen durch enge Verwandtschaftsbande gekoppelt ist. Das elementare Schema: Halbgruppe – infinitesimaler Generator (Vektorfeld) – Verhaltensgleichung beinhaltet den allgemeinen Zusammenhang zwischen *Struktur* und *Verhalten*, in dem sich die beiden wesentlichen Aspekte der Dynamik manifestieren. Prägend für die vorgelegten Untersuchungen war die die traditionelle naturwissenschaftliche Methode (*Analyse*) umkehrende Idee der *Synthese*, bei der – von einem gewünschten Verhalten ausgehend – eine das Verhalten realisierende Struktur ermittelt werden muss. Diese viele technische Wissenschaften kennzeichnende Betrachtungsweise ist auf mathematischem Gebiet in entsprechender Weise nur noch in der Theorie der stochastischen (Markov-) Prozesse verwirklicht (die der hier entwickelten Theorie auch ihren Namen gab).

Auf die Einbindung vieler noch wichtiger Forschungsergebnisse musste verzichtet werden. Nicht mehr aufgenommen wurde die Theorie bedingter messbarer Prozesse und deren Zusammenhänge mit nichtdetermenierten Vorgängen. Zum Entropieproblem wurden wesentliche Möglichkeiten der Erweiterung (Prinzip der minimalen Entropieerzeugung) weggelassen, und das in der Physik so wesentliche Problem der lokalen Invarianten (Energie) blieb ganz außer Betracht. Trotzdem hofft der Autor, dass er zum gegenwärtigen Stand der Theorie dynamischer Systeme (Prozesstheorie) einen nicht unwesentlichen Beitrag leisten konnte und darzulegen vermochte, dass die gebietsübergreifende Kraft der Dynamik zu neuen Einsichten verhelfen kann, die aus der naturgemäßen Enge einer Einzelwissenschaft nicht gewonnen werden können. Dass sich dabei auch Vorstellungen zu einer Reform und Neuordnung überlieferter Vorstellungen und Interpretationen ergeben müssen, versteht sich von selbst. Ich möchte schließen mit einem Wort von Max Planck, der in einem Vortrag an der Universität Leiden bereits 1908 prophezeite:

„... dass der Gegensatz zwischen reversiblen und irreversiblen Prozessen ... mit besserem Recht als irgendein anderer zum vornehmsten Einteilungsgrund aller physikalischen Vorgänge gemacht werden und in dem physikalischen Weltbild der Zukunft endgültig die Hauptrolle spielen dürfte".

Literaturverzeichnis

[1] P. Schreiber. *Grundlagen der Mathematik*. Deutscher Verlag der Wissenschaften, Berlin, 1977.

[2] G. Wunsch. *Geschichte der Systemtheorie*. Akademie-Verlag, Berlin, 1985.

[3] E. Scheibe. Struktur und Theorie in der Physik. In J. Audretsch and K. Mainzer, editors, *Grundlagen der exakten Naturwissenschaften, Philosophie und Physik der Raum-Zeit*, Bd. 7. Wissenschaftsverlag, Mannheim, 1988.

[4] J.C. Willems. *Modells for Dynamics*, volume 2 of *Dynamics Reported*. B.G.Teubner, Stuttgart, 1989.

[5] G. Wunsch. Dynamische Prozesse. *Forschungsbericht Nr. 31/85*, Technische Universität Dresden, Sektion 9, Bereich 1, 1985.

[6] G. Wunsch. Universelle Markov-Prozesse. *Wissenschaftliche Zeitschrift der Technischen Universität Dresden*, 40(1):105–107, 1991.

[7] G. Wunsch. Verallgemeinerung des Fundamentalsatzes von Kolmogoroff. *Wissenschaftliche Zeitschrift der Technischen Universität Dresden*, 38(1):233–235, 1989.

[8] G. Wunsch. *Allgemeine Prozeßtheorie*. APK 1/1990. Akademie der Wissenschaften der DDR, Berlin, 1990.

[9] J. Dieudonne. *Grundzüge der modernen Analysis*. VEB Deutscher Verlag der Wissenschafte, Berlin, 1971.

[10] L.A. Ljusternik und W.I. Sobolew. *Elemente der Funktionalanalysis*. Akademie-Verlag, Berlin, 1955.

[11] L. Arnold. *Stochastische Differentialgleichungen*. R. Oldenbourg Verlag, München, 1973.

[12] St. Smale. *The Mathematics of Time*. Springer-Verlag, Berlin, 1980.

[13] J. Palis and W. de Melo. *Geometric Theory of Dynamical Systems*. Springer-Verlag, Berlin, 1982.

[14] F. Pichler. *Mathematische Systemtheorie.* Walter de Gruyter, Berlin, 1975.

[15] I. Prigogine und I. Stengers. *Das Paradox der Zeit.* Piper, München, 1993.

[16] M. Schubert. *Kategorien I.* Springer-Verlag, Berlin, 1970.

[17] G.W. Mackey. *Mathematical Foundations of Quantum Mechanics.* W.A.Benjamin, Inc, Amsterdam, 1963.

[18] M. Schottenloher. *Geometrie und Symmetrie in der Physik.* G. Vieweg, Braunschweig, 1995.

[19] P.M. Foster. A reactance theorem. *Bell Syst. Techn. Journ.*, 3, 1924.

[20] W. Cauer. *Theorie der linearen Wechselstromschaltungen.* Akademie-Verlag, Berlin, 1954.

[21] K. Küpfmüller. *Die Systemtheorie der elektrischen Nachrichtenübertragung.* S. Hirzel-Verlag, Stuttgart, 1949.

[22] W.M. Gluschkow. *Theorie der abstrakten Automaten.* Deutscher Verlag der Wissenschaften, Berlin, 1963.

[23] R.E. Kalman, P.L. Falb, and M.A. Arbib. *Topics in Mathematical System Theory.* McGraw-Hill Book Company, New York, 1969.

[24] G.D. Birkhoff. *Dynamical Systems*, volume 9. Amer. Soc. Colloq. Publ., 1927.

[25] V.I. Arnol'd. *Mathematische Methoden der klassischen Mechanik.* Deutscher Verlag der Wissenschaften, Berlin, 1988.

[26] I. Prigogine. *Structure, Dissipation and Life.* North Holland Publishing Company, Amsterdam, 1969.

[27] G.A. Saizew. *Algebraische Probleme der mathematischen und theoretischen Physik.* Akademie-Verlag, Berlin, 1979.

[28] W.E. Ashby. *Einführung in die Kybernetik.* Verlag Suhrkamp, Frankfurt a.M., 1974.

[29] L. Bertalanffy und W. Beier und R. Laue. *Biophysik des Fließgleichgewichts.* Akademie-Verlag, Berlin, 1977.

[30] M.D. Mesarovic and Y. Takahara. *Abstract Systems Theory.* Springer-Verlag, Berlin, 1989.

[31] R. Merker. Mathematische Modelle systolischer Felder. *Wissenschaftliche Zeitschrift der Technischen Universität Dresden*, 42(2), 1993.

[32] L.A. Zadeh and C.A. Desoer. *Linear System Theory.* McGraw-Hill Book Company, New York, 1963.

[33] G.D. Birkhoff and T.G. Bartee. *Modern Applied Algebra.* McGraw-Hill Book Company, New York, 1970.

[34] I. Prigogine. *Vom Sein zum Werden.* Piper, München, 1979.

[35] H. Haken. *Synergetics.* Springer-Verlag, Berlin, 1978.

[36] A. Kunick und W.H. Steeb. *Chaos in dynamischen Systemen.* Wissenschafts-verlag, Mannheim, 1986.

[37] H. Boche und M. Protzmann. *Nichtäquidistante Abtastung bandbegrenzter Signale und deren Rekonstruktion.* VDI-Verlag, Düsseldorf, 1996.

[38] H.G. Bothe u.a. *Dynamical Systems and Environmental Models.* Akademie-Verlag, Berlin, 1987.

[39] J.I. Churkin und C.P. Jakowlew und G. Wunsch. *Theorie und Anwendung der Signalabtastung.* Verlag Technik, Berlin, 1966.

[40] H.G. Schuster. *Deterministic Chaos.* VCH Verlagsges., Weinheim, 1988.

[41] M. Eigen und R. Winkler. *Das Signal.* Verlag R. Piper, München, 1975.

[42] G. Flügge (Hrsg.). *Handbuch der Physik.* Springer-Verlag, Berlin, 1955.

[43] J.C. Willems. *Dissipative Dynamical Systems.* Arch. Rational Mech. Anal., Vol. 45, 1972.

[44] T.T. Soong. *Random Differential Equations in Science and Engineering.* Academic Press, London, 1973.

[45] A.C. Desoer and E.S. Kuh. *Basic Circuit Theory.* McGraw-Hill Book Company, New York, 1966.

[46] G. Wunsch. *Zellulare Systeme.* Akademie-Verlag, Berlin, 1977.

[47] G. Wunsch and W. Mathis. *Toward a Theory of Cellular Systems.* University Press, Technical University of Dresden and Braunschweig, 1987.

[48] G. Wunsch. *Cellular Automata.* unpublished, Technical University of Dresden, 1994.

[49] G. Wunsch und H. Schreiber. *Digitale Systeme.* Springer-Verlag, Berlin, 1993.

[50] G. Wunsch und H. Schreiber. *Analoge Systeme.* Springer-Verlag, Berlin, 1993.

[51] G. Wunsch und H. Schreiber. *Stochastische Systeme.* Springer-Verlag, Berlin, 1992.

Index

Glossar

Automat   Ein Automat beschreibt einen elementaren Evolutionsprozess mit diskreter Zeit und endlichem Zustandsraum (Einfachstes Modell der Evolution und Irreversibilität). 156

Dissipation   Ein Übergangsoperator f_t heißt *dissipativ*, wenn sich das *Phasenvolumen* seiner Trajektorien verkleinert bzw. die „Ensemblemassen" $Q_t(A)$ seiner Zustände A „Entwicklungsverluste" erleiden, d.h. es gilt $Q_{t_2}(A_{t_2}) \leq Q_{t_1}(A_{t_1})$. 169

Dynamikbedingungen   Bedingungen, unter denen eine gegebene Struktur $P_{\underline{T}}$ einen Prozess ($\underline{T}$-vollständig) beschreibt; sie entsprechen den Kolmogoroff-Bedingungen für stochastische Prozesse. Die (in den Naturwissenschaften unbekannte) Umkehrung der üblichen Betrachtungsweise Prozess $\rightarrow$ Struktur bereichert die Dynamik in vielen wesentlichen Punkten. 4

Ensembletheorie   Übergang von Einzeltrajektorien zu „Trajektorienbündeln" A, denen ein *Maß* Q (Funktional „Inhalt", „Masse") zugeordnet wird. Das Prozessverhalten ist gekennzeichnet durch ein unbestimmtes (zufälliges) Anfangsverhalten $Q(A)$ und ein determiniertes Entwicklungsverhalten f_t (Zusammenwirkung von Zufall und Gesetz). 159

Evolutionsgleichung   Fundamentalgleichung (Differenzialgleichung im Banach-Raum) aller glatten, determinierten und zeitinvarianten Markov-Prozesse: $\xi'(t) = h(\xi(0))$ mit f_t $(t \geq 0)$ als Lösungsoperator, $\xi(t) = f_t(\xi(0))$. In einfachen Fällen ist $f_t = \exp(th)$. Die wichtigsten Grundgleichungen der Physik und der technischen Systeme unterscheiden sich nur durch die speziellen Formen des Generators h; z.B. klassische Mechanik: $h = \mathrm{grad}^* H$, Wärmeleitung: $h = a\Delta$ $(\xi = \vartheta(r, t))$. *Ohne nähere Begründung wird in der Regel angenommen, dass der Operator f_t generell invertierbar sei und damit f_t auf ein Element der Gruppe $(f_t)_{t \in \mathbb{R}}$ eingeschränkt werden könne. Die zugehörigen Prozesstrajektorien ξ werden demzufolge als reversibel angesehen, d.h., das jeweilige Prozessgesetz wird stillschweigend auf die Vergangenheit ausgedehnt.* 141

Evolutionsgleichung für Operatoren   Partielle (lineare) Differenzialgleichung mit Generatoren, die durch lineare Differenzialoperatoren zweiter Ordnung gegeben sind (*Diffusion, Wärmeleitung, Feldausbreitung, Quantenmechanik, Markov-Felder*). 144

Feldgleichung   (Markov-Feld): Evolutionsgleichung im unendlichdimensionalen Zustandsraum Φ mit den Feldzuständen $\Phi : R \to Z$ und linearem Übergangsoperator $f(\tau)$. Einschränkung: *homogener und isotroper Raum R, Wirkungsgeschwindigkeit* konstant, $Z = \mathbb{R}$, $R = \mathbb{R}^3$. 154

Frobenius-Perron-Theorem   Allgemeines Gesetz über das Transformationsverhalten von messbaren Prozessen (Prozesse, deren Ensemble Maße $Q(A)$ zugeordnet sind). Der zugehörige *Frobenius-Perron-Operator* beschreibt das entsprechende Verhalten der *Dichten q* von Q. 165

Funktionale Prozesse   Prozesse mit eindeutiger (t,x)-Zukunft bzw. Vergangenheit. $\xi \in \Xi$ ist *determiniert (reversibel)* $\Leftrightarrow \xi$ ist zukunftseindeutig (vergangensheitseindeutig) bezüglich $(t,x) \in \xi$. Im einfachsten Fall besitzt ξ beide, im komplizierteren Fall keine dieser Eigenschaften. *Determinierte Prozesse (zukunftsidealisiertes Verhalten) können grundsätzlich als irreversibel betrachtet werden. Eine Vergangenheitsidealisierung durch ein reversibles Verhaltensmodell wird nicht benötig, um die Zukunft zu beschreiben (Zustandsdarstellung).* 91

Generator   Ist $U \subset B$ (*Banach-Raum*), so kann jedem glatten Operator f_t ein (*infinitesignaler*) *Generator* $h = f_0'$ zugeordnet werden, aus dem umgekehrt f_t wieder bestimmt werden kann (*Evolutionsgleichung*). 142

Halbgruppe   (Monoid): Algebraische Struktur $(X, +, 0)$ mit einer *binären Operation* + und einem *neutralen Element* 0. Ist speziell die Operation + umkehrbar, so liegt eine *Gruppe* vor. Wichtige Halbgruppen bilden die positiven reellen Zahlen $\mathbb{R}_+$ bzw. ganzen Zahlen $\mathbb{Z}_+$. *Die Halbgruppen (Zeithalbgruppe, Transformationshalbgruppe) können als die elementarsten Grundstrukturen der Dynamik (Evolution) angesehen werden. Der wesentlichste Aspekt jeder Erfahrung, dass die Gesetze des Wandels und Werdens prinzipiell nicht umkehrbar sind, findet in der (unsymmetrischen) Struktur der Halbgruppe ihren mathematischen Ausdruck.* 3

Integralinvariante   Bei zeitinvarianten Prozessen (Prozesse der Physik) ergeben sich aus dem Satz von Liouville fundamentale Gesetze für die Dichte q messbarer Markov-Prozesse, denen eine ganze Reihe fundamentaler physikalischer Gesetze (Hydrodynamik, Mechanik, Elektrodynamik) entsprechen. 180

Klassische Mechanik   Die klassische Mechanik beschreibt Prozesse mit endlichdimensionalem Zustandsraum $\mathbb{R}^{2n}$ und *symplektischem* Generator $h = \text{grad}^* H$, H *Hamilton-Funktion* (Systemenergie). 146

Konkatenationsprodukt   (K-Produkt, Konkatenation): Mittels der Operation $\overset{t}{\circ}$ wird aus zwei Signalen ξ_1, ξ_2 ein neues Signal $\xi_1 \overset{t}{\circ} \xi_2$ gebildet. 5

Kontinuitätsgleichung   Grundgleichung der Theorie aller glatten und determinierten Markov-Prozesse, enthält insbesondere auch die für die statistische

Mechanik grundlegende *Liouville-Gleichung* und das Theorem von *Hamilton-Jacobi* für wirbelfreie Generatoren h. 182

Ljapunov-Exponent   Maß für das Langzeitverhalten unitärer Prozesse.   174

Markov-Darstellung   Für T_0-vollständige Markov-Prozesse gilt die Darstellung (Zeitinvarianz): $\xi(t) \in f_t(\xi(0))$ (*nichtdeterminiert*) bzw. $\xi(t) = f_t(\xi(0))$ (*determiniert*), (*Darstellungssatz*). 111

Markov-Prozess   Element der Verhaltensklasse $\mathcal{X}_\kappa$, $\kappa = \kappa_L$ mit dem *Gedächtnis* $L = 0$. Eigenschaft: alle *Signalbüschel* (Zustände) $\kappa_0(t)$ sind abgeschlossen bezüglich der K-Operation. Markov-Prozesse bilden die fundamentalen Elementarprozesse der Dynamik und damit auch der Grundtheorien in Naturwissenschaft und Technik. 5

Markov-Struktur   Ein Markov-Prozess ist bereits durch seine zweistelligen *Phasenrelationen* $\varrho(t_1, t_2)$, $(t_1 \leq t_2)$ oder durch seine *Übergangsoperatoren* (*Wirkungen*) $F(t_2, t_1, \cdot)$ darstellbar. Bei Zeitinvarianz: $F(t_2, t_1, \cdot) = F(t_2 - t_1, 0, \cdot) = f_t$. *Die Struktur eines zeitinvarianten und determinierten Markov-Prozesses ist eine Operatorfamilie* $(f_t)_{t \in T_0}$. *Die (Übergangs-) Operatoren* $f_t : U \to U$ $(U \subset X)$ *bilden eine (Parameter-) Halbgruppe* $(f_{t_1} \circ f_{t_2} = f_{t_1+t_2})$ *mit neutralem Element* f_0. *Sie ist homomorph zur Zeithalbgruppe* $(T_0, +, 0)$, *insbesondere zu* $\mathbb{R}_+$. 100

Phasenraum   Der Phasenraum ist eine beliebige Menge X. Die Elemente x von X repräsentieren Messwerte, Merkmale, Kenngrößen einer beliebigen Erscheinung der realen Umwelt. Wichtige Räume sind: $X = \mathbb{R}^n$, $\underline{Q}$ (Menge von *Maßen*), Φ (Menge von *Feldern*). Produkträume $X_1 \times X_2$ werden benötigt für *kooperative* bzw. *gesteuerte Prozesse*, Quotientenräume $X/\sim$ für „Strukturvergröberung". 1

Phasenvolumen   Das Phasenvolumen ist das vom Ensemblezustand A_t zur Zeit t eingenommene Volumen $V(A_t)$. In der klassischen Mechanik ist $V(A_t)$ zeitunabhängig (Satz von Liouville) *Ist* f_τ *unitär* $(f_\tau^{-1}$ *existiert*)*, so ist der Prozess immer zugleich reversibel und entweder expansiv, konservativ oder dissipativ. Ein nichtunitärer Prozess (das ist der Normalfall) ist irreversibel und dissipativ. Daraus folgt u.a., dass das determinierte Chaos als (reversibler und expansiver Prozess) eine theoretische Konstruktion angesehen werden muss, dem kein reales Phänomen (das immer irreversibel ist) entspricht.* ... 169

Prozess Ξ   Menge von Signalen, deren Definitionsbereiche einen gemeinsamen Durchschnitt $D(\Xi)$ haben. 1

Prozessstruktur   Signale können (unter schwachen Bedingungen) durch ihre *Abtastwerte* $\xi(t_1), \xi(t_2), \ldots, \xi(t_n)$ dargestellt werden (Abtasttheorem, stochastische Signale). Entsprechend kann jedem Prozess eine *Phasenstruktur* (Abtaststruktur) $P_{\underline{T}}$ mit den *Phasenrelationen* $\varrho(\underline{t}) = (\xi(t_1), \xi(t_2), \ldots, \xi(t_n))$,

$\xi \in \Xi$ zugeordnett werden. Ein Prozess heißt $\underline{T}$-*vollständig*, wenn er durch $P_{\underline{T}}$ darstellbar ist (*Darstellungssatz*). 3

Raum R Menge, für deren *Raumpunkte* r_1, r_2 ein Abstand $d(r_1, r_2)$ (*Metrik*) erklärt ist. Wichtige Räume sind die *Vektorräume* mit *Skalarprodukt* (r_1, r_2) und *Norm* $(r, r)^{1/2} = \|r\|$, für die $d(r_1, r_2)$ durch $\|r_1 - r_2\|$ definiert werden kann. Ist zusätzlich ein Grenzwert (Ableitung) erklärt, so liegt ein *Hilbert-Raum* vor. Vektorräume mit Norm (ohne Skalarprodukt) werden als *Banach-Räume* bezeichnet, sofern auch hier eine Grenzwertbildung definiert ist. Für die Metrik gilt $\|r_1 - r_2\| = d(r_1, r_2)$. 150

Relation   Gesamtheit der in einer gewissen Beziehung zueinander stehenden Elementetupel einer Produktmenge X; allgemeinster Begriff zur Beschreibung eins *Systemgesetzes* $(\underline{X}, \underline{R})$, $\underline{R} \subset \underline{X}$. Ist speziell in einer *zweistelligen Relation* $\underline{R} \subset X_2 \times X_2$ jedes $x_1 \in X_1$ nur mit einem $x_2 \in X_2$ „verträglich", so stellt $\underline{R}$ den Sonderfall einer *Abbildung* (Funktion, Operator) $x_1 \mapsto x_2$, $x_2 = \underline{\widehat{R}}(x_1)$ dar. 1

Schrödinger-Gleichung   Grundgleichung der Quantenmechanik, steht in Zusammenhang mit dem allgemeinen *Theorem von Liouville*, insbesondere mit den *Integralinvarianten*. 187

Signal ξ Jedes Element (t, x) aus dem *Ereignisraum* $T \times X$ wird als *Ereignis* bezeichnet. Eine Folge von Ereignissen, d.h., eine Abbildung aus T in X wird als *Signal* bezeichnet. 1

Struktur   Eine Struktur charakterisiert das Systemverhalten durch ein System von *Relationen* (Operationen, Konstanten) auf einem System von *Trägermengen* (mehrsortige Struktur). *Jede Verhaltensstruktur bildet nur ein „Raster" der Realität, mit dem sie mehr oder weniger „vergröbert" (homomorph) erfasst werden kann: „streng gültige" Gesetze kann es nicht geben.* 2

Systemtheorie   Die Systemtheorie (Theorie dynamischer Systeme) fragt nicht nach der speziellen Bedeutung (Wesen) einer Erscheinung; sie studiert ausschließlich ihr *Verhalten* und die innere *Struktur* (Gesetzlichkeit dieses Verhaltens). 15

Theorem von Liouville   Folgerung aus dem Theorem von Frobenius-Perron; allgemeines Gesetz über das infinitesimale Verhalten der Dichte q eines messbaren Markov-Prozesses. Das klassische gleichlautende Theorem der Mechanik ist als Sonderfall enthalten. 179

Verhaltensklasse $\mathcal{X}_\kappa$ Prozess Ξ' mit dem Verhalten $\kappa'(t) \supset \kappa(t)$. Insbesondere gehört Ξ zu einer *Gedächtnisklasse* κ_L mit der *Gedächtnisdauer* L. . . . 51

Wechselwirkungsrelation W_t Die Wechselwirungsrelation charakterisiert die *temporale Wechselwirkung* zwischen Vergangenheit und Zukunft eines Prozesses bezüglich eines emphBeobachtungszeitpunktes t. Es gilt immer $I_\Xi \subset$

$W_t \subset A_\Xi$: abhängig von t liegt das Prozessverhalten zwischen *bifunktionalem* und *chaotischem* Verhalten. Zu jedem Ξ gehört eine charakteristische Kopplungsfunktion κ, $\kappa(t) = W_t$. 47

Wellenfeld Kooperative Markov-Felder (zweidimensional) führen zu Wellenfeldern mit vierdimensionaler *Raum-Zeit* (Minkowski-Raum). Die Erweiterung auf vierdimensionale Markov-Felder führt zum *Feldtensor* der Elektrodynamik. 153

Zeitbereich Der Zeitbereich T ist eine linear geordnete Menge, insbesondere $T = \mathbb{R}$ oder $T = \mathbb{Z}$. 1

Zeithalbgruppe Halbgruppe mit dem Träger T_0 (*Zeitbereich*), der zusätzlich mit einer Ordnungsrelation $\leq$ (Folgebeziehung) ausgestattet ist (z.B. $\mathbb{R}_+$ oder $\mathbb{Z}_+$). Alle *Zeitpunkte* aus T_0 sind positiv ($t \geq 0$). Diese Zeitstruktur gilt allerdings nur für *autonome* (*zeitinvariante*) *Prozesse*, im allgemeinen Fall (*Wechselwirkung* mit „Prozessumgebung") sind kompliziertere Strukturen erforderlich (partielle *Halbgruppe*, *Kategorie*), mit denen das Zeiterlebnis „auf das *Ereignis* e_1 folgt das Ereignis e_2" ebenfalls auf natürliche Weise modelliert werden kann. 144

Zeittupelbereich $\underline{T}$ Menge von endlichdimensionalen *Zeittupeln* $\underline{t} = (t_1, t_2, \ldots, t_n)$ 23

Zellulare Felder *Automatennetze* mit diskretem Raum $\mathbb{Z} \times \mathbb{Z}$; einfachstes Grundmodell für *Parallelrechner* und *raumzeitliche Evolution* (*Populationsgesetze, Räuber-Beute-Systeme*). 156

Zustand (Signalbüschel): Menge $\Xi_{t,\kappa}$ aller Signale aus Ξ, die einen Punkt (t, x) (*Ereignis*) „durchlaufen" und K-abgeschlossen sind (K-Produkt). Die (t, x)-Büschel (oder $\kappa_0(t)$-Büschel) aus Ξ bilden einen Markov-Prozess (*Zustandsprozess von* Ξ). 84

Zustandsdarstellung Jedem Prozess ist ein Markov-Prozess zugeordnet, durch den er mittels einer lokalen Transformation dargestellt werden kann. *Die Prozesstheorie kann damit im wesentlichen auf die einfachere Theorie der Markov-Prozesse zurückgeführt werden. Alle fundamentalen Theorien der Naturwissenschaft und Technik sind im Kern „Markov-Theorien".* 78